辽宁草地植物图谱

王　艳　吕林有　陈　曦　王正文 等　著

科 学 出 版 社

北　京

内 容 简 介

本书是在作者课题组成员多年深入调查、辛苦拍摄的基础上，经过认真鉴定、筛选、撰写形成的关于辽宁草地较为全面、系统的植物原色图谱，是课题组集体研究成果的展示。书中共收录辽宁草地植物 92 科 329 属 571 种，其中包含植物较多的科有：菊科（93 种），禾本科（51 种），豆科（44 种），蔷薇科（31 种），唇形科（27 种），蓼科和毛茛科（各 17 种），莎草科（16 种），苋科（15 种），桔梗科（14 种），石竹科（11 种），十字花科和旋花科（各 10 种）。其余的科所包含植物均在 10 种以下。

每种植物均给出了中文学名、拉丁名，描述了较为关键的形态特征，介绍了其生境、分布和经济价值。每种植物的原色照片尽量按植株、茎、叶的正反面、根、花和果实等角度详细展示其分类特点，力图全面反映植物的形态特征，从而最大限度地提高本书的应用价值。

本书可供植物学、生态学、环境学、农林牧草等相关领域的科研人员及高校师生参考使用。

图书在版编目（CIP）数据

辽宁草地植物图谱 / 王艳等著 .—北京：科学出版社，2022.8

ISBN 978-7-03-062730-8

Ⅰ.①辽…　Ⅱ.①王…　Ⅲ.①草地－植物－辽宁－图谱　Ⅳ.① Q948.523.1-64

中国版本图书馆 CIP 数据核字（2019）第 243618 号

责任编辑：孟莹莹　程雷星 / 责任校对：樊雅琼

责任印制：师艳茹 / 封面设计：无极书装

科学出版社 出版

北京东黄城根北街 16 号

邮政编码：100717

http://www.sciencep.com

北京九天鸿程印刷有限责任公司 印刷

科学出版社发行　各地新华书店经销

*

2022 年 8 月第　一　版　开本：787×1092　1/16

2022 年 8 月第一次印刷　印张：31 3/4

字数：753 000

定价：300.00 元

（如有印装质量问题，我社负责调换）

作者委员会

主　任： 王　艳　吕林有　陈　曦　王正文

副主任： 于景华　曹　伟　白　龙　马凤江

周　婵　许玉凤

参与撰写人员（按姓氏汉语拼音排序）：

杜桂娟　关　萍　金　实　刘　英

苗　青　曲　波　邵美妮　王庆贵

王学凯　徐树军　薛晨阳　杨　姝

于春甲　翟　强　赵　艳

前　言

辽宁省草地面积广阔，位于华北植物区系和蒙古草原植物区系交汇地带。在复杂的地形、气候等自然条件下，辽宁草地形成多种草地类型镶嵌分布的复杂景观。辽宁草地蕴藏着丰富的植物资源，羊草、白羊草、斜茎黄芪、野大豆等优质的饲草资源支撑了辽宁省畜牧业的发展。千姿百态的野花竞相绽放，委陵菜、桔梗的花伴着风的韵律翩翩起舞；绶草自豪地展示自然赐予它的光荣绶带；绵绵的山杏灌丛、酸枣灌丛和榛子灌丛供应着野生气息充盈、美味且营养极高的果实。此外，辽宁草地具有多种功用，如农作物育种、能源材料供给、医药原料供给等。这些植物资源是区域人民绿色生活、诗意生活的物质基础，是辽宁省社会生产与发展的重要保障。

近年来，在气候变化和人类活动的共同影响下，辽宁省草地植被严重退化，封山育林等导致的草地群落演替也对草地资源产生了影响。而目前对草地植物资源的掌握情况难以满足当前国家、地方、人民群众对草地植物资源管理与可持续利用的需求。为了更全面了解大自然给予我们的珍贵礼物，揭示与更新辽宁草地植物资源现状，在“辽宁省草地植物资源专项调查项目”的支持下，数百名科考人员的足迹踏遍辽宁省内各式各样的草地，兢兢业业地探寻每一种植物资源，并将这些珍贵的植物资源拍摄成高清植物照片。最后由中国科学院沈阳应用生态研究所、沈阳师范大学、辽宁省沙地治理与利用研究所、辽宁省农业科学院耕作栽培研究所、辽宁大学和沈阳农业大学等单位的专家将这些图片资料整理、分类、鉴定，最终编辑成册。

本书介绍了辽宁草地野生植物资源近 600 种。全书共选用 2100 余幅精美的植物图片，每种植物尽量通过全株、叶片、花和果实等部位图片展示植物的主要识别特征，对有些植物还展示了显微解剖结构特征。书中记载了植物中文名、拉丁名、科属、特征、生境、分布及经济价值等信息。本书在文字介绍方面力求全面，但语言追求精炼。

由于本书主要内容为辽宁省的草地植物，所以主要参考文献为《辽宁植物志》《东北植物检索表》(第二版),也参考了《中国植物志》。为了国内同行之间的交流,在植物科属排列方面并未完全遵循前述书籍所采用的分类系统,而是尽量反映了植物科、属、种分类体系方面的新进展。本书依据“物种 2000 中国节点”对收录植物的拉丁名做了严格考证。关于植物的经济价值,作者查阅了大量正式发表的文献,力求描述准确。

在某些物种的分、合变化方面,我们根据实际情况保留了自己的观点,如“物种 2000 中国节点”中将辽东栎与蒙古栎合并,但据我们观察,在辽宁省这两个物种有着比较稳定的形态差异,故依然作为两个物种处理。对于《中国植物志》、“物种 2000 中国节点”并未收录的一些种下单位(包括亚种、变种),我们从更好地反映生物多样性以及应用方便等角度考虑,尽量予以保留。关于植物分布方面,由于时代变迁,有些地区的行政区划和名称已经发生改变,本书在《辽宁植物志》记载的基础上进行了订正,如“金县”归入“大连”、“盖县”改为“盖州”、“锦西”更名为“葫芦岛”。

由于作者水平有限,书中难免有疏漏之处,恳请读者批评指正,以求日臻完善。

作 者

2022 年 4 月于沈阳

目 录

科 1 卷柏科

Selaginellaceae

卷柏属 *Selaginella*

中华卷柏

Selaginella sinensis **(Desv.) Spring**

【特征】中型多年生草本。根茎黑褐色，匍匐。春季孢子囊茎淡褐色。小枝常向下弧曲，侧枝较少，不再分枝。叶鞘鞘齿分离，长三角形，中部棕褐色，边缘白色膜质。孢子囊穗钝头；孢子成熟时，茎先端枯萎，产生分枝，渐变绿色；茎常单一，具锐棱及刺状突起，分枝细长，常水平或成直角开展。

植株

【生境】生于路边、林内，灌木丛杂草中，草地或山沟林缘。

【分布】辽宁营口、大连、丹东、朝阳、绥中、北镇等市（县）。

【经济价值】全草入药，可清热、利湿、止血。

叶

根

科 2 木贼科

Equisetaceae

木贼属 *Equisetum*

1. 草问荆

Equisetum pratense **Ehrh.**

【特征】中型多年生草本。根茎黑褐色，匍匐。春季孢子囊茎稍呈肉质，淡褐色；叶鞘长 1 ～ 1.7cm，叶鞘齿分离，长三角形，中部棕褐色，边缘白色膜质。孢子囊穗钝头；孢子成熟时，茎先端枯萎，产生分枝，渐变绿色；茎常单一，具锐棱及刺状突起，分枝细长，常水平或成直角开展，分枝叶鞘齿三角形。

植株

营养茎

【生境】生于路边、林内，灌木丛杂草中，草地或山沟林缘。

【分布】辽宁沈阳、铁岭等地。

【经济价值】全草入药，活血化瘀、消炎止痛、利水通便。

2. 节节草

Equisetum ramosissimum Desf.

【特征】多年生常绿草本。根状茎深入土中横走，黑棕色。地上茎通常直立，其从基部或中上部开始分枝，茎中心孔约占茎直径的1/2，节间有纵肋6～20条。叶鞘呈筒状，长约为宽的2倍；鞘齿短三角形，灰黑色，具膜质尖尾，早落。孢子囊单生茎顶，长圆柱形，长5～25mm。孢子叶六角形，盾状着生，排列紧密，腹面边缘生有长形的孢子囊。

【生境】生于路边湿地、沙地、荒野、低山砾石地或溪边。

【分布】辽宁凌源、彰武、沈阳、辽阳等市（县）。

【经济价值】全草入药，清热利湿、平肝散结、祛痰止咳等。

植株

根状茎

孢子囊穗

科 3 碗蕨科

Dennstaedtiaceae

蕨属 *Pteridium*

蕨

***Pteridium aquilinum* var. *latiusculum* (Desv.) Underw. ex A. Heller**

【特征】多年生大型蕨类植物。根状茎长而横走，幼嫩部分生有棕褐色绒毛。叶柄深麦秆色，粗达 1cm 以上，埋在土中部分通常密生褐色毛。叶片卵状三角形或广三角形，三回羽状，羽片约 10 对，基部 1 对最大；小羽片与羽轴相交成锐角；末回小羽片（或裂片）长圆形至椭圆形，全缘或下部有 1 ～ 3 对波状圆齿；叶片两面光滑或沿小羽轴及裂片主脉疏生柔毛。孢子囊群线形，沿裂片边缘分布。

植株

【生境】生于山坡向阳处、林缘或林间空地等阳光充足处。

【分布】辽宁省各山区。

【经济价值】嫩叶可食，根状茎可提取蕨粉，其纤维可制绳缆。全草入药，具有安神、降压、利尿、解热、治风湿之效。

叶

孢子囊群

科 4 凤尾蕨科

Pteridaceae

粉背蕨属 *Aleuritopteris*

银粉背蕨

Aleuritopteris argentea (S. G. Gmel.) Fée

植株

叶背面

【特征】植株高15～30cm。根状茎生有全缘而带褐色狭边的亮黑色披针形鳞片。叶柄栗褐色；叶片五角形，二至三回羽裂，羽片3～8对，基部1对较短，裂片三角状长圆形，边缘有小圆齿，叶脉羽状；叶背面有乳白色或淡黄色粉末。孢子囊群顶生于小脉，成熟后汇合成线形，沿叶边连续排列。

【生境】多生于山脊部石砬子的岩石缝间或石质山坡。

【分布】辽宁建昌、凌源、大连、本溪等市（县）。

【经济价值】全草入药，有调经活血、解毒消肿、补虚止咳等功效。

科 5 球子蕨科

Onocleaceae

球子蕨属 *Onoclea*

球子蕨

***Onoclea sensibilis* var. *interrupta* Maxim.**

【特征】多年生植物。根状茎长而横走，先端疏生棕褐色鳞片。叶二型。营养叶具柄，叶柄麦秆色，疏生鳞片；叶片广卵形或广卵状三角形，长宽近相等，一回羽状；羽片 5 ～ 8 对，披针形，基部 1 ～ 2 对较大，叶轴和羽轴散生褐色鳞片；叶脉羽状，小脉彼此联结成长六角形网眼。孢子叶具长柄，二回羽状，羽片线形，斜展；小羽片紧缩成小球形，包被孢子囊群，彼此分离，沿羽轴排列成念珠状，成熟时开裂。孢子囊群圆形，生于小脉先端的囊群托上，具盖。

【生境】生于阴湿草甸、林缘阴湿草地、河边草丛或灌丛中。

植株

根状茎

孢子叶

孢子叶小羽片反卷成分离的小球

【分布】辽宁宽甸、岫岩、凤城、彰武等市（县）。

【经济价值】可作观赏蕨类栽培。

科 6 水龙骨科

Polypodiaceae

石韦属 *Pyrrosia*

1. 华北石韦

Pyrrosia davidii **(Baker) Ching**

【特征】植株具长而横走根状茎，密被鳞片，鳞片披针形，褐色至暗褐色。叶一型；叶柄基部被有与根状茎同样的鳞片，向上被有星状毛；叶片梭状披针形，长 4 ～ 8(20)cm，宽 4 ～ 10(15)mm，全缘，革质，有凹点，背面密被黄棕色星状毛，叶片干后有时边缘反卷，叶脉不明显。孢子囊群圆形，生于小脉顶端，沿主脉两侧排成多行，成熟时密接，无囊群盖。

【生境】生于山地岩石上或石缝间。

【分布】辽宁凌源、丹东等地。

【经济价值】全草入药，清热利尿。

植株

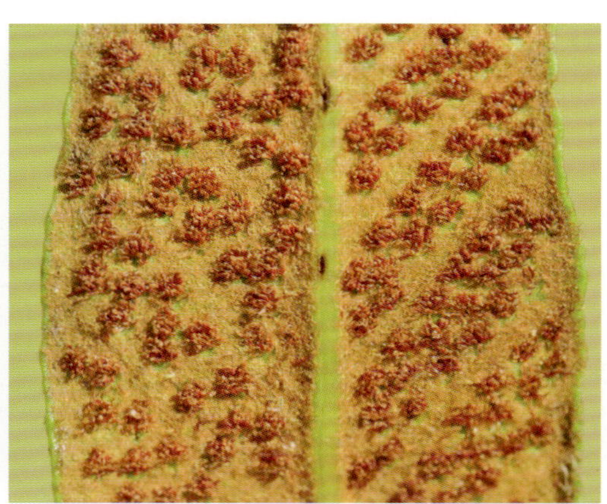

叶背面与孢子囊群

2. 有柄石韦

Pyrrosia petiolosa (Christ) Ching

【特征】植株高 5 ～ 15cm。根状茎细长横走，幼时密被披针形棕色鳞片；鳞片长尾状渐尖头，边缘具睫毛。叶远生，一型；具长柄，通常等于叶片长度的 1/2 ～ 2 倍长，基部被鳞片，向上被星状毛，棕色或灰棕色；叶片椭圆形，急尖短钝头，基部楔形，下延，全缘，叶正面灰淡棕色，有洼点，疏被星状毛，叶背面被厚层星状毛，初为淡棕色，后为砖红色。主脉下面稍隆起，上面凹陷，侧脉和小脉均不显。孢子囊群布满叶片下面，成熟时扩散并汇合。

【生境】生于较干旱的裸岩、岩石薄土上或石缝中，耐干旱。

【分布】辽宁西丰、法库、北镇、凌源、盖州、大连等市（县）。

【经济价值】全草入药，有消炎利尿、止血祛瘀、清湿除热之效。

植株

叶正面

叶背面

根状茎

科 7 松科

Pinaceae

松属 *Pinus*

1. 红松

***Pinus koraiensis* Siebold & Zucc.**

【特征】乔木。幼树树皮灰褐色，近光滑，大树树皮带红褐色，鳞块状不规则开裂。一年生枝密被锈黄色或红褐色毛，2～3年生枝暗灰紫色；芽淡红褐色，芽鳞松散。叶5针一束，边缘具明显细锯齿，两腹面各具6～8条蓝灰色气孔线；叶鞘早落。雄球花圆柱状卵形，褐黄色，密集于新枝下部呈穗状；雌球花粉紫色或黄绿色，圆柱状长卵形，单个或几个集生于新枝顶端。球果卵圆形或柱状长卵圆形，长8～15cm，径6～8cm，成熟后种鳞不开裂，种子不脱落，种鳞先端微向外反曲。种子大，无翅，倒卵状三角形。花期6月，球果次年9～10月成熟。

【生境】喜生于气候温寒、湿润、棕色森林土地带。

植株

树干

叶5针一束

成熟球果

一年生枝被毛

种子

【分布】辽宁宽甸、凤城、本溪等市（县）。

【经济价值】木材可供建筑、桥梁、家具等用。木材及树根可提取松节油，树皮可提取栲胶。种子可食用，可滋补强身。

2. 油松

Pinus tabuliformis Carrière

【特征】常绿乔木。树皮下部灰褐色，裂成不规则鳞块，裂缝及上部树皮红褐色；大枝平展或斜向上，老树平顶；小枝粗壮，黄褐色。叶2针一束，较粗硬，不扭转，长10～15(20)cm，径1.3～1.5mm，边缘有细锯齿，两面均有气孔线。雄球花柱形，聚生于新枝下部呈穗状；当年生幼球果卵球形，直立。球果卵形或卵圆形，长4～7cm，与枝几乎成直角，成熟后黄褐色，常宿存几年；中部种鳞近长圆状倒卵形，鳞盾肥厚，扁菱形或扁菱状多角形，横脊明显，鳞脐有刺尖。种子长6～8mm，翅为种子长的2～3倍。花期5月，球果次年10月上、中旬成熟。

植株

【生境】在排水良好的酸性、中性或钙质黄土上均能生长。

【分布】辽宁彰武、建平、建昌、凌源、绥中、新宾、庄河等市（县）。

【经济价值】常用绿化树种。木材有多种用途。松节、松叶、花粉均可入药。

雌球花与芽

雄球花

球果与枝几乎成直角

开裂球果，示种子具翅

科 8 柏科

Cupressaceae

侧柏属 *Platycladus*

侧柏

Platycladus orientalis **(L.) Franco**

【特征】常绿乔木，有时为灌木状。树皮暗灰褐色，纵裂成薄的细条状剥离；生鳞叶的小枝绿色、扁平，排成一平面；两年生枝绿褐色，微扁，渐变为红褐色，呈圆柱形。叶鳞形，先端微钝。雌、雄球花皆生于小枝顶端，雄球花卵圆形、黄褐色，雌球花近球形、红褐色、被白粉。球果近卵圆形，通常种鳞4对，成熟前近肉质，蓝绿色，被白粉，成熟后木质、开裂，红褐色。种子卵形，灰褐色至紫褐色。花期4月，果熟期10月。

【生境】生于向阳山坡。

【分布】辽宁北镇、朝阳等地。

【经济价值】造林树种，尤其可在北方干旱地区荒山种植，亦可作庭园观赏树。木材可供建筑、家具等用。枝、叶、种子可供药用。

植株

小枝

未成熟球果

雄球花与鳞叶

成熟开裂球果与种子

科 9 麻黄科

Ephedraceae

麻黄属 *Ephedra*

草麻黄

Ephedra sinica Stapf

植株

【特征】草本状灌木，高 20～40cm，木质茎短或呈匍匐状，小枝表面纵纹不甚明显，节间长 2.5～6cm，径 1～2mm。叶退化，2 裂，裂片锐三角形。雄球花多为复穗状，常有总梗，苞片常 4 对；雌花 2，雌球花成熟时肉质红色，近于圆球形，长约 8mm。种子通常 2 粒，包于苞片内，黑红色或灰褐色。花期 5～6 月，种子 8～9 月成熟。

【生境】生于干燥荒地、沙丘、海岸沙地及草原等处。

【分布】辽宁彰武、建平、瓦房店、盖州等地。

【经济价值】重要的药用植物。

叶 2 裂

小枝

花序

苞片包被的种子

科 10 胡桃科

Juglandaceae

枫杨属 *Pterocarya*

枫杨

***Pterocarya stenoptera* C. DC.**

植株

【特征】乔木。树皮幼时灰褐色，平滑，老时暗灰色，深纵裂。小枝灰褐色，具灰白色皮孔。芽长卵形，密被褐色腺体。偶数羽状复叶，叶轴多具翅；小叶8～18枚，无柄，小叶片长圆形或长圆状披针形，基部歪斜，边缘有细锯齿。花序被银白色丝状长毛，雄柔荑花序长5～9cm，生于上年枝的叶痕上；雌柔荑花序顶生，长10～15cm，苞片及小苞片被腺点。果序伸长达40cm，小坚果球状椭圆形，果翅长圆形或线状长圆形。花期4～5月，果期6～9月,8～9月成熟。

【生境】生于河流两岸。

【分布】辽宁岫岩、大连、丹东、本溪、沈阳等市（县）。

【经济价值】可作庭园树或行道树。树皮和根皮可提取栲胶，也可作纤维原料。果实可作饲料和用于酿酒，种子可榨油。

叶正面

叶背面

雄花序放大

果序

科 11 桦木科

Betulaceae

榛属 *Corylus*

1. 榛

Corylus heterophylla **Fisch. ex Trautv.**

植株

【特征】灌木或小乔木，通常高 1 ～ 7m。树皮灰色或暗褐色；当年生枝黄褐色，具锈褐色密毛，老枝无毛，皮孔明显。叶柄长 1 ～ 2cm，具短毛；叶毛较厚；叶片广椭圆形、广卵形、倒卵形或近圆形，基部圆形或近心形，先端近截形，微凹入，边缘有不规则锯齿，并常具小裂片，中部以上裂片明显，叶背面沿脉具短硬毛，侧脉 5 ～ 7 对。花单性同株，先于叶开放；雄花序 2 ～ 3 生于去年生枝上；雌花无柄，生于枝顶或雄花序下方。总苞钟状，密具腺毛及刺毛，与坚果近等长或稍长，先端具浅尖裂片，坚果近球形，淡棕褐色，顶端外露。花期 4 ～ 5 月，果期 8 ～ 10 月。

【生境】常丛生于裸露向阳坡地或林缘低平处。

【分布】辽宁北镇、朝阳、义县、康平、铁岭等市（县）。

【经济价值】种子供食用。枝条可作薪材。

枝叶

果

雄花序

2. 毛榛

Corylus mandshurica Maxim.

【特征】灌木。树皮淡灰褐色或灰褐色，具龟裂纹。小枝黄褐色，具淡锈褐色柔毛，成长枝灰褐色，无毛。叶柄具长毛；叶片倒卵状广椭圆形或广椭圆形，基部圆形或微心形，边缘具重锯齿，近先端有浅尖裂片，叶背面沿脉毛显著。雄花序淡灰褐色，2～3(4) 腋生；雌花 2～4，腋生于雄花序上方。坚果卵球形；总苞管状，密具刺毛，先端具尖细小裂片，长约为坚果的 3～6 倍。花期 5 月，果期 9 月。

枝与果

【生境】多散生于林中和林缘，或分布于山地阴坡。

【分布】辽宁朝阳、北镇、建昌、抚顺、桓仁等市（县）。

【经济价值】优良的水土保持和护田灌木。嫩叶可作饲料。果可食用和药用。种仁含油量高。木材坚硬、耐腐，可制作伞柄、手杖等。

虎榛子属 *Ostryopsis*

3. 虎榛子

Ostryopsis davidiana Decne.

【特征】灌木。树皮淡灰色，小枝具棱条，嫩时密具淡褐色短柔毛，具稀疏腺点，成长枝灰褐色，无毛，密具皮孔。叶柄密具短毛；叶片广卵形或卵形，先端渐尖或短渐尖，基部近心形或圆形，边缘具重锯齿，中部以上具浅小裂片，表面散生短毛，背面密具赤褐色腺点，沿脉及脉腋毛显著。雄花序短圆柱状，近无梗，生于新枝叶腋，苞鳞具短毛；雌花数朵集生于新枝顶端。小坚果卵球形，栗褐色，有光泽，具条纹，被短柔毛，完全包被于果苞内；果苞囊状，具细纵棱，密被短柔毛，先端常 4 裂。花期 4～5 月，果期 6～7 月。

【生境】常见于山坡，也见于杂木林及油松林下。

【分布】辽宁建平、凌源、喀左、建昌等市（县）。

【经济价值】种子富含油脂，可榨油。枝条可供编织。皮、叶含单宁，可供制革等用。

植株

果实

叶正面

叶背面

科 12 壳斗科

Fagaceae

栗属 *Castanea*

1. 栗

Castanea mollissima **Blume**

植株

【特征】落叶乔木。树皮深灰色，老时灰黑色，深纵裂；枝淡灰褐色，常具纵沟，皮孔圆形，灰黄色。叶柄长1～2cm，有密毛；叶片长椭圆形至长椭圆状披针形，长8～15(18)cm，宽4～7cm，基部心形或近截形，先端渐尖，边缘具芒刺状粗锯齿，表面有光泽，背面有灰白色绒毛。雄花序腋生于新枝下部，直立，花被6深裂；雄蕊10，花丝伸出；雌花无柄，常3花集生于雄花序基部，外具总苞。坚果栗褐色，长椭圆形，通常2或3枚生于一壳斗内，壳斗具密被短毛的针状刺。花期4～5月，果期8～10月。

【生境】适应各种气候、土壤条件。

【分布】辽宁海城、盖州、丹东、大连等地有栽培。

【经济价值】坚果供食用。木材为军工、车船、家具等用材。树皮、壳斗可提取单宁，叶可饲养柞蚕。

果枝　　枝叶

栎属 *Quercus*

2. 槲树

Quercus dentata **Thunb.**

植株

【特征】落叶乔木或灌木状。树皮暗灰褐色，粗糙，深沟裂；小枝粗壮，具纵沟，密被黄褐色绒毛。叶柄长在 0.5cm 以下，具绒毛；叶片倒卵状椭圆形、广倒卵形或倒卵形，基部耳形，先端圆或钝头，边缘波状裂 4 ～ 10(12) 对，侧脉 (4)6 ～ 12 对，叶背面密被黄褐色绒毛。雄柔荑花序下垂，数序集生于新枝叶腋，花被常 7 ～ 8 裂，雄蕊 8 ～ 10；雌花常数朵集生于新枝顶端，子房 3 室，柱头 3。坚果近球形或卵圆形，约 1/2 坐落于杯状壳斗内；壳斗鳞片线状披针形，反曲，棕红色，被白色毛。花期 5 ～ 6 月，果期 9 ～ 10 月。

【生境】深根系阳性树种，常生于山麓阳坡。

【分布】辽宁北镇、义县、朝阳、建昌等市（县）。

【经济价值】木材可供制造车船、器具等用，树皮、壳斗可提取单宁，坚果可提取淀粉或作饲料用。

叶正面

叶背面

果实

3. 辽东栎

Quercus wutaishanica Mayr

【特征】落叶乔木。树皮暗灰褐色，老时灰黑色，深纵裂；枝灰褐色，具淡黄褐色圆形皮孔；小枝青褐色，光滑无毛；芽卵形，褐色，芽鳞具缘毛。叶柄短，长 0.3 ～ 0.8(0.9)cm；叶质较薄，叶片倒卵状椭圆形，基部楔形或呈耳状，先端钝头或圆形，边缘波状浅裂 5 ～ 7(9) 对，侧脉 7 ～ 9(10) 对，叶背面沿脉具疏柔毛。坚果卵形或卵状椭圆形，壳斗鳞片扁平，紧贴壳斗。花期 4 月末至 5 月，果期 9 月。

壳斗放大

【生境】常生于阳坡、半阳坡。在辽东半岛常生于低山丘陵区。

【分布】辽宁铁岭、沈阳、清原、大连、岫岩等市（县）。

【经济价值】木材可用来制作车船、器具等，树皮、壳斗可提取单宁，坚果可提取淀粉或作饲料用。

枝

叶

果实

4. 蒙古栎

Quercus mongolica Fisch. ex Ledeb.

【特征】落叶乔木。树皮灰褐色，老时灰黑色，深沟裂；枝栗褐色或带青色，小枝青褐色或紫色，具淡褐色皮孔，无毛。叶柄长 0.2 ～ 0.8cm；叶片倒卵形、倒卵状椭圆形或长椭圆形，长 (7)10 ～ 20cm，宽 4 ～ 8(10)cm，基部耳形，先端钝、急尖或短渐尖，边缘波状浅裂 (7)8 ～ 10 对，侧脉 7 ～ 11 对。雄花序下垂，花被 6 ～ 7 裂，雄蕊通常 8；雌花花被 6 浅裂。坚果长椭圆形，约 1/3 部分坐落于杯状壳斗内；壳斗鳞片突起呈疣状。花期 4 月末至 6 月初，果期 9 ～ 10 月。

【生境】生于阳坡。东北地区常生于海拔 600m 以下。

【分布】辽宁清原、沈阳、北镇、朝阳、建昌等市（县）。

【经济价值】木材用途广泛。树皮、壳斗可提取单宁，叶可养蚕，坚果可作饲料等。

树干

叶正面

叶背面

未成熟果实

成熟果实

幼苗

枝条

雄花序

科 13 榆科

Ulmaceae

榆属 *Ulmus*

1. 大果榆

Ulmus macrocarpa **Hance**

【特征】落叶乔木或灌木状。树皮灰黑色，浅裂；当年生枝褐绿色或褐色，有粗毛，幼树小枝常有对生而扁平的木栓翅，老枝暗褐色，无毛，散生椭圆形皮孔。叶柄长2～10mm，密被糙毛；叶片倒卵形，中上部最宽，基部偏斜，两面被毛，边缘具重锯齿。花先于叶开放，数朵簇生于上年生枝上或散生于当年生枝的基部；花被钟形，带棕色，5～6裂，被缘毛；雄蕊长于花被，绿色。翅果广倒卵状圆形或近圆形，基部稍偏斜或近圆形，顶端微凹，两面及边缘密被长糙毛。种子位于翅果中部，果梗长约5mm，被密毛，花被宿存。花果期4～5月。

【生境】生于山地、丘陵及固定沙丘上。

【分布】辽宁各地。

【经济价值】木材可制车辆、器械、家具。

植株

小枝上的木栓翅

当年生枝有粗毛

叶正面

叶背面

2. 榆树

Ulmus pumila L.

枝叶

花序

果枝

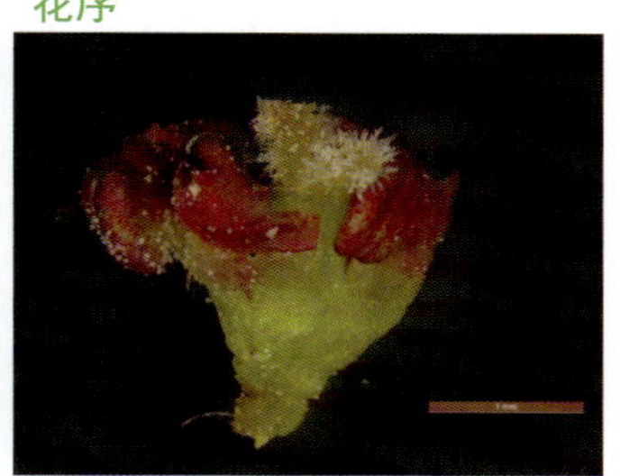
花

【特征】大乔木或灌木。树皮暗灰色，不规则深纵裂，不剥落。当年生小枝灰色或褐灰色，幼枝褐灰色，平滑无毛，散生皮孔，微隆起。托叶早落；叶柄长 3 ～ 8mm，有短柔毛；叶片卵形，基部稍偏斜或对称，先端尖至渐尖，侧脉 7 ～ 16 对，边缘具重锯齿或单锯齿。花先于叶开放，多朵簇生于上年生枝上；花被 4 ～ 5 裂，基部绿色，中部以上带红色，边缘有柔毛；雄蕊 4 ～ 5，长约为花被的 2 倍，花药暗紫色；子房扁平，绿色，花柱 2 裂，仅柱头面被毛。翅果近圆形，长 8 ～ 17mm，宽 8 ～ 15mm，先端微缺。种子位于翅果的中部，上端不接近缺口，初为绿色，后为黄白色，花被宿存。花果期 4 ～ 5 月。

【生境】多生于山麓、丘陵、沙地上的河堤、村旁、道旁和宅旁。

【分布】辽宁各地。

【经济价值】绿化及营造防护林的重要树种。木材供制作家具、车辆、农具、器具、桥梁、建筑等用。嫩果可食，树皮、叶及翅果均可药用。

科 14 大麻科

Cannabaceae

大麻属 *Cannabis*

1. 大麻

Cannabis sativa L.

植株

【特征】一年生草本，高 1 ～ 3m，有特殊气味。茎直立，有纵沟，密生柔毛，基部木质化。叶互生或茎下部叶对生，托叶线状披针形，密被纤毛，叶柄被糙毛，上面具纵沟；叶掌状全裂，裂片披针形至线状披针形，边缘具粗锯齿，表面有糙毛，背面密被灰白色毡毛。花单性，雌雄异株，花序生于上部叶的叶腋；雄花排列成长而疏散的圆锥花序，雄花黄绿

叶

雄花序

果枝

雌花放大

雄花放大

果实和种子

色，花被片 5，覆瓦状排列，雄蕊 5，花丝细，花药悬垂；雌花序短，生于叶腋，球形或穗形，雌花绿色，每朵花外具一卵形苞片，花被退化，雌蕊 1，花柱 2 分叉。瘦果扁卵形，表面有大理石样花纹，为宿存黄褐色苞片所包裹。花期 6～7 月，果期 8～9 月。

【生境】适于多雨温暖地区，低湿地带及河边冲积土上生长。

【分布】辽宁省各地有栽培或沦为野生。

【经济价值】茎皮纤维可用以织麻布或纺线，制绳索和造纸等；种子榨油，可供制作油漆、涂料等，油渣可作饲料。

葎草属 *Humulus*

2. 葎草

Humulus scandens **(Lour.) Merr.**

【特征】一年生缠绕草本。茎表面具 6 条棱线，棱上有白色透明双叉小钩刺。叶对生，托叶披针形，密被刚毛或细短毛；叶片常掌状 5 裂，裂片卵形至卵状披针形，边缘具齿牙，表面有刚毛，背面生淡黄色油点，脉上有刚毛。雌雄异株；雄花形成圆锥花序，雄花小，花被片 5，黄绿色，披针形，背部有疏毛及腺点，雄蕊 5，与花被片对生，花丝极短；雌花排成近圆形穗状花序，腋生，苞片卵状披针形，每苞内具 2 花，花被退化为一全缘膜质片，子房卵状，花柱 2，红褐色，羽状。瘦果褐黄色，扁球形，上有纵条及云状花纹。花期 7～8 月，果期 9～10 月。

【生境】生于沟边、路旁、庭院附近及田野间、石砾质沙地及灌丛间。

【分布】辽宁省各地。

【经济价值】抗逆性强，可用作水土保持植物。雌花药用，镇静、健胃利尿。

植株

雄花序

雌花序

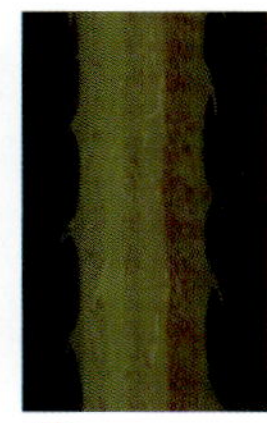
茎

果序

未成熟与成熟果实

朴属 *Celtis*

3. 黑弹树

Celtis bungeana **Blume**

【特征】落叶乔木。树皮灰色或暗灰色，平滑；当年生枝淡褐色或带绿色，老枝灰褐色。叶柄上面有沟；叶片卵形至卵状披针形，长 3 ～ 7cm，宽 2 ～ 3cm，基部广楔形至圆形，边缘中部以上具疏粗锯齿，或一侧具齿而另一侧全缘，表面有光泽，叶两面无毛。花杂性或单性，与叶同时开放；雄花 2 ～ 4 朵成聚伞花序生于当年生枝基部，花被 4 深裂，直径约 5mm，膜质，雄蕊 4，与花被裂片对生；雌花或两性花单生于当年生枝的上部叶腋，花梗长约 7mm，花被同雄花，子房卵形，花柱自基部 2 裂，柱头披针形，被密毛。核果球形，径 6 ～ 7mm，无毛，成熟后蓝黑色。种子近球形，表面近光滑。花期 4 ～ 5 月，9 ～ 10 月果熟。

枝叶

花枝

两性花

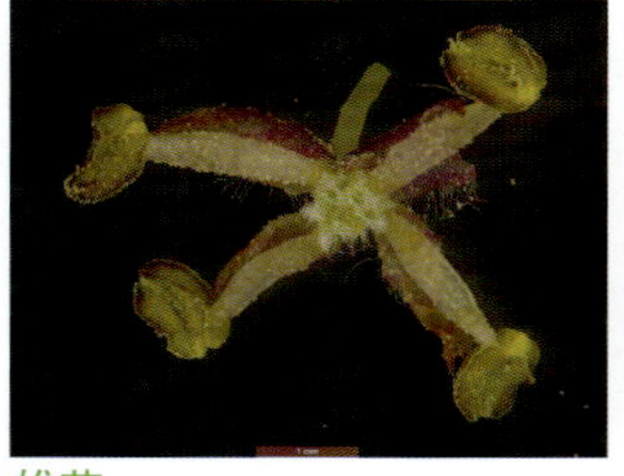
雄花

果实

【生境】生于路旁、山坡、灌丛中或林边。

【分布】辽宁凌源、彰武、建昌、北镇、沈阳等市（县）。

【经济价值】可作行道树和绿化树种。树皮纤维可代麻用，或作造纸和人造棉原料；木材供建筑用。树干可药用。

科 15 桑科

Moraceae

桑属 *Morus*

蒙桑

Morus mongolica (Bureau) C. K. Schneid.

【特征】灌木或小乔木。树皮灰褐色，有纵裂条纹；小枝黄褐色。托叶早落；叶片广卵形或长圆状卵形，基部心形，不分裂或 3～5 裂，先端尾状渐尖，边缘锯齿先端芒刺状。花单性，雌雄异株，花序腋生，下垂；雄花序为柔荑花序，花被片和雄蕊均为 4；有不育雌蕊，雌花的花被片 4，花柱长，柱头 2 裂。聚花果圆柱形，红色或近紫黑色。花期 5 月，果期 6～7 月。

【生境】生于向阳山坡、平原及低地或林中。

【分布】辽宁凌源、建平、义县、大连等市（县）。

【经济价值】木材可作家具、乐器及细木工用材。树皮可造纸，果可食，根皮、枝、叶、果可入药。

植株

枝叶

雌花序

果实

雄花序

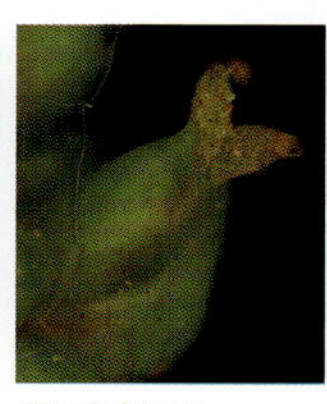
雌花放大

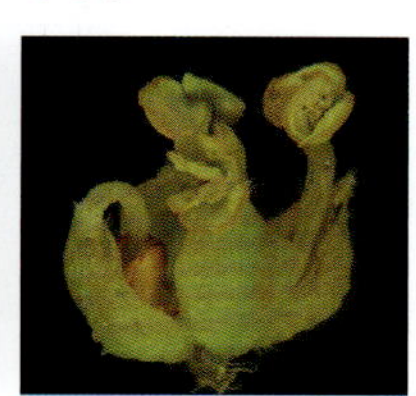
雄花放大

科 16 荨麻科

Urticaceae

冷水花属 *Pilea*

1. 透茎冷水花

Pilea pumila **(L.) A. Gray**

植株

茎叶

【特征】一年生草本。茎直立，具棱，鲜时肉质透明，平滑无毛，节部稍膨大。单叶，交互对生；托叶小；叶柄细长，叶片菱状卵形或广卵形，茎上部叶先端具尾状尖，边缘具三角状粗钝锯齿，叶两面生短棒状钟乳体，基出3脉。花单性，雌雄同株，有时异株；雌雄花混生，蝎尾状聚伞花序腋生，无总梗，花序分枝扁平；雄花无梗，花被片2，雄蕊2；雌花有梗，果期伸长，花被片3，狭披针形，果期增大呈长圆形至卵状长圆形，退化雄蕊3；子房卵形，柱头画笔状。瘦果卵形，平滑，散生稍隆起的褐色斑点。花期8～9月，果期9～10月。

【生境】生于湿润多荫地及河岸边草甸子上。

【分布】辽宁沈阳、鞍山、本溪等地。

【经济价值】根、茎药用，清热利尿。

叶背面

茎透明

花序

荨麻属 *Urtica*

2. 狭叶荨麻

Urtica angustifolia **Fisch. ex Hornem.**

【特征】多年生草本，全株有螫毛。茎直立，具钝棱。叶对生，托叶膜质，线形，离生；叶披针形或披针状线形，稀窄卵形，基部圆形或近心形，先端渐尖，边缘具粗锯齿，基出3脉。雌雄异株，花序狭长圆锥状，花集生成簇，苞片膜质；雄花近无梗，花被4深裂，雄蕊4，与花被裂片对生；雌花较雄花小，无梗，花被片4，子房长圆形，柱头画笔状，退化子房杯状。瘦果广椭圆状卵形，包被于宿存的花被片内，短于花被片。花期7～8月，果期8～9月。

植株

【生境】生于山野多荫处。

雄花序

雌花序

茎，示对生叶与托叶

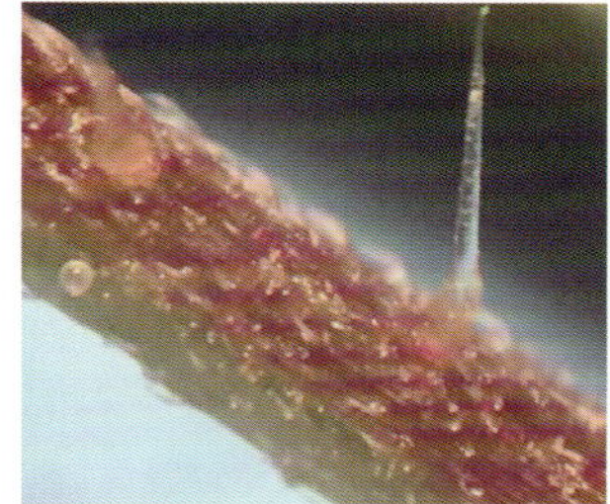

螫毛

果实

【分布】辽宁沈阳、宽甸、大连等市（县）。

【经济价值】茎皮纤维是纺织品和纸张原料，茎叶含鞣质，可提取栲胶。全草入药，有催吐、泻下、解毒功能。

墙草属 *Parietaria*

3. 墙草

Parietaria micrantha Ledeb.

植株

【特征】一年生草本。茎肉质细弱，多分枝。叶互生；叶柄细长，叶片广卵形或菱状卵形，先端钝尖，全缘，具缘毛，叶表面密布微细点状钟乳体，基出3脉。花杂性同株，聚伞花序腋生，两性花生于花序下部，雌花居上部，苞片线状锥形；花白色；两性花直径约1mm，花被4深裂；雄蕊4，与花被片对生；雌花花被筒状钟形，顶端4齿裂。瘦果广卵形，稍扁，黑褐色，有光泽，包于宿存花被内，长于花被。花期7～8月，果期8～9月。

【生境】生于石砬子裂缝间，岩石下阴湿地上以及海拔700～3500m山坡阴湿草地、墙上或岩石下阴湿处。

【分布】辽宁桓仁等地。

【经济价值】全草药用，有拔脓消肿之效。

花序

叶正面

叶背面

科 17 蓼科

Polygonaceae

萹蓄属 *Polygonum*

1. 萹蓄

Polygonum aviculare L.

【特征】一年生草本。茎伏卧或直立，微有棱。托叶鞘宽，短锐尖，褐色，有少数脉，小枝上的托叶鞘透明膜质，淡白色；叶柄短，叶片狭椭圆形，大小及形状多变化，灰绿色。花 1 ～ 5 朵簇生于叶腋，花被淡绿色、中裂或浅裂，裂片有白色或蔷薇色的狭边，向基部收缩。坚果三棱形，黑色或褐色，无光泽，长 2 ～ 3mm。花期 5 ～ 7 月，果期 6 ～ 8 月。

【生境】生于荒地、路旁及河边沙地上。

【分布】辽宁西丰、法库、凌源等市（县）。

【经济价值】全草入药，有清热、利尿功效。

植株

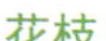

花枝

花与果实

蓼属 *Persicaria*

2. 红蓼

Persicaria orientalis(L.) Spach

红蓼群丛

【特征】一年生草本，高可达 2m。茎粗壮，直立，节部微增大。托叶鞘围绕茎节，先端常有绿色叶状向外平展的绿色圈，茎上部托叶鞘为干膜质状的圆筒，有长缘毛。叶柄明显；叶片广椭圆形、稀近圆形或卵状披针形，两面被疏长毛及暗色小点，网状脉明显凸出。总状花序生于枝端或叶腋，常下弯，具稠密的花；花梗长，有毛，苞片托叶鞘状，广卵形；花两性，花被粉红色或白色，5 深裂，裂片椭圆形，雄蕊 7，超出花被；子房上位，花柱 2，柱头头状。坚果近圆形，扁平，中部凹下，有光泽，包于花被内。花期 6 ～ 9 月，果期 8 ～ 10 月。

【生境】生于荒废处、沟旁及近水肥沃湿地，常成片生长。

【分布】辽宁铁岭、新民、抚顺等地。

【经济价值】可用作人工湿地污水处理系统的植物。

苗期植株，示叶片

托叶鞘

花序

果实（未完全成熟）

3. 香蓼

Persicaria viscosa(Buch-Ham. ex D. Don)H. Gross ex Nakai

【特征】一年生草本，有香气。茎直立，下部倾斜或匍匐生根，密被开展的长毛。

植株

托叶鞘圆筒形，长约 1cm，被长毛，有缘毛；叶柄微具由叶片基部下延形成的狭翼，有长毛；叶片披针形或广披针形，沿中脉有长毛，其余部分被短伏毛。总状花序呈穗状，圆柱形，花序轴密被长毛及有柄的头状腺毛；苞片微紫绿色，有疏长毛和腺点；花有短梗，花被紫红色或粉红色；雄蕊 8；花柱 3。坚果卵状三棱形，黑褐色，有光泽。花果期 8～9 月。

【生境】生于湿草地及水沟、水泡边。

【分布】辽宁新宾、本溪、凤城、沈阳、辽阳等市（县）。

【经济价值】药用，理气除湿、健胃消食。

花序

茎与托叶鞘

叶

4. 柳叶刺蓼 

Persicaria bungeana **(Turcz.)Nakai ex T. Mori**

【特征】一年生草本。茎直立，具倒生刺。托叶鞘圆筒形，上端平截，有缘毛，不紧密抱茎；叶柄有毛。几个总状花序状的花穗组成圆锥花序，下垂，花序梗密被腺毛；苞片漏斗状，先端斜截形；花具短梗，花被白色或粉红色，5 裂，裂片椭圆形；雄蕊 7～8；花柱 2，中部以下连合。坚果两面稍凸出，扁圆形，黑色，无光泽，外有宿存的花被。花果期 8～9 月。

植株

花序

托叶鞘，示茎具倒生刺

叶正面

叶背面

【生境】生于沙地、路旁湿地和水边。
【分布】辽宁彰武、葫芦岛、北镇、抚顺等市（县）。
【经济价值】尚无记载。

5. 酸模叶蓼 

Persicaria lapathifolia (L.) Delarbre

【特征】一年生草本。茎上升或直立。托叶鞘筒状、较宽，先端截形，多无毛；叶柄较短，有硬刺毛；叶披针形、长圆形或长圆状椭圆形，表面中部常有新月形黑斑，背面有腺点，中脉和叶缘都有硬刺毛。圆锥花序由数个总状花序穗构成，圆柱形，密花；花序梗密被腺点；苞片漏斗状，上缘斜形，具疏缘毛；花被粉红色或淡绿色，常4裂，有腺点，外侧2裂片有明显突起的脉；花柱2，基部合生，向外弯曲。坚果圆卵形，扁平，微有棱，褐黑色，有光泽，花被宿存。花果期8月。

【生境】生于沟渠边、废耕地或湿草地。
【分布】辽宁阜新、沈阳、长海等市（县）。
【经济价值】尚无记载。

苗期植株

茎与托叶鞘

花期植株

果序

花序

6. 丛枝蓼

Persicaria posumbu (Buch.-Ham. ex D. Don) H. Gross

植株

花序

【特征】一年生草本。茎基部横卧或上升，再直立，茎有纵沟。托叶鞘平滑或沿脉有伏硬毛，有长缘毛，毛常比鞘长；叶柄短；叶广披针形，长4～9cm，宽1.5～3cm，基部狭楔形，先端急狭呈尾状尖，有缘毛。总状花序单一，形成稀疏的圆锥花序，花穗细长，呈线状，长3～8cm，间断；苞片漏斗状，微紫红色，先端斜形，边缘有长缘毛，内具1～4花；花梗比苞片长，花被紫红色；雄蕊比花被短，花柱3。坚果三棱形，长约2mm，黑色，有光泽，包于宿存的花被内。花期6～9月，果期7～10月。

【生境】生于山地灌丛间。

【分布】辽宁本溪、丹东等地。

【经济价值】尚无记载。

7. 圆基长鬃蓼

Persicaria longiseta var. *rotundata*(A. J. Li) Bo Li

【特征】一年生草本，茎直立，下部常伏卧，节部稍膨大。托叶鞘圆筒形，有长缘毛；叶柄极短或无，叶片披针形，长3～5（8）cm，宽1～1.5（2.5）cm，边缘及背面中脉有伏生小刺毛。总状花序顶生或腋生，花较密，下部间断。花被粉红色或暗红色，5裂，雄蕊8，花柱3。坚果三棱形，黑色，有光泽。

【生境】生于草地上。

【分布】辽宁桓仁、鞍山、大连等市（县）。

【经济价值】尚无记载。

叶正面

叶背面

托叶鞘

花序

8. 扛板归

Persicaria perfoliate (L.) H. Gross

【特征】多年生蔓性草本。茎有棱，带红褐色，具倒生刺。托叶鞘叶状，近圆形，穿茎；叶柄疏被倒生钩刺，微盾状着生；叶片近正三角形，基部截形或微心形，全缘，叶背面沿脉疏生钩刺。花序短穗状，顶生或生于茎上部叶腋，通常包于鞘内；苞片内有 2～4 花；花序梗短；花被 5 裂，白色或粉红色，果期稍肉质，蓝色；雄蕊 8，花柱 3。坚果球形，黑色，有光泽，包于宿存花被内。花期 6～8 月，果期 7～10 月。

【生境】生于湿地、河边及路旁。

【分布】辽宁西丰、北镇、岫岩、丹东等市（县）。

【经济价值】入药，清热解毒、利尿消肿。

植株 茎 叶

托叶 花序（未开花） 果实

9. 刺蓼

Persicaria senticosa (Meisn.) H. Gross ex Nakai

【特征】多年生草本。茎蔓生或上升，红褐色或淡绿色，有四棱，沿棱有倒生刺。托叶鞘短筒状，具半圆形的叶状翅，有毛；叶柄有倒钩刺和细毛；叶片三角形或三角状戟形，基部有时呈明显的叶耳，先端渐尖，边缘有细毛和钩刺，叶背面沿脉疏生刺。花序头状，通常成对生；花序梗密被具柄的腺毛和细毛，下部疏生小刺；苞片卵状披针形，边缘膜质，有疏腺毛；花被粉红色，5裂；雄蕊8，花药粉红色；花柱3，下部合生。坚果近球形，黑色，包在宿存的花被内。花果期8～9月。

【生境】生于山沟、林内及路旁。

【分布】辽宁绥中、桓仁、大连等市（县）。

【经济价值】全草入药，解毒消肿、利湿止痒。

植株

叶正面

托叶鞘具叶状翅

叶背面

茎沿棱有倒生刺

花序

10. 戟叶蓼

Persicaria thunbergii **(Siebold & Zucc.) H. Gross**

【特征】一年生草本。茎直立或上升，四棱形，沿棱有倒生刺。托叶鞘斜圆筒形，膜质，具脉纹，顶端有缘毛，或具向外反卷的叶状边；叶柄具狭翅及刺毛，茎上部叶近无柄；叶片戟形；茎中部叶卵形，先端渐尖，下方两侧具叶耳，边缘具短缘毛。聚伞状花序顶生或腋生，多着生5～10花；花序梗具有柄的腺毛及短毛；苞片绿色，被毛；花梗短，花被白色或粉红色，5裂；坚果卵圆状三棱形，黄褐色，平滑，外被宿存的花被。花期7～9月，果期8～10月。

【生境】生于湿草地及水边（山谷湿地、山坡草丛）。

【分布】辽宁西丰、沈阳、抚顺、岫岩等市（县）。

【经济价值】尚无记载。

植株

茎

叶鞘（具向外反卷的叶状边）

叶

花序

花放大

11. 箭头蓼

Persicaria sagittata (L.) H. Gross

【特征】一年生草本。茎蔓生或半直立，有四棱，沿棱有倒生刺。托叶鞘长5～10mm，膜质，斜形；叶柄棱上具倒生刺；叶长卵状披针形或长圆状披针形，基部深凹缺，具卵状三角形的叶耳，呈箭头形，仅背面沿中脉具倒生刺。头状花序通常对生，花密集，花序梗平滑无毛；苞片长卵形，锐尖；花被5裂，白色或粉红色；雄蕊8，花柱3。坚果卵形，棱状，黑色。花果期8～9月。

【生境】生于山脚路旁、水边。

【分布】辽宁凌源、沈阳、岫岩等市（县）。

【经济价值】药用，祛风除湿、清热解毒。

植株

叶

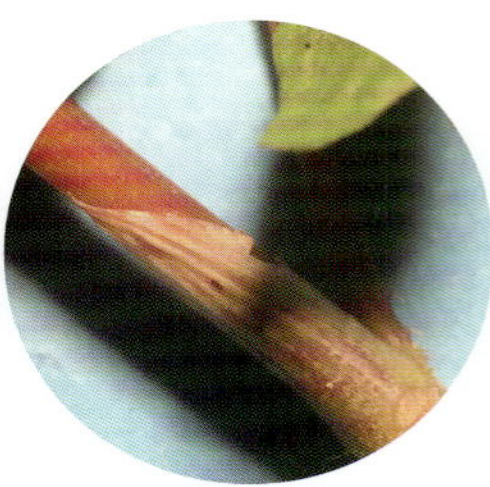
托叶鞘

花序

西伯利亚蓼属 *Knorringia*

12. 西伯利亚蓼

Knorringia sibirica (Laxm.) Tavelev

植株

茎与叶

花序

【特征】多年生草本。茎斜上或近直立，常自基部分枝，托叶鞘圆筒形，膜质易破裂，无毛；叶柄短，叶片质稍厚，长椭圆形、披针形或线形，基部微戟形，呈耳状，有时楔形，先端锐尖。圆锥花序顶生，通常不超出叶或与叶等长；苞片漏斗形，内着生 5～6 花；花有短梗，中上部具关节，常下倾；花被绿色，5 深裂，果期略增大；雄蕊 7 至 8；花柱 3，柱头头状。坚果三棱形，黑色，表面平滑，有光泽，与花被等长或稍长。花期、果期 6 月下旬至 8 月。

【生境】生于盐碱地及海滩附近。

【分布】辽宁绥中、北镇、丹东、大连等市（县）。

【经济价值】药用，疏风清热、利水消肿。

冻岛蓼属 *Koenigia*

13. 叉分蓼

Koenigia divaricata(L.) T. M. Schust. & Reveal

【特征】多年生草本。茎叉状分枝，疏散开展，轮廓呈球状。托叶鞘膜质，斜形，常无毛，在茎中下部多破碎脱落；叶柄近无；叶长圆状线形或长圆形，基部渐狭，先端锐尖或微钝，常有缘毛。圆锥花序大，疏散开展；苞片膜质，内着生 2～3 花，花梗末端有关节；花被白色，5 深裂，裂片有脉，果期稍增大，雄蕊 8(7)，花柱 3，柱头头状。坚果卵状菱形或圆菱形，比花被片长约 1 倍。花期 7～8 月，果期 8～9 月。

【生境】生于草原及固定沙丘、山坡草地、山谷灌丛。

【分布】辽宁凌源、建平、葫芦岛、彰武等市（县）。

【经济价值】药用，祛寒、温肾。

植株

叶

花序

花正反面放大

花序一部分

拳参属 *Bistorta*

14. 耳叶拳参

Bistorta manshuriensis **Kom.**

植株

【特征】多年生草本。茎单一，直立，平滑，具8～9节。托叶鞘筒状，膜质，下部绿色，上部褐色，偏斜，开裂至中部，无缘毛；基生叶具长柄，叶片长圆形或披针形，全缘或微波状，叶背面灰蓝色，叶片下延至柄；茎中上部叶无柄，三角状披针形，基部抱茎，叶耳明显。花穗多单一，顶生，圆柱形，长4～7.5cm，苞片棕色，膜质，椭圆形或长圆形，略呈尾状尖；花被5深裂，粉红色或白色，雄蕊8，花柱3，细长。坚果卵状三棱形，长约3mm，浅棕色，有光泽。花期6～7月，果期8～9月。

【生境】生于山坡、山坡水沟旁或湿草地。

【分布】辽宁喀左、本溪、宽甸等市（县）。

【经济价值】根状茎入药，内用治疗肝炎、细菌性痢疾、肠炎、慢性气管炎、痔疮出血；外用治口腔炎、牙龈炎等。

基生叶正面

基生叶背面

茎生叶与托叶鞘

花序

酸模属 ***Rumex***

15. 皱叶酸模

***Rumex crispus* L.**

植株

【特征】多年生草本。有肥厚的直根。茎直立，有槽。托叶鞘筒状，膜质，常破裂脱落；叶有长柄，叶片披针形或长圆状披针形，基部楔形，先端渐尖，边缘有波状皱褶；茎上部叶披针形或狭披针形，柄短。狭长圆锥花序，分枝紧密，花两性、密生，花梗细长，中部以下有关节；花被片 6，外 3 片椭圆形，内 3 片圆卵形，全缘或有微波状齿缘，网脉纹明显，果熟期背面都有小瘤。坚果三棱形，褐色有光泽。花果期 6 ～ 7(8) 月。

【生境】生于湿地及河沟、水泡沿岸。

【分布】辽宁庄河、沈阳等地。

【经济价值】根药用。北方人通常将其种子塞入枕头，作为枕芯填充物。

花序一部分放大

果序

果实

16. 巴天酸模

***Rumex patientia* L.**

【特征】多年生草本。根肥厚。茎直立、粗壮，上部分枝，具深沟槽。基生叶长圆形或长圆状披针形，顶端急尖，基部圆形或近心形，边缘波状；叶柄粗壮；茎上部叶披针形，较小，具短叶柄或近无柄；托叶鞘筒状，膜质，易破裂。花序圆锥状，大型。花两性；花梗细弱，中下部具关节，果时关节稍膨大；外花被片长圆形，内花被片果时增大，宽心形，长6～7mm，顶端圆钝，基部深心形，近全缘，具网脉，全部或一部分具小瘤。瘦果卵形，具3锐棱，顶端渐尖，褐色，有光泽。花期5～6月，果期6～7月。

【生境】生于草甸和河、泡沿岸及湿荒地。

【分布】辽宁全省各地。

【经济价值】根药用，有清热解毒、活血止血、通便杀虫之功效。

苗期植株

花序

花被片

17. 长刺酸模 

Rumex trisetifer **Stokes**

植株

【特征】一年生草本。茎粗壮，自下部多分枝，有明显的棱和沟，中空。托叶鞘膜质，常破裂；叶柄短，叶片披针形或狭披针形，基部楔形，先端稍锐头，全缘。花序总状，顶生和腋生，具叶，再组成大型圆锥花序；花梗细长，花两性；花被片6，绿色；雄蕊超出花被片外；果期外花被片外展，内花被片背部都有长圆形的小瘤，边缘都有2～6枚长针刺，网脉突起。坚果三棱状卵形，锐尖，黄褐色，有光泽。花果期6～9月。

【生境】生于湿地及水泡、河、湖岸边，路旁。

【分布】辽宁沈阳、辽阳等地。

【经济价值】尚无记载。

花序与茎

果序

果实

科 18 马齿苋科

Portulacaceae

马齿苋属 *Portulaca*

马齿苋

Portulaca oleracea **L.**

【特征】一年生草本，全株光滑无毛，肉质多汁。茎平卧或斜倚，由基部分歧，分枝圆柱状。叶互生，有时对生，叶柄极短；叶片倒卵状匙形，全缘，通常由叶腋生短枝。花两性，黄色，通常 3～5 朵簇生于各分枝顶端，总苞片 4～5，三角状广卵形，白绿色；萼片 2，对生；花瓣 5，黄色倒卵状长圆形，顶端倒心形，微凹，中央具突尖，覆瓦状排列，下部合生；雄蕊常 8，基部合生；子房半下位，卵形，1 室，花柱顶端 4～6 裂，形成线形柱头，超出雄蕊。蒴果，盖裂。种子多数，细小，黑褐色，肾形，表面密布小瘤状突起。花期 6～8 月，果期 7～9 月。

植株

花

盖裂的蒴果与种子

【生境】生于田间、路旁及荒地，为常见杂草。

【分布】辽宁各地均有分布。

【经济价值】全草药用，清热解毒。可食，可作饲料。

科 19 石竹科
Caryophyllaceae

鹅肠菜属 *Myosoton*

1. 鹅肠菜

Myosoton aquaticum **(L.) Moench**

植株

【特征】两年生或多年生草本。茎下部伏卧，上部直立，二歧分枝，被腺毛及长毛，秋季由基部生出多数不育枝。茎下部叶有柄，柄具狭翅，两侧疏生睫毛，茎中上部叶无柄；叶片椭圆状卵形或长圆状卵形，中脉明显。顶生二歧聚伞花序；苞较小，绿色，叶状，边缘具腺毛；花梗密被腺毛或一侧腺毛较密，花后下弯；萼片卵状披针形或长卵形，先端较钝，边缘狭膜质，背部被腺毛；花瓣白色，比萼片稍短，2 深裂至基部附近；雄蕊 10，近 2 轮；子房广椭圆形，花柱 5，极少数为 4 或 6，先端外曲。蒴果卵圆形，比萼稍长，5 瓣裂，每瓣再 2 裂。种子多数，肾圆形，表面被钝疣状突起。花期 5 ～ 11 月，果期 6 ～ 11 月。

茎下部叶有柄

茎中上部叶无柄

花序

果实和种子

【生境】生于林缘及山地潮湿地、河岸沙石地、山区耕地、路旁及沟旁湿地等。

【分布】辽宁凌源、清原、沈阳、大连等市（县）。

【经济价值】全草入药，清热解毒、活血祛瘀。幼苗可食用和作饲料。

繁缕属 *Stellaria*

2. 繁缕

Stellaria media **(L.) Vill.**

【特征】一年生或两年生草本。茎细弱，茎侧生 1 列毛，下部节上通常生根。茎下部及中部叶有长柄，上面具槽，基部加宽而抱茎，中下部两侧常疏生睫毛，叶片卵形或卵圆形，全缘；茎上部叶小，无柄或近无柄。顶生疏散的聚伞花序；苞叶小，叶状；花梗被 1 列短毛；萼片 5；花瓣白色，先端 2 深裂，短于萼或近等长；雄蕊 3～5，稀 10，花药紫红色，后变蓝色；花柱 3，子房卵形。蒴果卵圆形或长椭圆形，成熟时顶端 6 瓣裂。种子多数，圆形或肾形，黑色，沿边缘被钝突起，表面被数列低的小突起。花期 5～8 月，果期 6～10 月。

植株

【生境】生于山坡路旁、果园、住宅周围以及田间和林缘。

【分布】辽宁大连、桓仁、丹东等市（县）。

【经济价值】全草入药，清热利湿、消炎解毒，嫩苗可食。

花

果实

种子

石竹属 *Dianthus*

3. 石竹

***Dianthus chinensis* L.**

植株

【特征】多年生草本。茎直立，上部分枝，光滑无毛。叶线状披针形，平展而稍下倾，边缘稍粗糙，全缘，灰绿色，主脉 3 ～ 5，中脉明显。花单生或 2 ～ 3 朵簇生成稀疏的聚伞花序；花梗较长，花下常有 4 ～ 6 苞片，长达花萼筒 1/2 以上，边缘常膜质；花萼圆筒状，先端 5 裂，裂片披针形，直立；花瓣 5，瓣片近三角形，先端齿状裂，下部具长爪，花白色、紫红色、鲜红色、粉红色，喉部具暗色彩圈；雄蕊 10。蒴果长圆筒形，与萼近等长，先端 4 齿裂。种子卵形或倒卵形，灰黑色，边缘具狭翅。花期 6 月上旬至 9 月，果期 7 月下旬至 10 月。

【生境】生于草原和山坡草地、林缘、灌丛、岩石裂隙。

【分布】辽宁建昌、朝阳、北镇等市（县）。

【经济价值】全草入药，清热、消炎、利尿通经。也是优良观赏植物。

花序

花

种子

4. 火红石竹

Dianthus chinensis var. *ignescens* Nakai

【特征】为石竹的变种，特征是植株短小、分枝较少，花深火红色。
【生境】生于向阳干山坡及海滨石砾质坡地。
【分布】辽宁朝阳、兴城、建昌、北镇等地。
【经济价值】可供观赏。

植株

花序

花

叶

石头花属 *Gypsophila*

5. 长蕊石头花

Gypsophila oldhamiana **Miq.**

【特征】多年生草本，全株光滑无毛。茎木质化，老茎常红紫色，数个丛生，节部稍膨大，上部分枝。叶长圆状披针形至狭披针形，基部微抱茎，先端急尖，3～5脉，稍肉质。顶生聚伞花序，花序分枝开展；苞卵状披针形，膜质，先端长渐尖；小花梗长2～4(5)mm；萼筒钟形或漏斗状钟形，先端分裂，萼齿三角状卵形，边缘宽膜质，具睫毛；花瓣粉红色至淡粉紫色，先端平或微凹；雄蕊比花瓣长；子房卵圆形，花柱2，线形，超出花冠。蒴果卵状球形，比萼长。种子圆肾形。花果期7～10月。

【生境】向阳山坡、山顶及山沟旁多石质地、海滨荒山及沙坡地。

【分布】辽宁各地均有分布。

【经济价值】根入药，活血散淤、消肿止痛。全草可作猪饲料。幼苗、嫩叶用开水焯后可食用。

植株

茎与叶

花序

叶背面

剪秋罗属 *Lychnis*

6. 浅裂剪秋罗

Lychnis cognata Maxim.

植株

花正面

叶背面

【特征】多年生草本，全株疏被弯曲长毛。茎直立，单一或上部具分枝，中空。叶无柄或具短柄；叶片长圆状披针形、长圆形或长圆状卵形，边缘及脉上具较密硬毛。3～5(7) 朵花于茎顶密集成伞房花序或聚伞花序，或单生于上部叶腋，基部具 2 枚苞叶；花梗被短柔毛；花萼筒状棍棒形，具 10 脉，萼齿三角形，锐尖，花后上部膨大；花瓣 5，橙红色或淡红色，2 浅裂或微凹，顶端具锯齿或全缘，两侧基部各有 1 丝状小裂片，爪部稍长于萼或近等长，爪与瓣片间具 2 鳞片状附属物，暗红色；雄蕊 10，与花瓣对生者短；子房棍棒形，花柱 5。蒴果长卵形，5 瓣裂，裂瓣先端反卷。种子圆肾形，熟时黑褐色，表面被疣状突起。花期 7～9 月，果期 8～9 月。

【生境】林下、林缘草地、灌丛间、山沟路旁及草甸子处。

【分布】辽宁清原、本溪、庄河、鞍山等市（县）。

【经济价值】可作观赏植物栽培。

蝇子草属 *Silene*

7. 坚硬女娄菜

Silene firma Siebold & Zucc.

【特征】多年生草本。茎直立，单一或 2～3 簇生，较粗壮，下部和节部常呈暗紫色，全株平滑无毛。叶片卵状披针形，基部稍抱茎，边缘具细睫毛。总状聚伞花序；苞披针形，边缘具睫毛，基部边缘常膜质；花梗长短不一，直立，被短柔毛；萼筒状，具

10脉，果期膨大呈卵状圆筒形；萼齿狭三角形，边缘膜质，具细睫毛；花瓣白色，稀稍带粉紫色，稍长于萼，先端2裂，喉部具2鳞片，基部具狭爪；雄蕊短于花瓣；子房长椭圆形，花柱3。蒴果长卵形，稍长于萼，具短柄，先端6齿裂。种子小，肾形，黑褐色，表面被尖疣状突起。花期7～8月，果期8～9月。

【生境】山坡草地、林缘、灌丛间、河谷、草甸及山沟路旁。

【分布】辽宁沈阳、大连、宽甸等市（县）。

【经济价值】尚无记载。

植株

叶对生

果实

花序

8. 女娄菜 

Silene aprica Turcz. ex Fisch. & C. A. Mey.

植株

【特征】一年生或两年生草本。茎基部多分枝，全株密生短柔毛。基生叶倒披针形或狭匙形，基部渐狭成长柄，先端稍尖；茎下部叶倒披针形、基部狭成短柄；茎中部叶无柄，披针形；茎上部叶线状披针形。聚伞花序顶生或腋生；苞小，披针形，紧贴花梗基部；萼筒卵圆形，先端5齿裂，齿边缘宽膜质，具10脉；花瓣倒卵形，与萼近等长或稍长，白色或粉红色，先端2浅裂，基部狭，呈爪状，外侧密生毛，喉

叶

花

果实与种子

部具 2 鳞片状附属物；雄蕊稍短于花瓣；子房长圆状圆筒形，花柱 3，内侧密生短毛。蒴果卵形，具短柄，先端 6 齿裂。种子肾形、细小，黑褐色，表面被尖或钝疣状突起。花期 5 ～ 6 月，果期 6 ～ 7 月。

【生境】生于向阳干山坡、石砬子坡地、林下、草原沙地、山坡草地及沙丘路旁草地。

【分布】辽宁庄河、彰武、北镇、鞍山等市（县）。

【经济价值】可食。药用，具有活血调经、下乳、健脾、利湿、解毒之功效。

9. 狗筋蔓

Silene baccifera (L.) Roth

【特征】多年生草本，全株被逆向短绵毛。茎铺散，多分枝。叶片卵形、卵状披针形或长椭圆形，基部渐狭呈柄状，顶端急尖，边缘具短缘毛，两面沿脉被毛。圆锥花序疏松，花梗细，具 1 对叶状苞片；花萼宽钟形，后期膨大为半圆球形，萼齿卵状三角形，与萼筒近等长，边缘膜质，果期反折；花瓣白色，倒披针形，长约 15mm，宽约 2.5mm，爪狭长，瓣片叉状浅 2 裂；副花冠片不明显；雄蕊不外露；花柱细长，不外露。蒴果圆球形，呈浆果状，直径 6 ～ 8mm，成熟时黑色，具光泽，不规则开裂；种子圆肾形，肥厚，长约 1.5mm，黑色，平滑，有光泽。花期 6 ～ 8 月，果期 7 ～ 9(10) 月。

【生境】生于林缘、灌丛或草地。

【分布】辽宁普兰店、瓦房店、庄河、凤城、鞍山等地。

【经济价值】根或全草入药，可接骨生肌。散瘀止痛、祛风除湿、利尿消肿。

植株

茎与叶

果实

10. 石生蝇子草

Silene tatarinowii Regel

植株

【特征】多年生草本，全株被微细的逆向短柔毛。茎平铺或上升，中空，节部稍膨大。叶卵状披针形，具3条弧形脉，两面被微细短柔毛，边缘具睫毛。二至三回二歧聚伞花序；苞叶状，较小；萼筒棍棒形，具10条绿色纵脉，沿脉被倒向短毛，果期萼上部胀大呈倒卵状棍棒形，萼齿三角状，边缘膜质，具睫毛；花瓣白色，约比萼长0.5倍，瓣片平开，顶端2叉状浅裂，两侧中部附近各具1个狭长齿牙，爪部超出花萼，瓣片与爪部之间具2椭圆形鳞片状附属物；雄蕊10，超出花冠；子房卵状长圆形，花柱3，超出花冠。蒴果卵形至长卵圆形，6齿裂，齿片外弯。种子圆肾形，成熟时深灰色，背部平坦，表面被钝疣状突起，小突起的边缘呈放射状。花期8～9月，果期9～10月。

【生境】生于山坡、崖坡及石墙缝内。

【分布】辽宁省凌源市。

【经济价值】可供观赏。

花

花萼

麦蓝菜属 *Vaccaria*

11. 麦蓝菜

Vaccaria hispanica (Miller) Rauschert

【特征】一年或两年生草本，全株无毛，稍被白粉呈灰绿色。茎直立，中空，节部膨大，上部叉状分枝。叶无柄，叶片卵状椭圆形至卵状披针形，稍抱茎，背面主脉隆起，全缘。疏生聚伞花序于枝端呈伞房状；花梗长 1 ～ 4cm，近中部有 2 枚鳞片状小苞，顶出一花的花梗上无小苞；萼卵状圆筒形，具 5 条翅状突起棱和 5 条绿色宽脉，先端具 5 个三角形齿裂，边缘带粉红色或白色薄膜质；花瓣 5，淡红色，倒卵形，边缘具不整齐齿裂，基部具长爪；雄蕊 10，不外露；子房长卵圆形，花柱 2，线形。蒴果卵形，包于宿存的萼内，顶端 4 齿裂。种子球形，成熟时黑色，表面密被小疣状突起。花期 6～7 月，果期 7～8 月。

植株

花序

【生境】生于山坡、路旁，尤以麦田中最多。

【分布】原产于欧洲。在辽宁为栽培的药用植物，有的逸出为野生。

【经济价值】种子是我国常用中药——王不留行，能活血调经、利尿、通乳、消肿止痛。

花

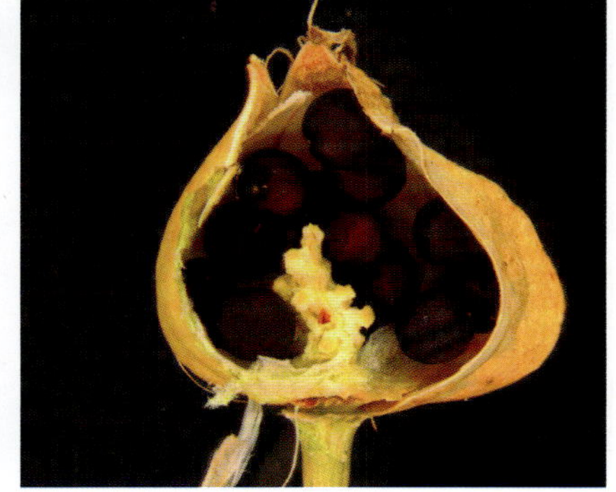
种子

科 20 苋科

Amaranthaceae

藜属 *Chenopodium*

1. 尖头叶藜

Chenopodium acuminatum **Willd.**

植株

叶

花序

【特征】一年生草本。茎直立，具条棱，有时带紫红色。叶片宽卵形至卵形，茎上部的叶片有时呈卵状披针形，先端急尖或短渐尖，有短尖头，基部宽楔形、圆形或近截形，全缘并具半透明的环边，叶背面多少有粉，灰白色。花两性，团伞花序于枝上部排列成紧密的或有间断的穗状或穗状圆锥花序，花序轴具圆柱状毛束；花被扁球形，5深裂，裂片宽卵形，边缘膜质，并有红色或黄色粉粒，果时背面大多增厚并彼此合成五角星形；雄蕊5。胞果顶基扁，圆形或卵形。种子直径约1mm，黑色，有光泽，表面略具点纹。花期6～7月，果期8～9月。

【生境】生于荒地、河岸、田边等处。

【分布】辽宁铁岭、沈阳、彰武等市（县）。

【经济价值】可作饲料。

2. 藜

Chenopodium album L.

【特征】一年生草本。茎直立，圆柱形，具棱及绿色斑条。叶互生，具长柄；叶片菱状卵形、卵状三角形至长圆状三角形，基部广楔形或楔形，叶背面通常有粉，边缘具不整齐的锯齿；上部叶较小。花两性，黄绿色、多数花聚生成团伞花序并于枝上排成穗状花序，再构成大圆锥花序；花被片 5，广卵形或椭圆形，被白粉，背部中央具纵隆脊，边缘白色膜质；雄蕊 5，超出花被；子房扁球形，花柱短、柱头 2。果实稍扁，椭圆形或近球形，两面凸，包于花被内。种子近黑色，光滑。花期 8～9 月。

【生境】生于草原及河岸低湿地，常见杂草。

【分布】辽宁各地普遍生长。

【经济价值】幼苗可作蔬菜用，茎叶可喂家畜。全草入药，能止泻痢、止痒。

植株

茎

叶

花序

果序部分放大

3. 小藜

Chenopodium ficifolium Sm.

【特征】一年生草本。茎直立，具条棱，稍有白粉，后渐光滑。叶互生，具柄；叶片长圆状卵形或长圆形，通常 3 浅裂，中裂片较长，具不规则的波状牙齿或全缘，基部楔形。花两性，数个团集，排列于上部的枝上形成较开展的顶生圆锥花序；花被近球形，5深裂，浅绿色；雄蕊5，与花被片对生，伸出花被外；柱头2。胞果包于花被内，果皮膜质，有明显的蜂窝状网纹。种子圆形，黑色，边缘具棱。花果期5～7月。

【生境】生于撂荒地、河岸、沟谷、湖岸湿地。

【分布】辽宁各地均有分布。

【经济价值】重金属富集植物，具重金属Cd污染土壤的修复价值。

植株

茎有白粉

花序部分放大

果实　　种子

市藜属 ***Oxybasis***

4. 灰绿藜

Oxybasis glauca **(L.) S. Fuentes, Uotila & Borsch**

【特征】一年生草本。茎直立，有条棱。叶互生，有柄，叶片卵形、宽卵形或三角状卵形，有粗大牙齿，边缘半透明，叶背面多少有白粉。花两性，小，数朵聚成团伞花序，于枝上部排成紧密或间断的穗状花序或圆锥花序；花被片5，卵状长圆形，边缘白色狭膜质，果期背面增厚并彼此合成五角星状；雄蕊5。胞果扁球形。种子直径约1mm，褐色，有光泽。花期6～8月，果期8～9月。

【生境】生于路旁湿地、住宅附近、河岸沙地、杂草地、沙碱地等处。

【分布】辽宁各地常见。

植株

【经济价值】幼嫩植株可食用，也可作猪饲料；具清热祛湿、解毒消肿、杀虫止痒等功效。

枝条

花序

叶正面

叶背面

刺藜属 *Teloxys*

5. 刺藜

Teloxys aristata (L.) Moa.

【特征】一年生草本。茎直立，圆柱形，稍有棱，老时带红色，分枝开展，下部枝较长，上部枝渐短。叶线形或线状披针形，先端渐尖，基部渐狭，全缘，主脉明显。复二歧聚伞花序，最末端分枝呈刺芒状；花多数，小形，单生于芒状小枝腋内；花被片5，狭长圆形，背部绿色，白膜质边，或带红色边，内弯；雄蕊5，花丝白色，下部宽；花柱2裂。胞果为上下压扁的圆形，不紧包于花被内。种子黑褐色，光滑；胚环状。果熟期8～10月。

植株

果枝

种子

【生境】生于田边、路旁及沙地。

【分布】辽宁彰武、清原、凤城、新民等市（县）。

【经济价值】药用，活血、祛风止痒。

腺毛藜属 *Dysphania*

6. 菊叶香藜

Dysphania schraderiana (Roem. & Schult.) Mosyakin & Clemants

植株

花序

【特征】一年生草本，有强烈气味。茎通常由基部分枝，具红色或黄绿色条棱。叶互生，有柄，长圆状卵形、卵形或披针形，长2～4cm，宽1.5～3.5cm，先端钝，基部渐狭呈楔形，边缘具大波状牙齿，叶背面有白粉。花两性，有时兼有雌性花，通常聚成团伞花序，再于分枝上排成间断的穗状花序或圆锥花序；花被3～4深裂，但花序先端的花为5裂，裂片狭长圆形，边缘白色膜质；雄蕊通常1～2，花丝较粗；柱头2，极短。胞果顶端露出花被外，果皮膜质。种子扁球形，暗褐色或红褐色。花期7～9月，果期8～10月。

【生境】生于盐碱地、河湖边、菜园及撂荒地。

【分布】东北仅辽宁有分布。辽宁朝阳为主要分布地。

【经济价值】可提取精油。

沙冰藜属 *Bassia*

7. 地肤

Bassia scoparia (L.) A. J. Scott

植株

【特征】一年生草本。茎直立，多分枝、呈扫帚状，秋季常变红色。叶互生，狭长披针形或线状披针形，基部渐狭呈柄状，通常具3条明显的主脉，边缘疏生锈色绢毛。花两性或雌性，通常单生或2朵生于叶腋，形成疏穗状花序；花被5深裂，裂片黄绿色，向内弯曲，果期背部横生三角形

翅状附属物；雄蕊 5，花药伸出花被外；花柱极短，柱头 2，丝状，紫褐色。胞果扁球形，果皮膜质。花期 7 ～ 8 月，果期 8 ～ 9 月。

【生境】生于田边、路旁、荒漠、沙地等处。

【分布】辽宁各地均有分布。

【经济价值】具园林观赏价值。幼苗可食用。果实称地肤子，药用，能清湿热、利尿。

茎叶

叶背面

花序

果实

猪毛菜属 *Kali*

8. 猪毛菜

Kali collinum **(Pall.) Akhani & Roalson**

【特征】一年生草本。茎近直立，通常由基部分枝，绿色有条纹。叶线状圆柱形，基部稍抱茎，先端具锐刺尖，肉质。花两性，常多数生于茎及枝上端，排列为细长穗状；苞卵形，具锐长尖，边缘膜质，背面有白色隆脊，覆瓦状排列，贴向花轴，花后变硬；小苞 2，狭披针形，先端具刺尖；花被片 5，透明膜质，长圆状钻形，直立，短于苞，常有小齿，不全包被果实，果期背部 2/3 处常生出鸡冠状短翅或呈突起状；雄蕊 5，稍超出花被；花柱细，柱头 2 裂，线形。胞果近球形，果皮干膜质。种子倒卵形，顶端截形。花期 7 ～ 9 月，果期 8 ～ 10 月。

植株

花序

茎与叶

【生境】生于路旁沟边、荒地、沙丘或含盐碱的砂质地。

【分布】辽宁西丰、开原、阜新、建平、锦州、沈阳等市（县）。

【经济价值】全草入药，有降血压的作用。嫩茎叶可食用；亦可作饲料。

碱蓬属 *Suaeda*

9. 碱蓬

Suaeda glauca (Bunge) Bunge

植株

秋季茎、叶

【特征】一年生草本。茎圆柱形，直立，粗壮，具细条棱，上部多分枝。叶线形，肉质。花两性，兼有雌花，通常一至数朵簇生于叶腋的短柄上，或呈团伞状；苞片2，广卵形，先端尖，两性花的花被5深裂，裂片卵状三角形，向内包卷，果期增厚，使花被呈五角星形，干后变黑色；雄蕊5，与花被对生；子房圆锥形，柱头 2，黑褐色，有毛。胞果包于花被内，果皮膜质。种子双凸镜形，黑色，表面具颗粒状点纹。花期7～8月，果期9月。

【生境】生于海边、河湖岸边、草甸、田边等含盐碱的土壤上。

【分布】辽宁葫芦岛、北票、大连、铁岭等地。

【经济价值】种子可榨油食用或工业用，油渣可作饲料或肥料。可作为改良滨海盐渍土植物。

虫实属 *Corispermum*

10. 大果虫实

Corispermum macrocarpum Bunge

【特征】一年生草本。茎，圆柱形，粗壮，散生疏毛，分枝斜展。叶线状披针形，微弯成弧形，长2～6cm，宽2.5～5mm，先端锐尖，无柄，全缘。穗状花序长圆状或圆状倒卵形。苞二型，下部者叶状，上部者广卵形，覆盖果实；花紧密，花被片1枚；雄蕊5，超过花被片。果实广倒卵形或倒卵状圆形，具较宽的翅，有暗褐色斑点。花果期7～9月。

【生境】生于半固定沙丘。

【分布】辽宁彰武、北票等市（县）。

【经济价值】是流动沙丘植被恢复过程中的主要物种之一。

茎与叶

果序

11. 细苞虫实

Corispermum stenolepis **Kitag.**

【特征】茎直立或斜升，自基部多分歧，绿色或红色。叶互生，无柄、锥形或线形，向上端渐狭，具短刺尖，全缘，具1条中脉，背面稍有蛛丝状毛。穗状花序顶生或侧生，细长，花序疏，基部的花疏离，花穗上部的苞呈披针状锥形，较宽短，其余者呈线状锥形或线形，通常比果实狭1/2，花被片1；雄蕊1～3，超出花被。果实近圆形，翅宽约1.5mm，边缘具不整齐小齿，两面稍有星状毛。花果期8～9月。

【生境】生于河滩、固定沙丘及干草地。

【分布】辽宁朝阳。

植株

茎叶

根

花序

果序

【经济价值】尚无记载。

12. 绳虫实

Corispermum declinatum Steph. ex Steven

【特征】一年生草本。茎分枝较多，开展。叶线形，长 2 ～ 3(6)cm，宽 2 ～ 3mm。穗状花序顶生或侧生，较稀疏，苞较狭，披针形，具膜质边缘；花被片 1；雄蕊 1 ～ 3，花丝为花被片长的 2 倍。果实长圆形或倒卵形，长 3 ～ 4mm，宽约 2mm，中部以上较宽，上端渐狭，明显具喙，表面凸起，背面稍凹陷，暗绿色，果翅狭窄，全缘或具不规则的细齿。花果期 6 ～ 9 月。

植株

【生境】生于砂质荒地、田边、路旁和河滩中。

【分布】辽宁朝阳。

【经济价值】尚无记载。

苋属 *Amaranthus*

13. 反枝苋

***Amaranthus retroflexus* L.**

【特征】一年生草本。茎直立，粗壮，被细毛，稍有钝棱。叶互生，叶柄被毛，叶片卵形或菱状卵形，基部楔形，先端尖或微凹，顶端具小芒尖，全缘或略呈波状缘，两面及边缘均有毛，背面毛较密。花杂性，集生成多刺毛的花簇，于花枝上形成稠密的圆锥花序；苞及小苞钻形，背部中肋隆起延伸至顶部呈针芒状；具白色透明膜质边缘；花被片 5，膜质，先端具小芒尖；雄蕊 5，超出花被；雌花柱头 3，内侧有小齿。胞果扁圆卵形，比花被短，环状开裂。种子扁圆形，黑色，有光泽。花期 7～8 月，果期 8～9 月。

【生境】生于田间、农田旁、宅旁及杂草地。

【分布】辽宁省各地普遍生长。

【经济价值】可作为野菜食用，也可作猪饲料。药用，治腹泻、痢疾、痔疮肿痛出血等症。

植株

叶正面

叶背面

杂性花（左雌右雄）

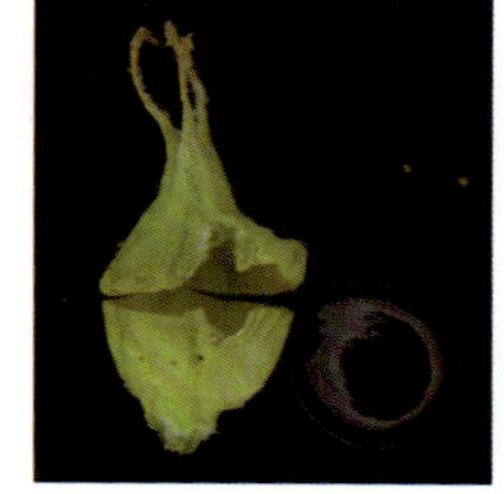

果实

14. 北美苋

Amaranthus blitoides S. Watson

【特征】一年生草本。茎大部分伏卧，由基部分枝。叶密生，具柄，叶片倒卵形或匙形至长圆状倒披针形，基部楔形，下延至柄，先端急尖并具小凸尖。花簇生于叶腋；苞披针形，比花被片短；花被片 4，有时 5。胞果椭圆形、环状横裂，上面带淡红色，近平滑，比最长的花被片短。种子卵形，黑色，稍有光泽。花期 7 ～ 8 月，果期 8 ～ 9 月。

【生境】生于田园、路旁及杂草地上。

【分布】辽宁大连等地。

【经济价值】可作饲草。

植株

叶背面

花簇生叶腋

15. 凹头苋

Amaranthus blitum L.

植株

【特征】一年生草本，全株无毛。茎表面具条棱。叶互生，叶柄长 1 ～ 4cm；叶片卵形或菱状卵形，顶端凹缺，并具 1 小芒尖，全缘或微波状缘，两面无毛。花簇生于叶腋，生于茎顶或枝端者成直立穗状花序或圆锥花序；苞及小苞长圆形；花被片 3；雄蕊 3；柱头 3 或 2；胞果近扁圆形，表面稍有皱缩，不开裂。种子圆形，稍扁，黑色至黑褐色，有光泽。花期 7 ～ 8 月，果期 8 ～ 9 月。

【生境】生于田野及宅旁的杂草地上。

【分布】辽宁沈阳、丹东等地。

【经济价值】可作饲料；亦可食用。全草入药，用作缓和止痛、收敛、利尿、解热剂。

花序

叶正面

叶背面

科 21 木兰科

Magnoliaceae

玉兰属 *Yulania*

紫玉兰

Yulania liliiflora **(Desr.) D. C. Fu**

【特征】落叶灌木，高 3～5m。树皮灰褐色；小枝光滑，紫褐色，有灰白色皮孔，具三角状叶痕。芽卵形，被黄毛。叶片倒卵形或椭圆状倒卵形，基部楔形，先端急尖或渐尖，全缘。花叶同时开放；花大，单生于枝顶，钟形，花蕾被黄绿色长毛；花被片 9，外轮 3 片较小；萼片状，披针形，紫绿色，内轮的长圆状倒卵形，外面紫色或紫红色，里面带白色；雄蕊多数，紫红色；心皮多数。聚合果长圆柱形，淡褐色。花期 6 月，果期 8～9 月。

【生境】喜温暖湿润和阳光充足的环境，较耐寒，但不耐旱和盐碱，怕水淹，喜肥沃、排水好的沙壤土。

【分布】原产我国湖北。辽宁的大连、盖州等多地有栽培。

【经济价值】观赏植物，亦可作玉兰、白兰等木兰科植物的嫁接砧木。树皮、叶、花蕾均可入药；花蕾晒干后称辛夷，主治鼻炎、头痛，作镇痛消炎剂。

花枝

雌蕊与雄蕊

花

科 22 五味子科

Schisandraceae

五味子属 *Schisandra*

五味子

Schisandra chinensis (Turcz.) Baill.

植株

【特征】藤本，全株无毛。幼枝红褐色，老枝灰褐色，稍有棱。叶在长枝上互生，在短枝上簇生；叶片广椭圆形、倒卵形或卵形，基部楔形，边缘具腺齿，近基部全缘，侧脉 3～7 对。花单性，雌雄同株或异株，雄花多生于枝条的基部或下部，雌花生于中上部，单生或 2～4 花簇生于叶腋；花被片 6～9，乳白色；雄蕊 5；雌蕊群椭圆形，心皮 17～40，子房卵形或卵状椭圆形，柱头鸡冠状。浆果近球形，红色，肉质，外果皮具腺点。种子 1～2，肾形，淡褐色，种皮光滑，种脐凹入。花期 5 月，果期 8～9 月。

【生境】生于阔叶林或山沟溪流旁。

【分布】辽宁建昌、清原、岫岩、丹东、大连等市（县）。

【经济价值】著名中药，果实入药，主治咳喘、自汗、盗汗、遗精、久泻、神经衰弱。

茎的缠绕状

雄花

果实

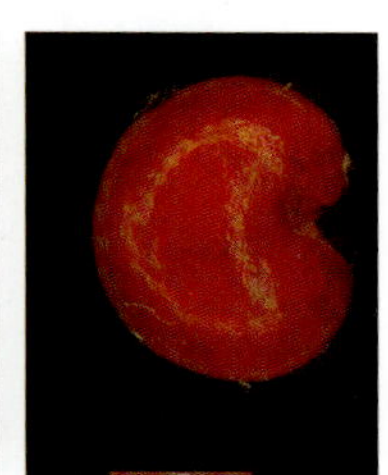
种子

科 23 毛茛科

Ranunculaceae

铁线莲属 *Clematis*

1. 棉团铁线莲

Clematis hexapetala Pall.

【特征】多年生草本。茎直立，圆柱形，疏被毛或近无毛。叶一至二回羽状分裂，近革质，具柄，裂片长圆状披针形、长圆形或线形，全缘，脉明显。顶生聚伞花序或总状花序；花径 2 ～ 5cm，萼片 4 ～ 8，倒卵状长圆形至披针形，白色，外面密被白毛；雄蕊多数，无毛。瘦果多数，倒卵形，扁平，密被绢毛，宿存花柱被灰白色羽状长柔毛。花期 6 ～ 8 月，果期 7 ～ 9 月。

【生境】生于干山坡草地、林缘、固定沙丘或山坡草地，以东北及内蒙古草原较为普遍。

【分布】辽宁建平、凌源、北镇、义县、葫芦岛等市（县）。

【经济价值】根药用，镇痛、利尿、消炎。

植株

果序

花

果实

2. 辣蓼铁线莲 

Clematis terniflora var. *mandshurica* (Rupr.) Ohwi

【特征】草质藤本，茎具细肋棱，节部和嫩茎被白毛。叶对生，羽状复叶，小叶片 5 或 7，有时 3，卵形或卵状披针形，基部圆形、楔形或歪斜，先端渐尖，全缘，稀 2 ～ 3 裂，背面叶脉突出。圆锥状聚伞花序腋生或顶生，多花，花径 2 ～ 4cm，萼片 4 ～ 5，白色，长圆形或狭倒卵形，外面有短柔毛，边缘密被白色绒毛；雄蕊多数，无毛。瘦果近卵形，褐色、扁平、边缘增厚，宿存花柱有长柔毛。花期 6 ～ 8 月，果期 7 ～ 9 月。

【生境】生于林缘、山坡灌丛，阔叶林下。

【分布】辽宁锦州、西丰、清原、丹东、庄河、沈阳等市（县）。

【经济价值】根可作威灵仙入药，主治风寒湿痹、关节不利、四肢麻木、跌打损伤等。

植株

花

果实

3. 短尾铁线莲 

Clematis brevicaudata DC.

【特征】藤本。枝有棱，稍带紫褐色。叶为一至二回羽状复叶或三出复叶；小叶 5 ～ 15，卵形或卵状披针形，边缘疏生粗齿或 3 浅裂。复聚伞花序腋生或顶生；花梗具 1 对披针形苞片；花径 1 ～ 1.5cm；萼片 4，白色，长圆状披针形或狭倒卵形，外面被短柔毛；雄蕊多数，比萼片短，无毛，花药黄色。瘦果卵形，宿存花柱长 1.5 ～ 3cm，微带浅褐色，稍弯曲。花期 8 ～ 9 月，果期 9 ～ 10 月。

植株

【生境】生于山坡灌丛、林缘、林下。

【分布】辽宁朝阳、建昌等市（县）。

【经济价值】藤茎入药，主治尿道感染、尿频、尿道痛、心烦尿赤、口舌生疮、腹中胀满、大便秘结、乳汁不通。

叶

小叶背面

花序

4. 黄花铁线莲

Clematis intricata **Bunge**

【特征】多年生草质藤本。茎多分枝，具细棱。一至二回羽状复叶或三出复叶，小叶有柄，小叶片 2～3 裂，中裂片线状披针形或披针形，全缘或有少数齿牙，侧裂片较小，背面疏被柔毛。花单生或 3 朵组成聚伞花序，腋生；苞片叶状；萼片 4，黄色，长圆形，先端尖；雄蕊比萼片短，花丝线形，有短柔毛。瘦果椭圆状卵形或卵形，边缘增厚，被柔毛，宿存花柱被长柔毛。花期 7～8 月，果期 8～9 月。

【生境】生于路旁、山坡。

【分布】辽宁凌源、本溪、宽甸等市（县）。

【经济价值】有微毒，可入药，外用主治风湿性关节炎。亦可作园林观赏用。

植株

叶

花正面

花背面

果实

5. 朝鲜铁线莲

Clematis koreana Kom.

【特征】 半灌木或近木质藤本。茎圆柱形，具细棱，节部膨大。叶为一至二回羽状复叶或三出复叶；小叶片广卵形、卵形、歪卵形或近圆形，基部近心形或心形，不分裂或 2 ～ 3 浅裂至深裂，边缘具粗大齿牙，两面被白色柔毛。花单一，腋生或顶生；花梗粗壮，疏被柔毛或无毛；萼片 4，淡黄色，卵状披针形至广披针形，外面被白色柔毛，退化雄蕊呈花瓣状，线形，中上部加宽呈匙状，被柔毛，比萼片短；雄蕊多数，被柔毛。瘦果多数，歪倒卵形，褐色，宿存花柱长约 5cm，具灰白色长柔毛。花期 5 月，果期 7 月。

植株

叶

果实

【生境】 生于红松林及针阔混交林、阔叶林和灌木丛中。

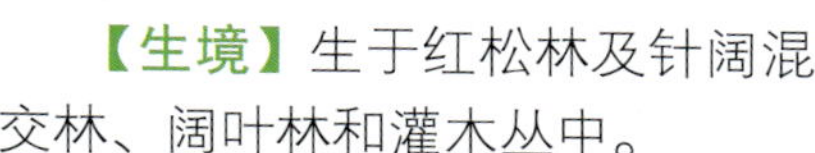

【分布】 辽宁本溪、宽甸等市（县）。

【经济价值】 有园林观赏价值。

翠雀属 *Delphinium*

6. 翠雀

Delphinium grandiflorum L.

【特征】 多年生草本，全株被灰白色短卷毛。茎直立，单一或分枝，基生叶与茎下部叶具长柄；叶片近圆形或五角形，掌状 3 全裂，裂片再一至二回 2 ～ 3 裂，小裂片线形、狭线形或线状披针形，全缘。总状花序多花；苞片叶状；花梗与花轴密被白色短柔毛；萼片 5，紫蓝色或蓝色，有时带红紫色，椭圆形或卵形，外面被短柔毛，距长

1.5～2cm，直或先端稍向上弯；花瓣 2，与萼片同色，无毛，顶端圆；退化雄蕊 2，蓝色，瓣片近圆形或宽倒卵形，先端全缘或微凹，里面中部具一小撮黄色髯毛，雄蕊无毛，花药深蓝色至蓝黑色；心皮 3，子房密被短伏毛。蓇葖果，具多数种子。种子四面体形，具膜质翅。花期 6～9月，果期 9～10月。

【生境】生于山坡草地、固定沙丘、油松林下。

【分布】辽宁建平、建昌、凌源、彰武、康平等市（县）。

【经济价值】全草有毒，药用时需注意。含漱用于治疗风热牙痛。花鲜艳美丽，可作花卉栽培。

植株

叶正面

叶背面

花

雄蕊

果实

白头翁属 *Pulsatilla*

7. 白头翁

Pulsatilla chinensis **(Bunge) Regel**

【特征】多年生草本，全株密被白色长柔毛。基生叶多数，三出复叶，具长柄；叶片广卵形，顶生小叶具柄，3 深裂，中裂片倒卵形或楔形，上部 3 浅裂至中裂，全缘或有

植株

齿，侧裂片 3 浅裂；侧生小叶无柄或近无柄，倒卵状楔形，2 ～ 3 深裂，裂片全缘或具齿。花葶通常 1，花后伸长；苞片 3，基部合生，3 深裂，裂片线形全缘或 2 ～ 3 浅裂至深裂；花钟形；萼片蓝紫色或紫色，披针形或卵状长圆形；雄蕊长约为萼片的 1/2。聚合果近球形；瘦果小，纺锤形，宿存花柱弯曲。花期 4 ～ 5 月，果期 6 ～ 7 月。

【生境】生于平原和低山山坡草地、林缘或干旱多石的坡地。

【分布】辽宁建平、葫芦岛、大连、沈阳、丹东、鞍山、清原、彰武、锦州、昌图等市（县）。

【经济价值】园林观赏价值高。根状茎药用，主治细菌性痢疾、阿米巴痢疾、湿热带下。

基生叶

花

果实

8. 朝鲜白头翁

Pulsatilla cernua **(Thunb.) Bercht. et Opiz.**

【特征】多年生草本，全株被开展的白色长柔毛。基生叶叶柄长 3 ～ 10cm；叶片椭圆形或卵形，基部心形，三出羽状分裂，顶裂片有柄，3 全裂，裂片再 2 ～ 3 深裂，小裂片楔形或长圆形，全缘或具 2 ～ 3 缺刻状齿牙，侧裂片 2 ～ 3 对，无柄或具短柄，形状与顶裂片相似。花顶生；总苞掌状深裂，裂片线形，全缘或 2 ～ 3 裂；萼片 6，紫红色，长圆形，先端稍钝；雄蕊多数，比萼片短。聚合果近球形，直径 5 ～ 8cm，瘦果小，倒卵状长圆形，宿存花柱长 2 ～ 4cm，密被开展的长柔毛。花期 4 ～ 5 月，果期 5 ～ 6 月。

【生境】生于山坡草地、灌丛间。

【分布】辽宁沈阳、大连、本溪、丹东等地。

【经济价值】药用，主治细菌性痢疾、阿米巴痢疾。

植株

叶

总苞

果实

毛茛属 *Ranunculus*

9. 毛茛

Ranunculus japonicus **Thunb.**

【特征】多年生草本。茎直立，中空，被伸展毛或伏毛，有时近无毛。基生叶具长柄，叶柄基部加宽呈鞘状，被伸展毛，叶片近圆形或五角形，基部心形或截形，3深裂，中裂片倒卵状楔形或近菱形，上部3浅裂，侧裂片不等2裂，边缘具粗齿或缺刻，两面被伏毛；茎生叶少数，下部叶与基生叶相似，但叶裂片较狭，具尖齿，叶柄逐渐变粗，上部叶3深裂，裂片披针形至线形，苞叶线形，全缘，无柄。聚伞花序；花径1.7～2.5cm；萼片5，卵状椭圆形，绿色，外面密被长毛；花瓣5，倒卵形，鲜黄色、有光泽，基部具短爪；雄蕊多数。聚合果近球形，瘦果倒卵形，稍扁平，果喙短。花期5～9月，果期6～9月。

【生境】生于田沟旁、湿草地、水边、沟谷，山坡、林下及林缘路边。

【分布】辽宁建昌、凌源、北镇、彰武、沈阳等市（县）。

【经济价值】根有毒，药用，利湿消肿、止痛、截疟、杀虫。

植株

叶

花

果实

唐松草属 *Thalictrum*

10. 唐松草

***Thalictrum aquilegiifolium* var. *sibiricum* Regel & Tiling**

植株

果实

【特征】草本，植株全部无毛。茎粗可达 1cm，分枝。基生叶在开花时枯萎；茎生叶为三至四回三出复叶，顶生小叶倒卵形或扁圆形，顶端圆或微钝，基部圆楔形或不明显心形，3 浅裂，裂片全缘或有 1～2 牙齿，叶柄有鞘，托叶膜质。圆锥花序伞房状，有多数密集的花；萼片白色或外面带紫色，宽椭圆形，早落；雄蕊多数，花药长圆形，顶端钝；心皮 6～8，有长心皮柄，花柱短，柱头侧生。瘦果具长梗，倒卵形，有 3 条宽纵翅，柱头宿存。7 月开花。

【生境】生于草原、山地林边草坡或林中。

【分布】辽宁西丰、本溪、岫岩、庄河等市（县）。

【经济价值】全草药用，散寒除风湿、去目雾、消浮肿。

11. 狭裂瓣蕊唐松草

***Thalictrum petaloideum* var. *supradecompositum* (Nakai) Kitag.**

【特征】多年生草本，全株无毛。茎直立，上部分枝。基生叶数片，有柄，三至四回三出或羽状复叶，顶生小叶，叶柄较长，小叶或小叶裂片狭卵形、披针形或狭长圆形，边缘反卷；茎生叶与基生叶相似，具短柄或近无柄。花多数，成伞房状聚伞花序；萼片 4，白色，倒卵形，早落；雄蕊多数，花丝中上部宽，呈棍棒状；心皮 4～10，无柄，花柱短。瘦果无梗，果卵状椭圆形，有 8 条纵肋，果喙长约 1mm。

【生境】生于低山干燥山坡或草原多沙草地。

【分布】辽宁建平等地。

【经济价值】园林观赏用。

植株

叶

花

果

耧斗菜属 *Aquilegia*

12. 紫花耧斗菜

Aquilegia viridiflora var. *atropurpurea* (Willd.) Finet & Gagnep.

该种为耧斗菜的变型。

【特征】草本。茎常在上部分枝，被柔毛、腺毛。基生叶少数，二回三出复叶，上部三裂，裂片常有 2～3 个圆齿，叶柄长达 18cm，基部有鞘；茎生叶数枚，一至二回三出复叶，向上渐变小。花 3～7 朵，倾斜或微下垂；苞片三全裂；萼片长椭圆状卵形；花瓣瓣片与萼片同色，直立，倒卵形，比萼片稍长或稍短，距直或微弯；雄蕊长达 2cm，伸出花外；退化雄蕊白膜质，线状长椭圆形；心皮密被伸展的腺状柔毛，花柱比子房长或等长。蓇葖果，种子黑色，狭倒卵形，具微凸起的纵棱。5～7 月开花，7～8 月结果。

【生境】生于山坡疏林下或沟边多石处。

【分布】辽宁南部。

【经济价值】可供观赏。

植株

叶正面

叶背面

花，示雌雄蕊露出花外

花梗被腺毛，花距直伸

13. 华北耧斗菜

Aquilegia yabeana Kitag.

植株

【特征】多年生草本。茎直立，圆柱形，稍具棱线。基生叶有长柄，一至二回三出复叶，小叶倒卵状菱形，3 裂，具圆齿；茎生叶形似基生叶，下部叶具长柄，上部叶近无柄，三出复叶。聚伞花序，花下垂；苞片披针形或长圆形，全缘，两面及边缘被腺毛或近无毛；花梗长，密被腺毛，萼片 5，淡紫色至紫色，长圆状披针形至狭卵形，先端渐尖；花瓣紫色，先端圆状截形，距钩状弯曲；雄蕊多数，不超出花瓣，花丝基部渐加宽，退化雄蕊白色，膜质，长约 5mm，边缘皱波状；心皮通常 5，子房密被短腺毛。蓇葖果，种子小，近卵球形，黑色，有光泽，种皮上有点状皱褶。花期 6～7 月，果期 7～9 月。

【生境】生于山坡、林缘及山沟石缝。

【分布】辽宁西部。

【经济价值】花姿独特，花期长，是良好的绿化、观赏植物。全草入药，用于治疗月经不调、产后瘀血过多、痛经等症。

花

雌雄蕊，示其不超出花瓣

乌头属 *Aconitum*

14. 黄花乌头

Aconitum coreanum **(H. Lév.) Rapaics**

【特征】多年生草本，高 30 ～ 140cm。块根长圆状纺锤形或倒卵状纺锤形。茎直立，上部被短卷毛，不分枝或稍分枝。叶具柄，叶片掌状 3 全裂，裂片菱形，再细裂，近羽状分裂，小裂片线形或线状披针形。顶生总状花序短，通常有 2 ～ 7 花；单一或下部分枝，轴及花梗密被短卷毛；苞叶线形；花梗长 1 ～ 2cm；萼片黄色或淡黄色，上萼片船状盔形，具突出的小喙，外缘下部缢缩，侧萼片歪倒卵形，下萼片长圆形或近狭卵形；花瓣具长爪，瓣片长约 6mm，距短，头状，唇 2 浅裂；心皮 3，子房密被短柔毛。蓇葖果，种子小，具 3 条纵棱，沿棱具翅。花期 8 ～ 9 月，果期 9 ～ 10 月。

【生境】生于山地草坡、灌丛及疏林中。

【分布】辽宁新民、抚顺、开原、辽阳、海城、义县、建昌、凌源等市（县）。

【经济价值】块根有毒，经炮制后可入药。

植株

块根

叶

花正面，示花瓣和雄蕊

花侧面

15. 吉林乌头

Aconitum kirinense Nakai

植株

【特征】多年生草本，高 70 ～ 130cm。根为直根，暗褐色。茎直立，下部被黄色伸展长柔毛，上部被短卷毛。基生叶与茎下部叶叶柄可长达 30cm，叶片掌状，3 ～ 6 深裂，中裂片广菱形，3 深裂，侧裂片 2 ～ 3 中裂至深裂，裂片再 2 ～ 3 浅裂，小裂片具渐尖的粗齿，叶基部心形。总状花序长 20 ～ 30cm，轴与花梗被短卷毛；小苞片钻形；萼片黄色，外面密被短卷毛，上萼片圆筒形，基部喙面宽 8 ～ 10mm，侧萼片广倒卵形，下萼片长圆形；花瓣具长爪，距短头状，先端微凹缺；雄蕊多数，花丝中下部加宽；心皮 3。蓇葖果，种子三棱形，有横翅。花期 7 ～ 8 月，果期 9 月。

【生境】生于山地草坡、林缘草地、红松林中。

【分布】辽宁西丰、新宾、本溪、凤城、宽甸、北镇等市（县）。

【经济价值】根入药，祛风散寒、除湿止痛、麻醉、杀虫。

根

花序

花各部分

果实

16. 牛扁

Aconitum barbatum var. *puberulum* Ledeb.

【特征】多年生草本，高达 1m。根为直根。茎直立，被向下弯曲的短伏毛。叶柄长约 20cm，被短卷毛，叶片近圆形，3 全裂，中裂片菱形，分裂不近中脉，小裂片三角形或狭披针形，侧裂片 2 深裂，背面被长柔毛。顶生总状花序，多花，密集；花序轴及花梗密被短伏毛，具苞片；小苞片线状三角形，萼片黄色，外面密被短柔毛，上萼片圆筒形，侧萼片倒卵状圆形，下萼片近长圆形，不等大；花瓣无毛，距短头状，唇稍长，心皮 3。蓇葖果，种子褐色，密生膜质鳞片状翅。7 ~ 8 月开花。

【生境】生于山坡草地。

【分布】辽宁西丰、新宾、本溪、北镇等市（县）。

【经济价值】根供药用，治腰腿痛、关节肿痛等症。

植株

花

果实

金莲花属 *Trollius*

17. 长瓣金莲花

Trollius macropetalus **(Regel) F. Schmidt**

【特征】多年生草本，高约 1m，全株无毛。茎直立，有纵棱。基生叶 2 ～ 5，叶柄长达 50cm；叶片三角形，3 全裂，中裂片菱形，再 3 中裂，小裂片具缺刻状齿，侧裂片 2 深裂，裂片歪斜，再 2 ～ 3 中裂，小裂片具缺刻状齿；茎生叶 3 ～ 7，形似基生叶，叶片向上渐小，近茎顶的似苞叶状，3 裂至不裂，裂片具齿或近全缘。花橙黄色，常 3 花成聚伞花序，直径 3 ～ 5cm；萼片 5 ～ 7，倒卵状椭圆形或近圆形；花瓣 17 ～ 25，线形，基部具蜜槽，比萼片长；雄蕊多数；心皮 20 ～ 40。蓇葖果，喙长 4 ～ 5mm。种子近卵球形或椭圆状，具棱角，黑色。花期 7 月，果期 7 ～ 8 月。

【生境】生于山区湿草甸子、林缘。

【分布】辽宁新宾等地。

【经济价值】花入药，治慢性扁桃体炎，与菊花和甘草合用，可治急性中耳炎、急性结膜炎等症。

叶背面

根

植株

花

科 24 小檗科

Berberidaceae

小檗属 *Berberis*

细叶小檗

***Berberis poiretii* C. K. Schneid.**

植株

【特征】落叶灌木。老枝灰褐色，表面密生黑色小疣点，幼枝紫褐色；短枝基部通常生有3～5叉状小刺，中央刺最长，长3～5(7)mm。叶丛生于刺腋，倒披针形、狭倒披针形或披针状匙形，先端有短刺尖，全缘或仅中上部边缘有齿。总状花序生于短枝端，稍下垂，具8～15朵花，鲜黄色，直径5～6mm；小苞片2，披针状；萼片6；花瓣6，较萼片稍短，先端具1极浅缺刻，近基部具1对长圆形蜜腺；雄蕊6，较花瓣短；子房圆柱形，柱头头状扁平。浆果长圆形，鲜红色，柱头宿存。种子1～2，长纺锤形。花期5～6月，果期8～9月。

【生境】生于山坡路旁或溪边。

【分布】辽宁凌源、建昌、兴城、锦州等市（县）。

【经济价值】根、根皮入药。小檗碱对治疗慢性气管炎、小儿肺炎、痢疾、肠炎等有较好的作用，小檗胺对降压、升高白细胞等有良好效果。

花

未成熟果实

成熟果实

科 25 防己科

Menispermaceae

蝙蝠葛属 *Menispermum*

蝙蝠葛

***Menispermum dauricum* DC.**

植株

根茎

【特征】多年生缠绕性草本。叶互生，叶柄盾状着生，叶片肾圆形或心状圆形，掌状脉 5～7 条。花序圆锥状，腋生，具较长的花梗；雄花小，淡黄绿色或淡绿色至乳白色，萼片 4～6，花瓣 6～8，雄蕊 12～24；雌花外形与雄花相似，有较少退化雄蕊，通常具 3 离生心皮，花柱短，子房上位，1 室。核果近球形，成熟时黑色，有光泽，外果皮肉质多汁，内果皮坚硬，圆肾形，有一缺口，背部有 3 条凸起的环状条棱，条棱上有小突起，中间凹下，近缺口处内含 1 粒种子。花期 (5)6～7 月，果期 7～9(10) 月。

【生境】生于林缘路旁、沟谷等地。

【分布】辽宁彰武、北镇、沈阳、大连等市(县)。

【经济价值】可用作护坡绿化或作林地地被植物使用。根茎入药，清热解毒、消肿止痛。

雄花序

雌花序

未成熟果实

成熟果实

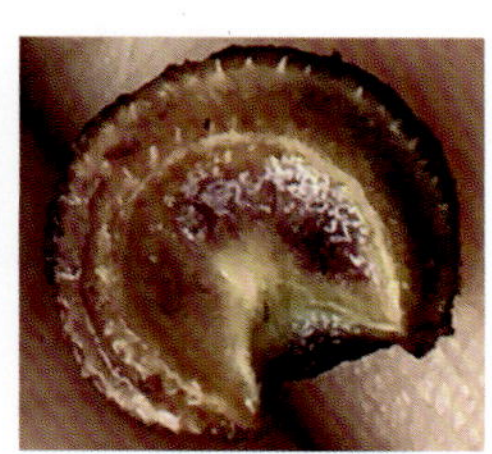
种子

科 26 金丝桃科

Hypericaceae

金丝桃属 *Hypericum*

1. 长柱金丝桃

Hypericum longistylum **Oliv.**

植株

【特征】多年生草本。茎直立，具 4 条棱线。单叶对生，无柄，近革质，长圆状卵形至长圆状披针形，全缘，基部抱茎，背面通常具黑色腺点。单花或数花形成聚伞花序顶生或腋生；花径 4 ～ 8cm；萼片 5，卵形；花瓣 5，黄色，各瓣偏斜而旋转；雄蕊 5 束，每束有多数雄蕊；子房卵状，棕褐色，5 室，花柱 5，通常自中部或中部以下分离，花柱与子房略等长或稍长。蒴果圆锥形，棕褐色，成熟时顶端 5 裂。种子多数，圆柱形，微弯，棕色，长约 1mm，一侧具细长膜质狭翼。花果期 7 ～ 9 月。

【生境】生于山坡林缘及草丛中，向阳山坡及河岸湿地。

【分布】辽宁绥中、凤城、鞍山等市（县）。

【经济价值】优良的宿根花卉。全草药用，具有凉血止血、清热解毒功效。

叶

花

果实

2. 赶山鞭 

Hypericum attenuatum Fisch. ex Choisy

植株

【特征】多年生草本。茎直立，常有2条突起的纵棱且散生黑腺点。叶对生，无柄，近革质，卵形、长圆状卵形至卵状披针形，基部略抱茎，散生黑色腺点。花多数形成圆锥花序或聚伞花序；萼片5，卵状披针形，长为花瓣的1/3～1/2；花瓣5，淡黄色；雄蕊多数，呈3束；萼片、花瓣及花药上均散生黑色腺点；子房棕褐色，花柱3，自基部离生，与子房略等长。蒴果卵圆形，长约1cm，散生长短不等的黑色条腺斑。种子圆柱形，表面具小蜂窝状的纹，一侧具极细小不明显的翼。花期7～8月，果期8～9月。

【生境】生于田野、半湿草地、山坡草地、草原、林下及石砾地。

【分布】辽宁凌源、北镇、建平、清原、阜新、丹东等市（县）。

【经济价值】全草入药，能止血、镇痛、通乳。外用治创伤出血、痈疖肿痛。

枝叶

花背面

花正面

果序

科 27 罂粟科

Papaveraceae

白屈菜属 *Chelidonium*

1. 白屈菜

Chelidonium majus **L.**

植株

【特征】多年生草本，含橘黄色乳汁。茎直立，多分枝，具白色细长柔毛。叶互生，一至二回奇数羽状分裂，裂片边缘具不整齐缺刻，背面疏生柔毛，脉上更明显。花数朵，排列成聚伞花序，花梗长短不一；萼片 2，早落；花瓣 4，卵圆形或长卵状倒卵形，黄色；雄蕊多数，分离；雌蕊花柱短，柱头头状，2 浅裂。蒴果长角形，直立，灰绿色，成熟时由下向上 2 瓣裂。种子细小，卵球形，褐色，有光泽。花期 5～8 月，果期 6～9 月。

【生境】生于山谷湿润地、水沟边、住宅附近。

【分布】辽宁省各地。

【经济价值】全草药用，有镇痛、止咳、消肿作用。外用治稻田皮炎、毒蛇咬伤、疥癣。

叶与花

果序

种子（未成熟）

紫堇属 *Corydalis*

2. 小黄紫堇

Corydalis raddeana **Regel**

【特征】一年或两年生草本。茎具棱槽。茎生叶有长柄，叶柄下部稍膨大；叶片下面有白粉，二或三回羽状全裂，小裂片倒卵形或菱状倒卵形，全缘。总状花序，苞片狭卵形、披针形或狭倒卵形，全缘，有时基部苞片 3 裂；花冠黄色，上面花瓣长 1.3 ～ 2cm，距长 6 ～ 12mm，尾部向下弯曲，下面花瓣为凸浅囊状，上下两花瓣均具鳍状突起物，内花瓣 2 枚，先端连合，具爪；雄蕊 6 枚，每 3 枚成 1 束；雌蕊 1 枚，花柱细长，柱头宽扁、铲状、先端 4 裂。蒴果线形或狭倒披针形，下垂，有种子 1 列，黑色，有光泽，具白色舌状种阜。花期 6 ～ 8 月，果期 8 ～ 9 月。

【生境】生于林内石砬子旁，杂木林下、溪流两旁、采伐迹地。

【分布】辽宁岫岩、西丰、丹东、大连、本溪等市（县）。

【经济价值】蒙医常用，主要入药部位为茎和叶，具有清热、愈伤、消肿功效。

植株

叶

花序

3. 地丁草

Corydalis bungeana **Turcz.**

【特征】多年生草本。茎从基部向四周多分枝，有棱、灰绿色。基生叶丛生；茎生叶互生，有柄，二回羽状全裂，终裂片线形，两面灰绿色。总状花序；苞片叶状，羽状深裂；萼片 2 枚，鳞片状，早落；花瓣 4 枚，淡紫色，外侧两片大，先端呈兜状，背面具翅，其后面一片基部有距，距长 5 ～ 6.5mm，内侧两瓣较小、先端连合；雄蕊 6 枚，每 3 枚花丝连合，与外侧两花瓣对生，后 1 束雄蕊花丝基部具蜜腺，插入距内；子房外被柔毛，花柱顶端微 2 裂，黄白色，有瘤状突起。蒴果扁椭圆形，灰绿色，成熟时裂成 2 瓣，花柱宿存，内含种子 7 ～ 12 粒。种子扁球形，黑色，有光泽，具白色膜质种阜。花期 4 ～ 5 月，果期 5 ～ 6 月。

【生境】生于山沟、溪旁、杂草丛中及砾石处。

【分布】辽宁大连、锦州、绥中、阜新、凌源、建昌、北票等市（县）。

【经济价值】全草供药用，有清热解毒、活血消肿之功效。

植株

科 28 十字花科

Brassicaceae

荸菜属 *Rorippa*

1. 沼生蔊菜 

***Rorippa palustris* (L.) Besser**

植株

【特征】一年或两年生草本。茎有纵条纹，多分枝。基生叶莲座状，基生叶和茎下部叶有长柄，柄具狭翼；叶片大头羽状深裂，边缘有钝齿，茎上部叶较小，分裂较浅，边缘有波状牙齿。总状花序；花黄色，花梗细弱，萼片长圆形，花瓣倒卵形，基部渐狭为爪，长与萼片近相等；雄蕊 6；花柱短，柱头圆头状，2 浅裂。果梗长 5 ～ 7mm；长角果长圆形，长 4 ～ 8mm，宽 2 ～ 3mm。种子卵形，成两行排列，稍扁平，有网纹。花期 5 ～ 6 月，果期 6 ～ 7 月。

【生境】生于湿地，水甸子、路旁、河岸等处。

【分布】辽宁彰武、葫芦岛、锦州、辽阳、抚顺、西丰、凌源等市（县）。

【经济价值】嫩茎叶用水浸泡，除去辛辣味，可炒食或拌食。是良好的饲料。

叶

茎

花序

果序

花旗杆属 *Dontostemon*

2. 花旗杆

Dontostemon dentatus **(Bunge) Ledeb.**

植株

【特征】一年或两年生草本，疏生白色弯曲单毛和长毛。茎上部分枝。叶互生，茎下部叶有柄，上部叶无柄，叶片长圆状披针形或长圆形，具数个疏锯齿。总状花序，果期伸长；萼片长圆形，直立，外萼片比内萼片狭，有白色膜质边；花瓣紫色，倒卵形，基部有爪；雄蕊6，长雄蕊花丝成对合生，花药分离，无蜜腺，短雄蕊离生，其基部每侧各有1个蜜腺；子房无毛，花柱短，柱头头状，2浅裂。长角果线形；果梗通常有弯曲短柔毛。种子圆形，淡褐色，稍有翅，成一行排列。花期6～7月，果期7～8月。

【生境】生于山坡路旁、林缘、石质地、草地。

【分布】辽宁建平、兴城、义县、北镇、岫岩等市（县）。

【经济价值】具观赏价值。

叶正面

叶背面

花序

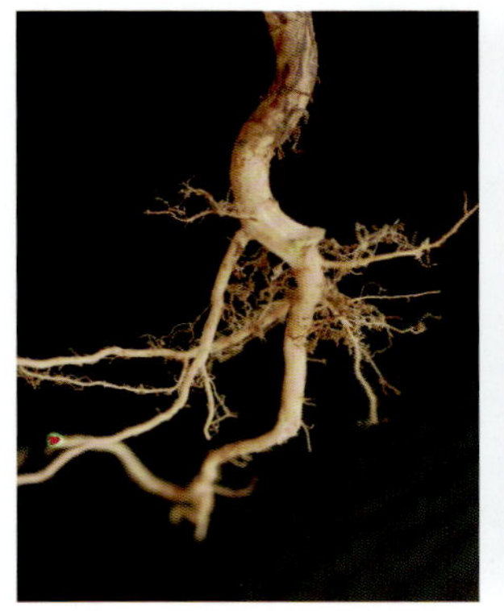
根

花侧面，示花萼

果序

芝麻菜属 *Eruca*

3. 芝麻菜

Eruca vesicaria subsp. *sativa* (Mill.) Thell.

植株

【特征】一年生草本。茎直立，常由上部分枝。叶肉质，有柄，基生叶全缘、大头羽裂或羽状分裂，茎生叶羽状深裂，近无柄。总状花序顶生；萼片直立，先端兜状，常有近蛛丝状毛；花瓣倒卵状楔形，长 15 ~ 22mm，淡黄色，后变带白色，有紫色或褐色明显脉纹；雄蕊 6，花丝基部有蜜腺。果期花梗变粗，紧贴果轴着生；长角果直立，紧贴果轴，长 2 ～ 3cm，稍扁；喙长 5 ～ 10mm。种子球形或卵形，成两行排列。花果期 6 ～ 7 月。

【生境】栽培于园圃或田地，亦见逸生于荒地或湿地。

【分布】辽宁北镇等地有栽培及逸生。

【经济价值】茎叶作蔬菜食用，种子可榨油。

叶

根

花

果

独行菜属 *Lepidium*

4. 独行菜

Lepidium apetalum Willd.

【特征】一年或两年生草本。茎直立，多分枝，有棍棒状短柔毛或头状腺毛。基生叶莲座状，有柄，叶片狭匙形或倒披针形，边缘有稀疏缺刻状锯齿、羽状深裂或羽状浅

植株

裂；茎生叶无柄，披针形或长圆形，基部呈耳状抱茎，边缘有疏齿或全缘；最上部叶线形，全缘。总状花序顶生，花极小，萼片卵形，背部被弯曲白色长毛，边缘白色膜质状，易脱落，无花瓣或花瓣退化成丝状，比萼片短1/2；雄蕊位于子房两侧，与萼片等长，蜜腺4。短角果卵形或椭圆形，扁平，长约3mm，2室，上部边缘具狭翅。种子椭圆状卵形，黄褐色，近平滑。花期5～6月，果期6～7月。

【生境】生于路旁、沟边、草地、耕地旁、庭园等处。

【分布】辽宁彰武、建平、建昌、北镇等市（县）。

【经济价值】种子入药，作葶苈子用，有祛痰定喘、泻肺利水的功效。

茎放大

花序，示小花

果实及种子

糖芥属 *Erysimum*

5. 糖芥

Erysimum amurense Kitag.

【特征】多年生草本，全株贴生 2 叉状毛。茎直立，有棱。基生叶有柄，茎生叶无柄，叶片披针形或长圆状线形，边缘疏生浅波状小牙齿。总状花序顶生；花径约 1cm，萼片长圆形或长圆状椭圆形，外侧萼片先端兜状、内侧萼片较宽，基部囊状；花瓣橙黄色，倒卵形或匙状倒卵形，基部爪长于瓣片；雄蕊 6，短雄蕊基部有一环状蜜腺，长雄蕊外侧有一长形蜜腺；子房四棱形，柱头 2 浅裂。长角果略呈四棱形，果瓣有隆起的中肋。种子成一行排列，椭圆形，深红褐色。花期 6～7 月，果期 7～8 月。

【生境】生于干山坡、石缝或海岛上。

【分布】辽宁凌源、大连等地。

【经济价值】种子入药，有强心作用。

植株

叶正面

叶背面

花序

果序

葶苈属 *Draba*

6. 葶苈

Draba nemorosa L.

植株

【特征】一年或两年生草本。茎直立，下部密生毛，上部无毛。基生叶莲座状，近无柄，长圆状倒卵形、长圆状椭圆形，边缘有疏齿或全缘，两面密生分枝毛或星状毛；茎生叶稀疏，向上渐小，无柄，卵形或椭圆形，边缘疏生小齿。总状花序顶生和腋生，花后伸长；花黄色，渐变黄白色；萼片广卵形，背部有长毛，外侧萼片较狭；花瓣倒卵状长圆形，先端微缺。短角果长圆形或倒卵状长圆形，无毛，稍有光泽。种子红褐色，近圆形。花期 4～5 月，果期 5 月。

【生境】生于路旁、水沟边、田边及林缘。
【分布】辽宁沈阳、本溪、鞍山、凤城、宽甸等市（县）。
【经济价值】种子入药，泻肺降气、消肿除痰、止咳定喘。幼苗可食，为早春野菜。

基生叶　茎生叶　花序与果　未成熟种子
花放大　叶背面放大　早春葶苈占优势群落

碎米荠属 *Cardamine*

7. 白花碎米荠

Cardamine leucantha **(Tausch) O. E. Schulz**

【特征】多年生草本。地上茎不分枝，有细纵棱，被短毛。奇数羽状复叶，具长柄，通常为5小叶，稀有7小叶，叶柄及叶片被短毛，叶背面毛更密；小叶卵状披针形，边缘有不整齐的牙齿或锯齿。总状花序，圆锥状，每个小总状花序花期呈伞房状，果期伸长为总状；萼片边缘白色，半透明，萼片及花梗、花轴上有毛；花瓣白色，长圆状倒卵形；子房被疏毛，花柱稍扁平，柱头头状。长角果稍扁平，顶端花柱细，种子长圆状或近椭圆形，栗褐色。花期5～6月，果期6～7月。

植株

花序

果序

【生境】生于湿草地、林下、林缘、灌丛下、溪流附近及林区路旁等处。
【分布】辽宁西丰、抚顺、宽甸等市（县）。
【经济价值】嫩苗可作野菜食用。根茎入药，解痉镇咳、活血止痛。

垂果南芥属 *Catolobus*

8. 垂果南芥

Catolobus pendulus (L.) Al-Shehbaz

【特征】多年生草本。茎直立，有细纵肋，密被或疏被星状毛并混有单毛。基生叶有柄，茎生叶无柄，叶狭椭圆形、长圆状卵形或广披针形，基部延伸成耳状、半抱茎，边缘具牙齿、锯齿或全缘，表面和背面被星状毛并混生稀疏单毛。总状花序，排成圆锥状；萼片密生星状柔毛；花瓣白色，倒披针形；短雄蕊基部蜜腺呈环形。长角果扁平，有一条明显中脉，下垂。种子淡褐色，扁圆形，边缘具狭翅，成 1 行至不整齐 2 行排列。花期 6～7 月，果期 8～9 月。

【生境】生于沙丘、山坡、草地、路旁、草甸、林下、河岸等处。

【分布】辽宁北镇、营口、本溪、岫岩等市（县）。

【经济价值】果实入药，清热解毒、消肿。

植株

果序

叶背面

茎

花

荠属 *Capsella*

9. 荠

Capsella bursa-pastoris (L.) Medik.

植株

【特征】一年或两年生草本。茎直立，被毛。基生叶莲座状，具狭翼状柄，叶片羽状深裂、羽状全裂、大头羽裂、不整齐羽裂或全缘，顶裂片明显大，侧裂片长三角形；茎生叶互生，无柄，长圆形或披针形，基部箭形，抱茎，边缘具疏锯齿。总状花序初呈伞房状，花后伸长呈总状；花梗长 3 ～ 4mm，果期长达 2cm；花小，萼片膜质；花瓣倒卵形，白色，长 2 ～ 3mm。短角果倒三角状心形，成熟时开裂。种子成两行排列，椭圆形，扁平，棕色，具微小凹点，长约 1mm。花期 5 月，果期 5 ～ 6 月。

【生境】生于草地、田边、路旁、耕地或杂草地等处。

【分布】辽宁各地均有分布。

【经济价值】嫩苗为北方春季野菜。全草入药，凉血止血、清热利尿。

基生叶

茎生叶

花序

果实

诸葛菜属 *Orychophragmus*

10. 诸葛菜

Orychophragmus violaceus (L.) O. E. Schulz

【特征】一年或两年生草本，被白粉。茎直立。基生叶和茎下部叶有柄，大头羽裂，边缘有波状钝齿；侧裂片 2 ～ 4 对，边缘有不整齐牙齿；茎上部叶狭卵形或长圆形，不裂，基部两侧耳状抱茎。总状花序顶生，花直径 2.5 ～ 3cm；萼片狭披针形，内侧 2

片基部略呈囊状；花瓣淡紫红色，瓣片倒卵形或近圆形，向基部渐狭为丝状爪；雄蕊 6；子房无柄，光滑。长角果，有四棱，先端有钻形长喙。种子成一行排列，卵状椭圆形，黑褐色。花期 5 月，果期 5 ～ 6 月。

【生境】生于山坡杂木林缘或路旁。

【分布】辽宁北镇、鞍山、大连等地。

【经济价值】园林绿化优良植物。嫩茎叶用开水焯后放入冷水中浸泡，无苦味时可炒食。

植株

花

茎上部叶

茎下部叶

长角果

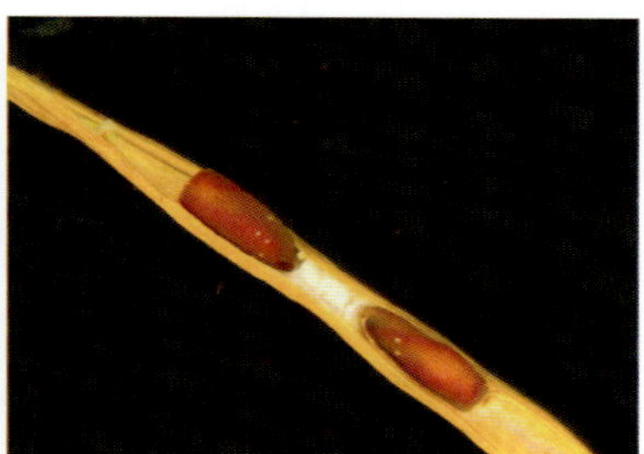
种子

科 29 悬铃木科

Platanaceae

悬铃木属 *Platanus*

二球悬铃木

Platanus acerifolia **(Aiton) Willd.**

【特征】落叶大乔木。树皮苍白色，光滑，大片状脱落；幼枝密被灰黄色柔毛。托叶基部鞘状，早落；叶柄密被黄色柔毛；叶片基部截形或微心形，上部通常为 3～5 掌状分裂，中裂片广三角形，各裂片边缘有少数粗大牙齿。花常 4 数。果枝具头状果序 1～2 个，稀 3 个，通常下垂，果序直径约 3cm，宿存花柱刺状；小坚果下部的毛与果等长或稍短。花期 4～5 月，果期 9～10 月。

【生境】喜光，不耐阴。温暖湿润气候地区生长良好。

【分布】原产欧洲。辽宁大连等地有栽培。

【经济价值】世界著名的城市绿化树种、优良庭荫树和行道树。

树干

叶

枝

果

科 30 景天科

Crassulaceae

八宝属 *Hylotelephium*

1. 白八宝

Hylotelephium pallescens (Freyn) H. Ohba

植株

花序

【特征】多年生草本，植株无毛。茎直立，通常不分枝。叶近无柄，互生，稀对生，倒披针形至长圆状披针形，全缘或有不整齐的波状疏锯齿，表面有多数赤褐色斑点。聚伞花序顶生，半球形，分枝密；萼片 5，披针形；花瓣 5，白色至粉红色；雄蕊 10，2 轮；心皮 5，基部分离；心皮外侧鳞片 5，线状楔形，顶端微凹。蓇葖果。种子狭长圆形，褐色。花期 7 ～ 9 月，果期 8 ～ 9 月。

【生境】生于林下、山坡草地、河边石砾滩及湿草地。

【分布】辽宁沈阳、本溪、西丰等市（县）。

【经济价值】具一定观赏价值。

2. 钝叶瓦松 

Hylotelephium malacophyllum (Pall.) J. M. H. Shaw

【特征】两年生草本。第一年仅有莲座叶，叶长圆形至卵形，顶端钝或短渐尖，全缘；第二年自莲座叶丛中抽出花茎，高 10 ～ 30cm。茎生叶互生，匙状倒卵形，较莲座叶大，长达 7cm，渐尖。总状花序，花紧密，无梗或几乎无梗；萼片 5，长圆形，急尖；花瓣 5，白色或带绿色，长圆形至卵状长圆形，长 4 ～ 6mm，上部边缘常齿缺，基部合生；雄蕊 10，较花瓣长；鳞片 5，线形；心皮 5，卵形，花柱长约 1mm。果实为蓇葖果。种子细小，多数。花期 7 月，果期 8～9 月。

【生境】生于山坡林下，多石质山坡及沙岗。

【分布】辽宁彰武县。

【经济价值】具有观赏应用价值。

植株

根

花序

景天属 *Sedum*

3. 垂盆草

Sedum sarmentosum **Bunge**

【特征】多年生草本。枝细弱，匍匐而节上生根。3 叶轮生，倒披针形至长圆形。聚伞花序，有 3～5 分枝，花通常无梗；萼片 5；花瓣 5，黄色，披针形至长圆形；雄蕊 10，短于花瓣；心皮 5，长圆形，有长花柱。种子卵形。花期 5～7 月，果期 8 月。

植株

花

【生境】生于山坡岩石上。

【分布】辽宁沈阳、大连、鞍山、凤城、义县、辽阳等市（县）。

【经济价值】具有观赏价值。全草入药，清热解毒、消肿排脓。

费菜属 *Phedimus*

4. 费菜

Phedimus aizoon (L.)' t Hart

植株

花序

【特征】多年生草本。茎直立，通常不分枝，基部常为紫褐色。叶无柄，互生，椭圆状披针形至卵状倒披针形，边缘有不整齐的锯齿。聚伞花序顶生，多花，有分枝，无花梗；萼片 5，线形，肉质，不等长；花瓣 5，黄色，长圆形至椭圆状披针形；雄蕊 10，2 轮，较花瓣短；鳞片 5；心皮 5，基部合生，卵状长圆形，上部突狭为花柱。蓇葖果呈星芒状排列，有直喙。种子长圆形，有光泽。花期 6 ～ 7 月，果期 8 ～ 9 月。

【生境】生于多石质山坡、灌丛间、草甸子及沙岗上。

【分布】辽宁省各地均有分布。

【经济价值】可食、可观赏。根全草入药，具有散瘀、止血、宁心安神、解毒、扩张冠状动脉、降血压血脂的功效。

瓦松属 *Orostachys*

5. 瓦松

Orostachys fimbriata (Turcz.) A. Berger

植株

花序（蕾期）

【特征】两年生草本。第一年莲座丛的叶线形，先端为白色软骨质，半圆形。第二年从莲座叶中央抽出花茎，高 10 ～ 40cm。茎生叶散生，顶端具白色软骨质附属物。花序总状，紧密，或下部分枝，可呈宽 20cm 的金字塔形；花梗长达 1cm；萼片 5，绿色；花瓣 5，红色，长 5～6mm，宽 1.2～1.5mm，基部合生；雄蕊 10，与花瓣同长或稍短，花药紫色；鳞片 5；心皮 5。蓇葖果长圆形，长 5mm；种子多数，卵形，细小。花期 8～9 月，果期 10 月。

【生境】生于石质山坡、岩石上及屋顶上。

【分布】辽宁鞍山、清原、阜新、凌源、建昌、建平等市（县）。

【经济价值】具观赏价值。全草入药，止血活血、敛疮。

6. 小瓦松

Orostachys minuta (Kom.) A. Berger

【特征】多年生或两年生草本。莲座叶密生，长圆状披针形，有紫色斑点，顶端有半圆形白色软骨质附属物，中央有短刺尖；茎生叶卵状披针形，顶端亦有白色软骨质的刺。花序顶生，穗状或总状花序；苞片长圆状披针形，有紫斑；萼片 5，顶端有刺尖，有紫斑；花瓣 5，红色或淡红色，披针形或长圆状披针形，上部有紫斑；雄蕊 10，比花瓣稍长，花药紫色；鳞片 5；心皮 5，卵状披针形，花柱长约 1mm，直立。花期 8 月至 9 月，果期 10 月。

【生境】生于林下、屋顶上。

【分布】辽宁鞍山。

【经济价值】具观赏性。

植株

花序

根

科 31 扯根菜科

Penthoraceae

扯根菜属 *Penthorum*

扯根菜

Penthorum chinense **Pursh**

【特征】多年生草本。茎上部有腺状短毛。叶无柄或近无柄，互生，狭披针形或披针形，边缘有细锯齿。聚伞花序分枝生短腺毛；苞片小，卵形或狭卵形；花小，黄白色；花梗短；花萼广钟形，5深裂，裂片三角形；花瓣无；雄蕊10，稍伸出萼外；心皮通常5(6)，下部合生，子房5(6)室，胚珠多数，花柱5，柱头扁球形。蒴果5(6)裂，红紫色，有5(6)个短喙，呈星状斜展。种子多数，卵状长圆形，表面有锐尖的小丘状突起。花果期7～10月。

【生境】生于林下、水边、湿地、灌丛草甸。

【分布】辽宁岫岩、康平、铁岭等市（县）。

植株

叶

花序

果序

【经济价值】嫩叶可食。为苗族传统药物，以全草入药，具清热、利尿、解毒、活血、平肝、健脾、祛黄疸等功效。

科 32 卫矛科

Celastraceae

梅花草属 *Parnassia*

梅花草

Parnassia palustris **L.**

【特征】多年生草本。基生叶丛生，叶柄长 2 ～ 7cm，有时长达 25cm，叶卵圆形或心形，全缘；茎生叶 1，生于茎中部，无柄抱茎。花单生于茎顶，白色，直径 1.5 ～ 3.5cm；萼裂片 5，长圆形或披针形；花瓣 5，卵圆形，全缘，有脉纹；雄蕊 5，退化雄蕊 5，丝状分裂成 7 ～ 23 条，裂片先端有头状腺体；心皮 4，合生，子房上位，花柱短，柱头 4 裂。蒴果卵圆形，种子多数。花期 7 ～ 9 月，果期 8 ～ 10 月。

【生境】生于湿草甸子，湖边湿地、林下湿地、水沟旁。

【分布】辽宁新民、彰武、凌源、新宾、本溪、庄河等市（县）。

【经济价值】全草煎服，可治痢疾。

植株

根

茎生叶

花

花萼

科 33 蔷薇科

Rosaceae

绣线菊属 *Spiraea*

1. 三裂绣线菊

Spiraea trilobata **L.**

【特征】灌木。小枝细，开展，幼时褐黄色，老时暗灰褐色或暗褐色。叶片近圆形、扁圆形或长圆形，通常 3 裂，边缘自中部以上有少数圆钝锯齿，背面灰绿色，具明显 3 ～ 5 出脉。伞形花序具总梗，有花 15 ～ 30 朵；苞片线形或倒披针形，先端深裂成细裂片；花瓣广倒卵形，先端常微凹，白色；雄蕊 18 ～ 20，比花瓣短；花盘约有 10 个大小不等的裂片，排成圆环形；子房被短柔毛，花柱比雄蕊短。蓇葖果开展，花柱顶生，宿存萼片直立。花期 5 ～ 6 月，果期 7 ～ 8 月。

【生境】生于向阳山地、灌丛及林缘。

【分布】辽宁凌源、建平、北镇、绥中等市（县）。

【经济价值】优良的园林绿化观花观叶植物。根状茎含单宁，为鞣料植物。

植株

花序

花序背面

枝叶

果序

2. 土庄绣线菊 

Spiraea pubescens Turcz.

植株

【特征】灌木。枝开展，稍弯曲。叶片菱状卵形至椭圆形，先端急尖，边缘自中部以上有深锯齿，背面有短柔毛。伞形花序具总梗，有花 15 ～ 30 朵；花梗无毛；苞片线形，被短柔毛；花直径 5 ～ 7mm；萼筒钟状，萼裂片卵状三角形；花瓣卵形或半圆形，长与宽几乎相等，白色；雄蕊 25 ～ 30，约与花瓣等长；花盘圆环形，具 10 个小裂片；花柱比雄蕊短。蓇葖果张开，仅在腹缝线被短柔毛，宿存萼片多直立。花期 5 ～ 6 月，果期 7 ～ 8 月。

【生境】生于向阳多石山坡灌丛中及林间空地。

【分布】辽宁建平、凌源、北镇、阜新、法库等市（县）。

【经济价值】优良绿化植物。蒙医常用它治疗咽喉肿痛、跌打损伤。

枝

叶

花序

果序侧面，示具总梗

果序

3. 金州绣线菊 

Spiraea nishimurae Kitag.

【特征】灌木。小枝灰褐色、深褐色或深紫褐色。叶柄长 1 ～ 3mm，密被绢状短柔毛；叶片菱状卵形、椭圆状卵形或菱状倒卵形，边缘有粗锯齿，通常 3 裂，中间裂片较长，裂片上有钝锯齿，背面被较密绢状短柔毛。伞形花序生于带叶的侧生小枝顶端，具花 7 ～ 25 朵；花梗被柔毛；苞片线状披针形，被柔毛；花径 5 ～ 6mm；花萼外被柔毛，萼筒钟状，内面密生柔毛，萼裂片三角形；花瓣广卵形或近圆形，先端钝或微凹，长、宽几乎相等，白色；雄蕊 20，短于花瓣或与花瓣近等长；花盘通常有 10 个裂片，排成环形；子房腹部和基部有柔毛，花柱短于雄蕊。蓇葖果有光泽，基部和腹部具柔毛，宿存萼片直立。花期 5 ～ 6 月，果期 8 月。

植株

叶

花序

【生境】生于山坡、山顶多石处或灌丛中。

【分布】辽宁特有种，分布于大连金州区、营口盖州市。

【经济价值】优良的观花观叶树种。

珍珠梅属 *Sorbaria*

4. 珍珠梅

Sorbaria sorbifolia **(L.) A. Braun**

【特征】灌木。枝开展，小枝弯曲。奇数羽状复叶，小叶7～17枚，叶轴微被短柔毛；托叶卵状披针形至三角状披针形，边缘有不规则锯齿或全缘；小叶片对生，披针形至卵状披针形，边缘有尖锐重锯齿，羽状脉。顶生圆锥花序大，总花梗和花梗均被星状毛或短柔毛，果期逐渐脱落；花径10～12mm；萼筒钟状，萼裂片三角状卵形，先端急尖；花瓣长圆形或倒卵形，白色；雄蕊40～50，比花瓣长1.5～2倍，生于花盘边缘；心皮5。蓇葖果长圆形，具顶生弯曲的花柱；果梗直立，宿存萼片反折。花期7～9月，果期9～10月。

【生境】生于山坡疏林，山脚、溪流沿岸。

【分布】辽宁岫岩、营口、清原、海城、庄河、凤城、宽甸、本溪、西丰等市（县）。

【经济价值】园林观赏植物。花、根、茎都可入药，活血化瘀、消肿止痛。

植株

花序

果序

龙牙草属 *Agrimonia*

5. 龙牙草

Agrimonia pilosa Ledeb.

植株

【特征】多年生草本，全株被白色长毛及腺毛。茎直立。叶为间断的羽状复叶，托叶大，锥形或楔形；小叶无柄，菱形或长圆状菱形，边缘有锯齿3～7，背面毛较多，叶脉凸起。总状花序单一或2～3个生于茎顶；花小，有短梗；苞片2，基部合生，先端3齿裂；花萼基部合生，萼裂片5，三角状披针形；花瓣5，黄色，长圆形；雄蕊多数；瘦果生于杯状或倒卵状圆锥形花托内，果托径2～2.5cm，有棱，先端有直立的倒钩刺。花期7～9月，果期8～10月。

【生境】生于荒山坡草地、路旁、草甸、林下、林缘及山下河边等地。

【分布】辽宁沈阳、营口、铁岭、新宾、桓仁、凤城、庄河、瓦房店、抚顺、鞍山等市（县）。

【经济价值】全草入药，具有止血、收敛、消炎的功效。

根状茎

果序（果实未成熟）

花序

成熟果实

地蔷薇属 *Chamaerhodos*

6. 灰毛地蔷薇

Chamaerhodos canescens J. Krause

【特征】多年生草本，全株密生长白毛及腺毛。茎丛生、斜升或半卧生，下部带红色。基生叶小，有柄，侧裂片通常3裂，裂片线形，两面被白色长伏毛；茎生叶互生，茎下部叶有短柄，上部者无柄。伞房花序生于茎顶；花径 6 ～ 7mm：萼筒钟形，萼裂片 5，三角状披针形；花瓣粉红色，倒卵形，通常比萼片长，先端微凹或圆形；雄蕊 5；心皮 4 ～ 6，离生，花柱基生。瘦果长圆状卵形，先端锐尖，无毛。花期6～8月，果期8～9月。

【生境】生于草原、干山坡、路旁及固定沙丘上。

【分布】辽宁喀左、凌源、大连等市（县）。

【经济价值】尚无记载。

植株

根

枝

花

7. 地蔷薇

Chamaerhodos erecta (L.) Bunge in Ledeb.

【特征】一年或两年生草本。全株密被腺毛，并疏生稍开展的绒毛。茎直立，红色，被短绒毛，上部分枝。基生叶有柄，叶片为三出羽状分裂，裂片线形，两面均为绿色，疏生伏毛；茎生叶柄短，上部叶几乎无柄，托叶三出羽状分裂，与叶柄合生。聚伞花序，花小，径 4 ～ 5mm，萼筒钟形，萼片 5，三角状卵形，渐尖，背面混生腺毛及长伏毛；花瓣粉红色或白色，倒卵形，与萼片近等

植株

茎叶

花

长；雄蕊5；心皮5～10，离生，花柱丝状。瘦果卵形，先端突尖，花柱基生，脱落。花期7～8月，果期8～9月。

【生境】生于干山坡、草原、石砾地及砂质地。

【分布】辽宁凌源、建平、北镇等市（县）。

【经济价值】全草供药用，有祛风湿功效。

蚊子草属 *Filipendula*

8. 蚊子草

Filipendula palmata **(Pall.) Maxim.**

【特征】多年生草本。茎直立，粗壮，具细条棱。羽状复叶，基生叶及茎下部叶有长柄，顶生小叶7～9掌状深裂，裂片广披针形或长圆状披针形，边缘具不整齐细锯齿，背面密被灰白色短绒毛，侧生小叶1～2对，通常3裂；茎上部叶柄短，托叶大。圆锥花序大；花小，多数；花萼5齿裂；花瓣5，圆形或近圆形，白色；雄蕊多数，超出花冠；心皮6～8。瘦果有柄，镰刀形，边缘有睫毛，花萼及花柱宿存，花萼反卷。花期6～7月，果期7～9月。

植株

【生境】生于山坡草地、河岸湿地及草甸。

【分布】辽宁沈阳、桓仁等地。

【经济价值】花朵密集、叶片美丽，作园林观赏植物。亦可药用，用于发汗、治疗痛风、风湿、癫痫、冻伤、烧伤等症，在妇科止血方面也有良好的疗效。

茎上部叶正面

茎上部叶背面

花序

路边青属 *Geum*

9. 路边青

Geum aleppicum Jacq.

【特征】多年生草本，全株被长刚毛及腺毛。茎直立、粗壮。羽状复叶，基生叶有长柄，顶生小叶大，不分裂或 3 ～ 5 深裂，叶不分裂者近圆形或倒卵形，边缘常为不规则的深裂、浅裂或锐齿，叶分裂者裂片菱形或长圆状菱形，侧生小叶 2 ～ 3 对，沿叶轴有数片小叶；茎生叶柄短，托叶大，边缘有齿，小叶 3 ～ 5，长圆形或披针形，边缘具不整齐的牙齿。伞房花序，花梗长，花径 1 ～ 2cm；萼片披针形，副萼片线形，比萼片短；花瓣黄色，倒卵形或近圆形，先端圆形或微凹；心皮多数，生于突起的花托上呈头状。瘦果多数，长圆形，密被黄褐色毛，花柱于果期伸长，先端呈钩状，钩上有带褐色毛的附属物，宿存。花期 6 ～ 9 月，果期 7 ～ 9 月。

【生境】生于山坡、草地、沟边等处。

【分布】辽宁各地均有分布。

【经济价值】全草入药，利尿、收敛、止血。

植株

基生叶

根

花

果

蕨麻属 *Argentina*

10. 蕨麻

Argentina anserina (L.) Rydb.

【特征】多年生草本。茎匍匐，细长。羽状复叶，基生叶多数，基部有膜质耳状托叶，小叶无柄，长圆状倒卵形、长圆形或长圆状倒披针形，边缘有细尖锯齿，背面密披灰白色绢毛；茎生叶较小。花单生于叶腋，径 1.2 ～ 1.8cm，有长花梗，萼片卵形，副萼片先端常 3 ～ 5 裂或全缘，与萼片近等长，萼片与副萼片背面均被灰白色稍有光泽的绒毛；花瓣黄色，椭圆形或卵圆形，先端圆形或微凹。瘦果椭圆形，微被毛。花期6～8月，果期8～9月。

植株

【生境】喜生于湿润沙地，亦生于湿草地、水边及碱性沙地。常在盐浸化草地构成优势群落。

【分布】辽宁凌源、建平、黑山、沈阳等市（县）。

【经济价值】蜜源植物。含鞣质，可提制栲胶及黄色染料。药用，收敛止血、止咳利痰。

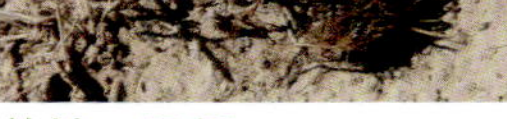
单株，示根

小叶背面放大

花

花背面，示萼片

委陵菜属 *Potentilla*

11. 三叶委陵菜

Potentilla freyniana Bornm.

【特征】多年生草本。根状茎粗壮，横生或斜生，呈念珠状。茎直立，细弱。三出复叶，基生叶通常超出茎或与茎近等长；托叶膜质，披针形或线状披针形；小叶近无柄，长圆形、椭圆形或卵状长圆形，边缘具微尖锯齿，近基部全缘；茎生叶柄短，茎上部叶近无柄，基部半抱茎；托叶有齿，基部与叶柄合生。聚伞花序；花径1～1.3cm；萼片披针状长圆形或长圆形，副萼片线状披针形或披针形，与萼片近等长，萼片与副萼片背面均被伏毛；花瓣黄色，广倒卵形或倒卵形。瘦果卵圆形，表面有疣状突起。花期4～5月，果期5～6月。

植株

花

【生境】生于林缘草地、河边、草甸。

【分布】辽宁凤城、本溪、鞍山、沈阳等地。

【经济价值】全草入药，清热解毒、止痛。

12. 匍枝委陵菜

Potentilla flagellaris D. F. K. Schltdl.

【特征】多年生草本。茎匍匐，有时为紫红色或暗红色，被伏毛。掌状复叶，基生叶有柄，密生伏毛，后渐脱落；托叶小，先端尖，有时 3 ～ 5 深裂；小叶 3 ～ 5，披针形或长圆状披针形，基部狭楔形，先端尖，边缘有缺刻状锯齿，叶疏生伏毛，沿脉较多。花单生于叶腋，具长梗，长 2 ～ 4cm，萼片三角状钻形，副萼片披针形，与萼片近等长，萼片与副萼片背面疏生伏毛；花瓣黄色，倒卵形。瘦果长圆状卵形。花期 6 ～ 7 月，果期 7 ～ 8 月。

植株

【生境】生于草甸、林下及林缘路旁等处。

【分布】辽宁建平、凌源、北镇、沈阳、凤城、庄河等市（县）。

【经济价值】嫩苗可食，也可作饲料。可用作园林地被植物。

叶正面

叶背面

匍匐茎与托叶

花

13. 白萼委陵菜

Potentilla betonicifolia Poir.

【特征】多年生草本，植株矮小。根粗壮，木质。茎短缩，被很多的残叶柄。基生叶为三出复叶，幼叶密被白色长毛，有长柄，带红色，小叶无柄，长圆状披针形或披针形，顶生小叶较大，边缘具粗大牙齿，稍反卷；茎生叶小，常为单叶，呈苞叶状，有托叶。花茎纤细，被白毛，具 1 ～ 2 不发达的叶，顶端形成聚伞花序；花径 7 ～ 10mm，有梗，被白毛；萼片卵形或长圆状卵形，先端渐尖，副萼片线形，短于萼片，背面均被白色绵毛；花瓣黄色，倒卵形，先端微凹。瘦果近圆形或肾形。花期4～6月，果期6～8月。

【生境】生于草原、石质地、山坡草地。

【分布】辽宁建平、凌源、喀左等市（县）。

【经济价值】尚无记载。

植株

根

叶正面

叶背面

14. 皱叶委陵菜 

Potentilla ancistrifolia Bunge

植株

【特征】多年生草本，全株疏生柔毛。根状茎木质，多头，棕褐色。茎直立，带红色。奇数羽状复叶，基生叶有长柄；托叶线状披针形或披针状钻形，有伏毛；小叶通常5～7，无柄或近无柄，顶生小叶较大，质较硬，稍有光泽，三出，广倒卵形、卵状长圆形或菱状长圆形，先端尖，边缘有尖锯齿，有粗皱纹，背面密被灰白色绒毛，侧生小叶较小或不发达；茎上部叶小，小叶3～5，近无柄。聚伞花序顶生或腋生，少花；花径约1cm；萼片长卵形，先端尖，副萼片线形，比萼片短，萼片与副萼片背面均被伏毛；花瓣黄色，倒卵形、广倒卵形或近圆形，先端圆形。瘦果长圆形或近肾形，先端微弯，红褐色。花期7～8月，果期8～9月。

【生境】生于山坡草地、岩石缝中、多沙砾地及灌木林下。
【分布】辽宁鞍山、凤城等地。
【经济价值】耐旱、耐寒、耐贫瘠，可作园林绿化地被植物。

15. 翻白草

Potentilla discolor Bunge

【特征】多年生草本。根状茎短；根粗壮，纺锤形。茎半带红色。奇数羽状复叶，基生叶有长柄，小叶 7～9，稀 11，近无柄，长圆状椭圆形至披针形，边缘有粗锯齿，表面疏生灰白色绒毛，背面密被灰白色绒毛；茎生叶三出，少数，茎下部叶有柄，茎上部叶无柄或近无柄；托叶大，有缺刻状锯齿；小叶狭披针形，有的小叶不发达。聚伞花序花密集；花梗短，花后伸长；花黄色，径约 1cm。瘦果近肾形。花期 5～6 月，果期 6～9 月。

【生境】生于草甸、干山坡、路旁、草原。

【分布】辽宁凌源、建昌、绥中、沈阳、鞍山、庄河、瓦房店、丹东等市（县）。

【经济价值】全草入药，能解热、消肿、止痢、止血，对 2 型糖尿病及其并发症具有一定疗效。块根含丰富淀粉，嫩苗可食。

植株

叶背面

花

16. 多茎委陵菜

Potentilla multicaulis Bunge

【特征】一年生草本，全株被绒毛。茎多数，平卧或近斜升。羽状复叶，叶柄长；托叶膜质；小叶 5～7 对，长圆形，基部心形，边缘为羽状深裂，裂片开展，几乎与中脉成直角，篦齿状，先端钝，背面灰白色，密生毡毛及长毛；茎生叶较小，柄短，托叶大，小叶 1 ～ 3 对。聚伞花序生于茎顶；花梗长 1 ～ 1.5cm；花径 8 ～ 10mm；萼片卵形，副萼片披针形，长约为萼片之半；花瓣黄色，倒卵形，先端圆形。瘦果多数，近圆形，径 1mm，有皱纹。花期 5 ～ 6 月，果期 6 ～ 8 月。

【生境】生于山坡、荒地、林缘路旁。

【分布】辽宁北镇、彰武、沈阳等市（县）。

【经济价值】地上全草可入药。

植株

花

果序

17. 委陵菜

Potentilla chinensis Ser.

【特征】多年生草本。根粗壮，圆锥状，近木质。茎直立，密被灰白色绵毛。奇数羽状复叶，基生叶有长柄，托叶披针形，基部与叶柄相连呈鞘状半抱茎，叶柄及托叶均密被长绵毛，小叶 8 ～ 11 对，狭长圆形，顶生小叶大，侧生小叶向下渐小，羽状深裂，裂片披针状三角形或近三角形，边缘反卷，背面密生白色绒毡毛；茎生叶较小，上部者近无柄，小叶 5 ～ 7 对。聚伞花序开展，花梗密被长绵毛；花多数，径约 1cm；萼片广卵形，先端尖，副萼片披针形至线形，比萼片短，花萼背面被白色绵毛；花瓣黄色，倒卵形或倒心形，先端圆形或微缺。瘦果卵圆形，微皱。花期 5 ～ 6 月，果期 7 ～ 9 月。

植株

【生境】生于山坡、林边、荒地、路旁及砂质地。

【分布】辽宁各地均有分布。

【经济价值】根可提制栲胶。全草入药，清热、解毒、消炎、止血。嫩苗可食，并可做猪饲料。

根

叶正面

叶背面

花序

18. 二裂委陵菜

Potentilla bifurca L.

植株

叶

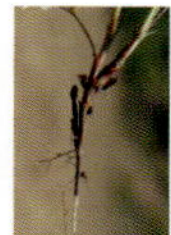
根

花

【特征】多年生草本。全株近无毛，茎直立或上升。羽状复叶，基生叶簇生，有柄，托叶膜质，钻形，下部与叶柄基部相连，有小叶5～8对，最上面2～3对小叶基部下延与叶轴汇合，小叶片无柄，对生稀互生，椭圆形或倒卵椭圆形，顶端小叶3～5裂；茎下部叶托叶膜质，褐色，茎上部叶托叶草质，绿色，常全缘稀有齿。聚伞花序；花直径1～1.2cm；萼片卵形，顶端急尖，外面被长伏毛，副萼片线状披针形，超出萼片；花瓣黄色，倒卵形，顶端圆钝，比萼片稍长；花柱侧生，棒形，基部较细，顶端缢缩，柱头扩大。瘦果卵形或半月形。花果期6～9月。

【生境】生于草原、山坡、草地、沙地、河边。

【分布】辽宁建平、凌源、丹东等地。

【经济价值】中等饲料植物。广幅耐旱，在水土保持、植被恢复和荒漠化防治方面具应用价值。

19. 朝天委陵菜

Potentilla supina L.

【特征】一年生草本。茎多头，平卧、斜升或近直立，上部分枝。羽状复叶，基生叶及茎下部叶小叶7～9，小叶无柄，托叶膜质，顶生小叶常与叶轴相连呈深裂状，倒卵形，侧生小叶长圆形或倒卵状长圆形，基部歪斜，先端钝，边缘有缺刻状牙齿，背面

植株

被伏毛；茎上部叶小叶 3 ～ 5，较小，托叶膜质。花单生于叶腋，花梗密被柔毛；花径 7 ～ 8mm；萼片三角形，副萼片卵形，与萼片近等长；花瓣黄色，倒卵形，先端微缺或钝。瘦果长圆形，先端尖，一侧具宽翅。花期 5 ～ 8 月，果期 6 ～ 9 月。

【生境】生于荒地、路旁、村边、河边及林缘湿地。

【分布】辽宁彰武、凌源、北镇、沈阳等市（县）。

【经济价值】入药，有补肾阴、止血痢、乌须发、固牙齿、外伤止血等作用。

叶正面

叶背面

花

20. 蛇莓委陵菜 

Potentilla centigrana Maxim.

植株

匍匐茎

【特征】多年生草本。茎细弱，半卧生或斜升，节处常生根。三出复叶，茎下部叶柄长 3 ～ 6cm；托叶大，长卵形或卵形，全缘或有疏锯齿；小叶广倒卵形、卵形或近菱形，基部楔形或歪楔形，先端圆形，边缘有齿。花单生于叶腋，径 7 ～ 8mm，萼片长圆状卵形，先端微尖，副萼片披针形，先端渐尖，比萼片短，萼片与副萼片背面均疏生伏毛；花瓣黄色，倒卵形，比萼片短。瘦果倒卵形，具脉，长约 1mm。花期 6 ～ 7 月，果期 7 ～ 8 月。

【生境】生于林下、草甸、路旁湿地、河边、村旁等处。

【分布】辽宁西丰、清原、开原、本溪等地。

【经济价值】可作园林绿化地被植物。

花

叶

果

21. 莓叶委陵菜

Potentilla fragarioides L.

植株

【特征】多年生草本，全株被开展的长柔毛。茎半卧生、斜升或直立、细弱，基部被开展的刚毛。奇数羽状复叶，基生叶与茎近等长；托叶膜质，上部三角形；小叶 5 ～ 7(9)，顶生三小叶大，无柄，倒卵状菱楔形、菱形或长圆形，边缘有锯齿，两面被稍有光泽的伏毛，侧生小叶向下渐小；茎生叶小叶 3 ～ 5，具 5 小叶者下面 1 对小叶不发达。聚伞花序，花梗细弱；萼片披针形，先端锐尖，副萼片狭披针形或线状披针形，比萼片短或近等长；花瓣黄色，倒卵形。瘦果近肾形，灰白色。花期 4 ～ 5 月，果期 6 ～ 8 月。

【生境】生于湿地、山坡、路旁、林下及草甸。

【分布】辽宁建昌、朝阳、丹东、沈阳、绥中、庄河、桓仁、开原等市（县）。

【经济价值】可用于园林观赏。全草、根可食用或药用。

叶正面

叶背面

花序

花

22. 菊叶委陵菜

Potentilla tanacetifolia D. F. K. Schltdl.

植株

【特征】多年生草本。根状茎粗壮、木质。茎直立或斜升，近木质，带红色，下部被糙硬毛，上部稍分枝。羽状复叶；基生叶有柄，密被稍开展的硬毛，托叶线形，基部与叶柄连合成鞘状，小叶 6 ～ 9 对，互生或对生、无柄，顶生小叶大，向下渐变小，通常长圆状披针形、披针形或线状披针形，边缘具锐锯齿，两面疏生毛，背面沿脉密生长硬毛；茎下部叶有柄，上部叶有短柄或长柄，托叶大，2 ～ 3 裂或不裂，披针形，小叶 3 ～ 5 对，较基生叶小。聚伞花序开展，花多数，径约 10mm，花萼小，背面疏生柔毛，多少被腺毛，萼片长圆状披针形，副萼片线状披针形，比萼片短；花瓣倒卵形。瘦果卵状圆形，微皱。花期 6 ～ 8 月，果期 8 ～ 9 月。

【生境】生于山坡、林缘或坡地。

【分布】辽宁建平、凌源、喀左、建昌等市（县）。

【经济价值】可作饲草，也可用作园林草坪地被植物。

根

茎与托叶

叶背面

叶正面

花正面

花背面

蔷薇属 *Rosa*

23. 山刺玫

Rosa davurica Pall.

植株

花

叶片背面有腺点

托叶

皮刺

【特征】落叶灌木。茎直立、丛生；小枝光滑，褐色、紫色或黄褐色，具稀疏皮刺，皮刺通常成对着生。奇数羽状复叶互生，具小叶(5)7；托叶大部分与叶柄合生，先端分离成卵状披针形，边缘具腺体，背面被细腺体；叶柄与叶轴均被短柔毛和腺毛，偶有稀疏小刺，顶生小叶柄长0.6～1cm，侧生小叶柄短或近无柄；小叶片长椭圆形或长卵状椭圆形，边缘近中部以上具细锯齿，表面叶脉微下陷，背面密被腺点和柔毛，有白霜，叶脉较显著。花单生或2～3朵集生；花梗具短腺毛，基部具1～3枚苞片；花托近球形，先端钝或微凹，粉红色至深粉红色；花柱微露出花托口外，柱头被绒毛。蔷薇果球形、扁球形或卵球形，直径1～1.5cm，红色，具宿存直立萼片；果梗光滑或有腺毛。花期6～7月，果期8～9月。

【生境】生于山坡及路旁灌丛中。

【分布】辽宁建平、凌源、义县、昌图等市（县）。

【经济价值】可作观赏植物。根、茎皮及叶可提取栲胶；果实可作果酱、果酒；花制玫瑰酱或提取香精。药用部位为果实、根茎，健脾理气、养血调经。

悬钩子属 *Rubus*

24. 茅莓

Rubus parvifolius L.

【特征】落叶灌木，近直立或伏卧，具稀疏针状小刺及较密灰白色短柔毛。奇数羽状复叶，具3小叶，偶有5；托叶线形，密被柔毛，基部与叶柄合生；顶生小叶有柄，小叶片广菱形或菱状卵圆形，边缘具不整齐粗大锯齿，背面被白色绒毛。伞房状花序顶生，部分腋生，具数朵花；花梗密被短柔毛和稀疏小刺；苞片线状披针形，密被短柔毛；花径约 8mm；萼筒浅杯状，外面具刺毛和短柔毛，萼裂片卵状披针形，先端渐尖，全缘；花瓣圆卵形，粉红色至紫红色；子房具柔毛；花柱长于雄蕊或近等长，带粉红色。聚合果球形，径约 1cm，红色。花期5月末至6月，果期 8 月。

植株

花

果实

【生境】生于山坡灌丛、山沟多石质地以及杂木林中和林缘。

【分布】辽宁丹东、西丰、庄河、绥中、本溪、营口等市（县）。

【经济价值】果供食用、酿酒及制醋等。根和叶含单宁，可提取栲胶。全株入药，有止痛、活血、祛风湿及解毒之效。

25. 牛叠肚

Rubus crataegifolius Bunge

【特征】落叶灌木，茎直立；小枝黄褐色至紫褐色，具直立针状皮刺，微具棱角。单叶互生；托叶线形，基部与叶柄合生，早落；叶柄具疏柔毛和钩状小皮刺；叶片广卵形至近圆卵形，基部心形或微心形，边缘常为 3 ～ 5 掌状浅裂至中裂，各裂片卵形或长圆状卵形，边缘具有整齐粗锯齿，中脉具小皮刺或无。花 2 ～ 6 朵簇生于枝顶成短伞房状花序，或 1 ～ 2 朵生叶腋；花梗具柔毛；花直径 1 ～ 1.5cm；萼筒杯状，外被短柔毛，萼裂片三角状卵形，先端渐尖，全缘，外面具短柔毛，内面密被白色柔毛；花瓣卵状椭圆形，白色；雄蕊多数；心皮多数。聚合

植株

果近球形，直径约 1cm，暗红色，有光泽。花期 6 月，果期 8 ～ 9 月。

花

果实

【生境】生于山坡灌丛、林缘及林中荒地。

【分布】辽宁凌源、喀左、建昌、北镇、鞍山等市（县）。

【经济价值】灌木型果树，生态经济型水土保持植物，果实具有很好的营养价值、药用价值和食用价值。

地榆属 *Sanguisorba*

26. 地榆

Sanguisorba officinalis L.

【特征】多年生草本。根较粗壮，纺锤状。茎直立，单一，上部分枝。奇数羽状复叶，基生叶有长柄，小叶通常 4 ～ 6 对，具短柄，基部常有托叶状小叶片，小叶卵形、长圆状卵形或长圆形，基部心形，边缘有粗锯齿，叶脉约 10 对，显著；茎生叶有托叶，有柄，小叶长圆形至披针形，基部心形或歪楔形。穗状花序数个生于茎顶，头状或短圆柱状，直立，先从顶端开花，花两性；萼片紫色或暗紫色，椭圆形，花丝与萼片近等长。瘦果倒卵状长圆形，微具翅。花期 6 ～ 8 月，果期 8 ～ 9 月。

植株

【生境】生于干山坡、柞林缘、草甸及灌丛间。

【分布】辽宁各地均有分布。

【经济价值】嫩茎叶可食。园林绿化用作观赏植物。根入药，止血凉血、解毒敛疮。

根

叶正面

叶背面

花序

山楂属 *Crataegus*

27. 山楂

Crataegus pinnatifida Bunge

【特征】落叶乔木。树皮粗糙，暗灰色或褐灰色。枝刺长 1 ～ 2cm，稀无刺。托叶镰形，边缘有锯齿；叶柄无毛；叶片广卵形或三角状卵形，边缘通常 3 ～ 5 羽状深裂，裂片边缘有尖锐不规则重锯齿，表面有光泽，侧脉 6 ～ 10 对，有的达裂片先端，有的达裂片分裂处。伞房花序具多花，总花梗和花梗均被或密或疏柔毛，花后变稀疏或近无；苞片膜质，线状披针形，边缘具腺齿，早落；花径约 1.5cm；萼筒钟状，外面密被灰白色柔毛，萼裂片三角状卵形至披针形，全缘，约与萼筒等长；花瓣倒卵形或近圆形，白色；雄蕊 20，短于花瓣，花药粉红色；花柱 3 ～ 5，基部被柔毛，柱头头状。梨果近球形或梨形，直径 1 ～ 1.5cm，深红色，有浅色斑点，内具 3 ～ 5 小核；萼片脱落迟，顶端残留一圆形深洼。花期5～6月，果期8～10月。

【生境】生于山坡林缘及灌丛中。

【分布】辽宁彰武、凌源、绥中等地。

【经济价值】果可食；干制后入药，健胃、助消化。

植株

树干　果实

叶正面

叶背面

李属 *Prunus*

28. 毛樱桃

Prunus tomentosa Thunb.

【特征】落叶灌木。树皮灰褐色，不规则片状开裂。托叶常丝状全裂，裂片边缘有不规则细齿，密被短柔毛；叶柄密被柔毛；叶片倒卵形、宽椭圆形或卵形，边缘具

枝叶

不整齐粗重锯齿，叶质较厚，表面有皱纹和柔毛，背面密被黄白色绒毛。花单生或2朵并生，先于叶或与叶同时开放；花梗短，被短柔毛；萼筒管状，萼裂片卵形，边缘具细齿，外被短柔毛；花瓣狭倒卵形，淡粉红色至白色；雄蕊20～25；花柱细，约与雄蕊等长或稍长，子房被柔毛。果实球形，直径约1cm，暗红色，表面光滑或被短柔毛，微具腹缝；核椭圆形，先端急尖，表面光滑有浅沟。花期4月至5月上旬，果期6月。

【生境】生于山坡灌丛中。

【分布】辽宁北镇、义县、沈阳、大连等市（县）。

【经济价值】果可食及酿酒。种仁入药，有表发斑疹、麻疹功效。植株具观赏价值。

花

萼筒

成熟果实

叶背面及托叶

29. 欧李 

***Prunus humilis* Bunge**

【特征】落叶小灌木，分枝多，小枝纤细，被短柔毛。三芽并生，中间为叶芽，两侧为花芽。托叶线形，边缘有腺齿，早落；叶柄无毛，叶片倒卵状狭披针形或倒卵状狭椭圆形，边缘具细密锯齿，齿端有时具腺体。花单生或2朵并生，直径约1.5cm，与叶同时开放；花梗长8～14mm；萼筒钟状，萼裂片长卵形，约与萼筒等长，先端急尖，边缘有细齿，花后反折；花瓣椭圆状倒卵形，基部有短爪，先端圆钝，白色至淡粉红色；雄蕊30～40枚，比花瓣稍短，花柱长于雄蕊。果近球形，直径

植株

1 ～ 1.5cm，表面光亮无毛，红色，果核卵球形，先端尖，表面具 1 ～ 3 浅沟。花期 4 月下旬至 5 月，果期 8 月。

【生境】生于阳坡灌丛中以及半固定沙丘和草地上。

【分布】辽宁朝阳、葫芦岛、彰武、北镇、义县等市（县）。

【经济价值】果实酸甜可口，营养丰富。种仁入药。植株可供观赏。

花

果期植株

30. 榆叶梅 

Prunus triloba **Lindl.**

【特征】落叶灌木。小枝紫褐色。托叶线形，长约 5mm，早落；叶柄长 0.5 ～ 1cm，密被柔毛；叶片倒卵状圆形、菱状倒卵形至三角状倒卵形，有时 3 裂，中裂片较长，或有时具数齿牙而近平截，边缘具粗重锯齿。花单生或 2 朵并生，径约 2cm，先于叶开放；花梗长约 3mm 或近无梗；萼筒广钟状，长 2 ～ 3mm，萼裂片三角状卵形或卵形，约与萼筒等长，边缘具细小锯齿，花后反折；花瓣倒卵圆形，先端圆钝或微凹，粉红色；雄蕊约 30 枚，比花瓣短；花柱稍长于雄蕊，子房密被柔毛。果肉薄，成熟时开裂，果核球形，表面有皱纹。花期 4 月至 5 月上旬，果期 6 月。

【生境】生于山地阳坡。

【分布】辽宁凌源、建平、阜新等市（县）。

【经济价值】早春开花，花朵密集，为常用园林观赏花木。

植株

花

花侧面

果实

31. 山杏

Prunus sibirica L.

【特征】落叶灌木或小乔木。小枝较细，灰褐色或淡紫褐色。叶柄无毛；叶片卵圆形、广卵形至扁卵形，先端尾状渐尖，边缘具细钝或锐单锯齿。花单生，先于叶开放；花梗极短或近无；萼筒圆筒状，淡紫红色；萼裂片长圆状椭圆形，比萼筒短，先端微尖，边缘具细齿，花后反折；花瓣倒卵圆形至近圆形，先端钝，基部具短爪，粉红色至白色；雄蕊 25 ～ 30 枚，稍短于花瓣；花柱约与雄蕊等长或稍长，中部以下具疏柔毛；子房被短柔毛。果实近球形，两侧稍扁，直径 1.5 ～ 2.5cm，黄色带红晕，腹缝较明显，外被短柔毛；果肉较薄而稍干燥，味酸涩，熟时开裂，果核扁球形，先端尖，具明显腹缝。花期 4 月，果期 6 ～ 7 月。

秋季植株

【生境】生于阳坡杂木林中或固定沙丘上。

【分布】辽宁北镇、凌源、建平、建昌、阜新、绥中等市（县）。

【经济价值】绿化荒山、保持水土植物。可作杏品种的砧木。种仁入药，有祛痰、止咳、平喘的功效。

叶

花

果实

成熟开裂果实和种子

科 34 豆科

Fabaceae

紫穗槐属 *Amorpha*

1. 紫穗槐

Amorpha fruticosa L.

【特征】灌木，丛生。枝灰褐色，稍有棱。奇数羽状复叶，互生；托叶线形；小叶 11 ～ 25，卵状长圆形或长圆形，先端圆或微凹，具小刺尖，全缘，背面有微柔毛和黑褐色腺点。总状花序密花，顶生或于枝端腋生 1 至数个；花梗短；萼钟状，5 齿裂，萼齿三角形，边缘有白色柔毛；花冠蓝紫色或暗紫色、旗瓣倒心形，包住雌雄蕊，无翼瓣及龙骨瓣。荚果长圆形，弯曲，栗褐色，先端有小尖、表面有多数凸起的瘤状腺点。花期 5 ～ 6 月，果期 7 ～ 9 月。

植株

【生境】辽宁省广泛栽培于路边及荒山，有些地方处于野生或半野生状态。

【分布】原产美国东北至东南部。辽宁省广泛栽培，有些地方逸生成野生或半野生状态。

【经济价值】蜜源植物。可用作水土保持、工业区绿化、防护林带植物。果实可提炼芳香油。枝叶可作饲料。

花序

果序

花

果实

落花生属 *Arachis*

2. 落花生

Arachis hypogaea L.

【特征】一年生草本。茎直立或匍匐，被长毛。偶数羽状复叶，具 2 对小叶；托叶大，线状披针形，下部与叶柄愈合；小叶倒卵形、倒卵状椭圆形或倒卵状长圆形，具小刺尖，边缘有长毛。花黄色，于叶腋单生或少数簇生；开花期无花梗；萼筒管状细长，上方的 4 枚萼裂片彼此几乎愈合到先端，下方 1 裂片细长；花冠及雄蕊着生于萼筒喉部，旗瓣大，近于圆形或扁圆形，翼瓣倒卵形，具短耳和爪，龙骨瓣向后弯曲，顶端渐狭尖呈喙状，较翼瓣短；雄蕊 9 枚合生，1 枚退化，花药异型，5 枚为圆形，4 枚为长圆状卵形；子房有 1 至数粒胚珠，花柱上部生有须毛，柱头顶生，花后因子房柄延长而伸入地下结实。荚果长圆形，膨胀、果皮厚、具明显网纹，种子间通常缢缩，具 1 ～ 3（4）粒种子。花果期 6 ～ 8 月。

【生境】宜生于气候温暖、生长季节较长、雨量适中地区的砂质土地。

【分布】原产南美，辽宁各地均有栽培。

【经济价值】种子可食用、榨油。花生蔓为优质饲料。

植株

花

花萼

黄芪属 *Astragalus*

3. 糙叶黄芪

Astragalus scaberrimus Bunge

【特征】多年生草本。叶密集于地表，呈莲座状，全株密被白色伏毛。奇数羽状复叶，具 3 ～ 5(7) 对小叶；托叶与叶柄合生达 1/3 ～ 1/2，离生部分成三角形至披针形；小

植株

叶椭圆形或近长圆形，先端锐尖、渐尖或有时钝，全缘，两面密被白色伏毛。总状花序由基部腋生，具 3～5 朵花，花白色或近淡黄色；苞披针形，比花梗长；萼筒形，表面伏生细毛，萼齿线状披针形，长为萼筒的 1/3～1/2；旗瓣椭圆形，顶端微凹，具短爪，翼瓣比旗瓣短，比龙骨瓣长；子房有短毛。荚果披针状长圆形，呈镰刀状弯曲，具短而直的喙，背缝线凹入成浅沟，果皮革质，密被白色伏毛，内具假隔膜、成 2 室。花期 4～8 月，果期 5～9 月。

【生境】生于山坡石砾质草地、砂质地及河岸沙地。

【分布】辽宁建平、大连等市（县）。

【经济价值】可作牧草及保持水土植物。

根

叶背面

花

4. 斜茎黄芪 

Astragalus laxmannii Jacq.

【特征】多年生草本。茎数个丛生。奇数羽状复叶，具 4～11 对小叶；托叶三角状；小叶长圆形、近椭圆形或狭长圆形，先端有时稍尖，叶背面毛较密。总状花序于茎上部腋生，总花梗比叶长或近相等；花多数，密集，蓝紫色、近蓝色或红紫色；苞狭披针形或三角形，通常比萼筒显著短；花梗很短；萼筒状钟形，被黑褐色毛或白色毛，萼狭披针形或刚毛状，约为萼筒长的 1/3～1/2；旗瓣中上部宽，顶端深凹，基部渐狭，翼瓣比旗瓣短，比龙骨瓣长；子房密被毛，基部有极短的柄。荚果长圆状，具三棱，背部凹入成沟，顶端具下弯的短喙，两面被黑

植株

色、褐色或白色毛或混生，由于背缝线凹入，将荚果分隔为 2 室。花期 6 ～ 8 月，果期 8 ～ 10 月。

【生境】生于向阳草地、山坡、灌丛、林缘及草原轻碱地上。

【分布】辽宁彰武、沈阳等市（县）。

【经济价值】优良牧草和水土保持植物。

叶背面

茎

花序

5. 达乌里黄芪

Astragalus dahuricus (Pall.) DC.

【特征】一年或两年生草本，全株被白色柔毛。茎直立，通常多分枝，有细沟，被长柔毛。奇数羽状复叶，具 5 ～ 9(11) 对小叶；托叶狭披针形至锥形（上部者近刚毛状），与叶柄离生；小叶长圆形至倒卵状长圆形，先端稍尖或圆形，背面毛较密。总状花序腋生，通常超出叶，具 10 ～ 20 朵花。花紫红色；苞狭线形或刚毛状，比花梗长；萼钟状，萼齿不相等，上萼齿狭披针状线形，与萼筒近等长，下萼齿线形，比萼筒长约 1 倍；旗瓣广椭圆形，顶端微缺，基部具短爪，龙骨瓣比翼瓣长，比旗瓣稍短，翼瓣宽为龙骨瓣的 1/3 ～ 1/2；子房有毛。荚果线形，呈镰刀状弯曲或有时近直，背缝线凹入成深沟，顶端具直或稍弯的喙，果壁表面具横纹，被白色短毛。花期 7 ～ 9(10) 月，果期 8 ～ 10 月。

植株

【生境】生于向阳山坡、河岸沙砾地及草地、草甸、路旁等处。

【分布】辽宁朝阳、沈阳等地。

【经济价值】全株可作饲料，大牲畜喜食。

果序

花序

叶正面

叶背面

6. 蒙古黄芪 

Astragalus membranaceus var. *mongholicus* (Bunge) P. K. Hsiao

【特征】多年生草本。茎直立多分枝，有细棱，被白色柔毛。奇数羽状复叶，具6～13对小叶；托叶离生，披针形、卵形至披针状线形，茎上部的托叶经常较狭；小叶椭圆形至长圆形或椭圆状卵形至长圆状卵形，具小刺尖或不明显，背面伏生白色柔毛。总状花序，较疏地生有(5)10～20余朵花，总花梗比叶稍长或近相等，至果期显著伸长；花梗与苞近等长；萼钟状，被黑色（有时白色）细毛；萼齿为萼筒长的1/5或1/4，三角形至锥形，下方的萼齿较长；花冠黄色或淡黄色，旗瓣倒卵形，顶端微凹，基部具短爪，翼瓣与龙骨瓣近等长，比旗瓣微短。荚果半椭圆形，薄膜质，稍膨胀，长20～30(35)mm，宽8～12mm，顶端具细短喙，两面被黑色细短伏毛，有时被近白色的毛或两者混生，具3～8粒种子，花期(6)7～8月，果期(7)8～9月。

【生境】生于林缘、灌丛、林间草地、疏林下、山坡草地、草甸等处。

【分布】辽宁东部分布较多，南部及西部较少。

【经济价值】入药，补气固表、益气补中、敛疮生肌。

植株

茎

果序

种子

蔓黄芪属 *Phyllolobium*

7. 蔓黄芪

Phyllolobium chinense Fisch. ex DC.

植株

花

荚果

【特征】多年生草本，全株有单毛。茎有棱，通常平卧，长可达1m以上，上部常有小刚毛。奇数羽状复叶，具6～9对小叶；托叶离生，披针形；小叶椭圆形或卵状椭圆形，全缘，背面密被短伏毛。总状花序腋生，比叶长，花3～7朵，苍白色或带紫色；苞锥形，萼钟形，被白色或黑色短硬毛，萼齿披针形或近锥形，与萼筒等长或比萼筒稍短，在萼的下方常有2枚小苞；旗瓣近圆形，顶端深凹，基部有短爪，龙骨瓣稍短，翼瓣比龙骨瓣短且狭窄；子房长圆形，密被毛，花柱弯曲，柱头生有画笔状髯毛。荚果纺锤状或长圆状，长25～35mm，较膨胀，腹背压扁，顶端具小尖喙，成熟后变黑色，1室，具10至30余粒种子。花期(7)8～9月，果期(8)9～10月。

【生境】生于向阳草地、山坡、路边及轻碱性草甸，一般多生于较干燥处。

【分布】辽宁朝阳、阜新、海城等地。

【经济价值】根系发达，是水土保持的优良草种。全株可作绿肥、饲料。种子入药，有补肾固精、清肝明目之效。

锦鸡儿属 *Caragana*

8. 小叶锦鸡儿

Caragana microphylla Lam.

【特征】小灌木。枝黄色至黄褐色，稍有棱，长枝上常有托叶硬化变成的刺，刺长 3 ～ 10mm。偶数羽状复叶，具 6 ～ 8(10) 对小叶，叶轴上被密毛，小叶柄极短，被毛；小叶片倒卵形或卵状长圆形，长 5 ～ 10mm，先端具短刺尖，全缘，两面贴生丝状毛。花单生或 2 ～ 3 朵集生；花梗长 10 ～ 20mm，于上部有关节，被密毛；萼筒钟形，稍斜，被毛，萼齿广三角形，边缘密生短柔毛，花冠黄色，旗瓣广卵形，具短爪，翼瓣长圆形，具明显的尖耳和爪，龙骨瓣基部通常具钝圆的耳和长爪；2 体雄蕊。荚果扁，长圆形，长 3.5 ～ 5cm，宽约 5mm，先端渐尖，无毛，含多数种子。花果期 6 ～ 9 月。

植株

【生境】生于砂质地及干燥山坡。

【分布】辽宁建平、义县、沈阳等市（县）。

【经济价值】良好的防风、固沙植物。可供栽培观赏，亦可作饲料。用作蒙药，有祛风止痛、祛痰止咳之功效。

叶

茎

花

果枝

荚果

9. 柠条锦鸡儿

Caragana korshinskii Kom.

植株

【特征】落叶大灌木，根系极为发达。老枝黄灰色或灰绿色，幼枝被柔毛。羽状复叶有 3 ～ 8 对小叶，托叶在长枝者硬化成长刺，长 4 ～ 7mm，宿存；叶轴密被白色长柔毛，脱落；小叶椭圆形或倒卵状圆形，先端圆或锐尖，有短刺尖，基部宽楔形，两面密被长柔毛。花梗关节在中部以上；花萼管状钟形，密被短柔毛，萼齿三角状；花冠黄色，旗瓣宽卵形或近圆形，瓣柄为瓣片的 1/4 ～ 1/3，翼瓣长圆形，先端稍尖，瓣柄与瓣片近等长；子房无毛。荚果披针形或长圆形状披针形，膨胀或扁，先端短渐尖。花期 5 ～ 6 月，果期 7 月。

【生境】生长在黄土丘陵地区、山坡、沟岔、流动沙地和丘间低地以及固定、半固定沙地上。

【分布】辽宁西部有栽培或逸生。

【经济价值】水土保持和固沙造林的重要植物，也是很好的蜜源植物及薪炭材。枝、叶、花、果、种子是良好的饲料。种子的油脂有抗皮癣真菌作用。

叶

茎

成熟开裂荚果

山扁豆属 *Chamaecrista*

10. 豆茶山扁豆

Chamaecrista nomame **(Siebold) H. Ohashi**

【特征】一年生草本。茎直立，多分枝或单一。偶数羽状复叶，具 8 ～ 28 对小叶；托叶披针形或狭披针形；小叶线状长圆形，长 5 ～ 8mm，先端锐尖或稍尖，全缘。花小，黄色，腋生；萼 5 深裂，裂片披针形，有毛；花瓣 5 枚，各瓣形状稍有差异，略呈倒卵形、广倒卵形或倒卵状楔形；雄蕊 4 枚；花柱弯曲。荚果扁平，线状长圆形，长 3 ～ 4.5cm，开裂，被细短毛，内含 5 ～ 13 粒种子。花期 7 ～ 8 月，果期 8 ～ 9 月。

【生境】生于向阳草地、山坡、河边、荒地。

【分布】辽宁岫岩、锦州、葫芦岛、西丰、清原等市（县）。

【经济价值】带果地上部分入药，治水肿、肾炎、慢性便秘、咳嗽痰多，能驱虫、健胃；也可代茶用。

植株

花

果实

大豆属 *Glycine*

11. 野大豆

Glycine soja **Siebold & Zucc.**

【特征】一年生草本。茎缠绕，细弱，疏生褐色长毛。3 出复叶；小叶卵圆形、卵状椭圆形至狭卵形，长 (2)3 ～ 6cm，宽 (1)1.5 ～ 2.5(3.5)cm，基部近圆形，先端锐尖至钝圆，全缘，两面被毛。短总状花序，腋生，花小，长约 5mm，淡紫红色；苞披针形；萼钟状，密生长毛，5 齿裂，裂片三角状披针形，先端锐尖；旗瓣近圆形，顶端微凹，基部具短爪，翼瓣歪倒卵形，有明显的耳部，龙骨瓣较旗瓣及翼瓣短小，密被长毛；花柱短而向一侧弯曲。荚果狭长圆形或近镰刀形，两侧稍扁，长 17 ～ 23mm，宽 4 ～ 5mm，密被毛，种子间缢缩，一般含 3(1 ～ 4)粒种子。种子稍扁，褐色至黑褐色。

植株

【生境】生于湿草地、河岸、湖边、沼泽附近或灌丛中，稀见于林下。

【分布】辽宁各地普遍生长。

【经济价值】牛、马、羊等各种牲畜喜食。全株入药，主治盗汗、肝炎等。茎皮纤维可织麻袋。在大豆品种育种上有重要价值。

叶

缠绕茎

花

果实

12. 宽叶蔓豆

***Glycine soja* var. *gracilis* (Skvortsov) L. Z. Wang**

植株

【特征】一年生草本。茎粗(1)2～4mm，主茎通常比分枝粗壮而明显，全株有毛。3出复叶；小叶卵形、卵状披针形或椭圆状披针形，长5～10cm，宽2～5cm，全缘。短总状花序腋生；花小，长约7mm，淡红紫色；萼钟状，5齿裂，上部2齿稍合生；旗瓣近圆形，顶端微凹，基部具短爪，翼瓣倒卵形，顶端略尖，基部渐狭，具耳及爪，龙骨瓣小，翼与龙骨瓣贴生；子房被密毛。荚果长圆形或稍呈镰形，两侧稍扁，长20～30(40)mm，宽5～7mm，先端具短喙，表面被黄褐色长毛，通常含3(1～4)粒种子，在种子间缢缩。种子椭圆形，长5～6mm，宽4～4.5(5)mm，种皮褐色、黑色或黑黄相间双色。花期8月，果期9(10)月。

【生境】生于田边、路旁、沟边及宅旁的草地上或稍湿草地上。

【分布】辽宁各地普遍生长。

【经济价值】为营养丰富的饲料，并是大豆育种的良好植物材料。

叶　花　果实

种子　小叶背面放大

两型豆属 *Amphicarpaea*

13. 两型豆

Amphicarpaea edgeworthii Benth.

植株

【特征】一年生缠绕性草本。茎纤细，密被淡褐色倒生毛。羽状复叶具 3 小叶；托叶小，披针形或卵状披针形；小叶广卵形或菱状卵形，全缘，表面有毛，背面仅沿叶脉有毛，通常侧小叶比顶小叶小。花异型；由地上茎生出的花为短总状，腋生，具花 (2)3 ～ 7 朵，比叶短；苞广卵形，萼筒状，具 5 齿，被褐色长毛，花冠淡紫色，旗瓣倒卵状椭圆形，基部两侧具短耳，翼瓣比旗瓣稍短或有时近等长，龙骨瓣短于翼瓣；另一种花为闭锁花，无花瓣，生于茎基部附近，伸入地中结实。荚果亦为异型，地上完全花结实的荚果为线状长圆形或近长圆形，扁平，长 2 ～ 2.5cm，沿两侧缝线有毛，具微细的网纹，内含约 3 粒种子，种子褐色，肾状圆形，稍扁平；由闭锁花伸入地下结实的荚果呈椭圆形，稍扁，如小球根状，内含 1 粒种子。花期 7 ～ 8 月，果期 8 ～ 9 月。

【生境】生于湿草地、林缘、疏林下、灌丛及溪流附近。

【分布】辽宁东部山区各地。

【经济价值】可作牧草，也是应用于大豆育种方面的资源植物。

茎，示具倒生的毛

叶背面

花序

地下结实的荚果

甘草属 *Glycyrrhiza*

14. 甘草

Glycyrrhiza uralensis Fisch.

【特征】多年生草本。主根圆柱形，粗而长，具甜味。茎直立，坚硬，全株密被细短毛，并生有鳞片状、点状或刺状的腺体。奇数羽状复叶；托叶小，长三角形、披针形或披针状锥形；叶柄具粗短毛或小刺；小叶片 9～17 枚，卵形、倒卵形或椭圆形，全缘，两面被细短毛及腺点。总状花序紧密，花淡红紫色；萼钟状，5 齿裂，裂片披针形，被短毛并有腺点；旗瓣长圆状卵形或近长圆形，翼瓣比旗瓣短，比龙骨瓣长；子房长圆形，表面具腺状突起。荚果线状长圆形、弯曲呈镰刀状或环状，表面被短刺，刺长 1～2mm。花期 6～7 月，果期 7～8 月。

【生境】生于沙地、碱性沙地、沙质土的田间、田边、路旁、荒地等处。

【分布】辽宁建平、北票、阜新、康平等市（县）。

【经济价值】根入药，镇咳祛痰，亦为矫味药和解毒药。

植株

根

叶正面

荚果

15. 刺果甘草

Glycyrrhiza pallidiflora **Maxim.**

【特征】多年生草本。茎直立，基部木质化，茎及枝具棱，并有多数小腺点。奇数羽状复叶，具 9～15 小叶，托叶披针形或长三角形；小叶椭圆形、菱状椭圆形或椭圆状披针形，全缘，两面密布小腺点。花序腋生，花多数，密集成长圆形的总状花序；花淡紫堇色，长 7～9mm；萼钟形，5 齿裂，其中 2 萼齿较短；旗瓣长圆状卵形或近椭圆形，长约 8mm，翼瓣稍成半月形弯曲，具耳和爪，龙骨瓣短、直，近椭圆形，亦具耳及爪；子房有毛。荚果黄褐色，卵形或椭圆形，长 11～15mm，密被细长刺，刺长 3～5mm，果实密集成椭圆形或长圆形的果序。种子通常 2 粒。花期 7～8 月，果期 8～9 月。

【生境】生于湿草地、河岸湿地及河谷坡地。

植株

【分布】辽宁彰武、清原、沈阳、本溪等市（县）。

【经济价值】茎皮纤维拉力强，可编织麻袋和作编织品。种子可榨油。

花序

花

果序

米口袋属 *Gueldenstaedtia*

16. 米口袋

Gueldenstaedtia verna **(Georgi) Boriss.**

植株

【特征】多年生草本，全株被白色长绵毛，果期后毛渐稀少。主根圆锥形或圆柱形、粗壮，不分歧或稍分歧，上端具短缩的茎或根状茎。奇数羽状复叶，丛生于根状茎或短缩茎上端；托叶卵形、卵状三角形至披针形，基部与叶柄合生；小叶 9 ～ 19(21)，广椭圆形、椭圆形、长圆形、卵形或近披针形，全缘。总花梗自叶丛间抽出数个至十数个，顶端集生 2 ～ 5(8) 朵花，排列成伞形；花梗极短近无；苞及小苞披针形至线形；萼钟状；花冠紫堇色；子房被毛，花柱上端卷曲。荚果圆筒状，1 室，被长柔毛。种子肾形，表面有光泽。

【生境】山坡、路旁、田边等。

【分布】辽宁凌源、建昌、彰武、绥中、沈阳、大连等市（县）。

【经济价值】以春季采收的全草入药。可作饲料。

花序

叶背面与果实

子房与雄蕊

羊柴属 *Corethrodendron*

17. 蒙古羊柴

Corethrodendron fruticosum var. *mongolicum* (Turcz.) Turcz. ex Kitag.

植株

【特征】半灌木或小半灌木。茎直立，多分枝，幼枝被灰白色柔毛，老枝常无毛。奇数羽状复叶，具小叶 11 ～ 17；托叶卵状披针形，棕褐色干膜质，早落；叶轴被短柔毛；小叶片通常椭圆形或长圆形，上面被疏短柔毛，背面密被短柔毛。总状花序腋生，花序与叶近等高，具 4 ～ 14 朵花，疏散排列；苞片三角状卵形；花萼钟状，被短柔毛，萼齿三角状，长为萼筒的一半；花冠紫红色，旗瓣倒卵圆形，基部渐狭为瓣柄，翼瓣三角状披针形，等于或稍短于龙骨瓣的瓣柄，龙骨瓣等于或稍短于旗瓣；子房线形，被短柔毛。荚果 2 ～ 3 节；节荚椭圆形，两侧膨胀，具细网纹，种子肾形，黄褐色。

【生境】生于沿河或古河道沙地。

【分布】辽宁彰武等地。

【经济价值】优良的饲料植物。亦可引种为固沙植物。

叶

小叶背面，示其密被短伏毛

花枝

花序

木蓝属 *Indigofera*

18. 花木蓝

Indigofera kirilowii Maxim. ex Palib.

植株

【特征】小灌木。枝灰褐色，有棱，嫩枝稍有丁字毛。奇数羽状复叶互生，小叶 7 ～ 11；叶柄长 1 ～ 3cm；小叶片卵形、卵状椭圆形或近圆形，具小刺尖，表面被丁字毛或单毛，背面灰绿色，毛少。总状花序腋生，比叶短，或略相等；花梗长 3mm；萼杯形，很短，先端 5 裂，裂片披针形；花冠粉红色，长 15 ～ 18mm，旗瓣倒卵形，翼瓣长圆形，龙骨瓣较翼瓣宽，先端尖，基部渐狭；2 体雄蕊；子房线形。荚果圆柱形，褐色至赤褐色，长 4 ～ 5cm，宽约 5mm，光滑无毛，熟时沿缝线开裂。花期 5 ～ 6 月，果期 8 ～ 10 月。

【生境】生于向阳山坡、山脚或岩隙间，有时生于灌丛或疏林内。

【分布】辽宁朝阳、阜新、北镇、义县、葫芦岛等市（县）。

【经济价值】良好的绿化植物。作饲料，牛喜食。作为中药山豆根的代用品或伪品（俗称“木蓝山豆根”），清热解毒、消肿利咽、补虚。

叶

花序

荚果

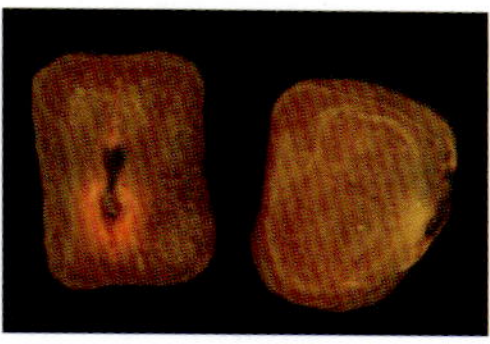
种子

19. 河北木蓝

Indigofera bungeana Walp.

【特征】灌木。枝灰褐色。奇数羽状复叶，具 7 ～ 9 小叶，叶轴被白色丁字毛；叶片卵状长圆形，长圆形或倒卵状长圆形，长5～15mm，宽3～10mm，两面均被白色丁字毛。总状花序腋生，有10～15朵小花；萼杯状，先端5裂，被毛；花冠紫色或红紫色，长约4(5)mm，旗瓣广倒卵形，翼瓣和龙骨瓣倒卵状长圆形，基部渐狭；雄蕊10枚，2体；子房线形，有毛。荚果线状圆柱形，被白色丁字毛。

【生境】生于山坡岩缝间。

【分布】辽宁朝阳、绥中等地。

【经济价值】全草药用，清热止血、消肿生肌，外敷治创伤。

植株

枝叶与花序

荚果

鸡眼草属 *Kummerowia*

20. 鸡眼草

Kummerowia striata **(Thunb.) Schindl.**

【特征】一年生草本。茎直立，斜上或近伏卧，分枝甚多，茎及枝上有逆生的细毛。叶为掌状复叶，具3小叶；托叶大，膜质，比叶柄长，广卵形或近卵形，渐尖，边缘有纤毛；小叶倒卵形、长倒卵形或长圆形，全缘，侧脉很密，两面沿中脉及边缘有白色刚毛。花腋生，1～2朵，稀达3～5朵；小苞通常具5～7条纵脉；萼带紫色，钟状，5裂，萼齿广卵形，具网状脉，边缘及表面有白毛；花冠淡红紫色，比萼片长约1倍，旗瓣椭圆形，下部渐狭呈爪状，瓣片基部呈耳状，龙骨瓣比旗瓣稍长或近等长，翼瓣比龙骨瓣稍短。荚果稍侧扁，近圆形或椭圆形，顶端锐尖，比萼稍长或长达1倍。花期7～8月，果期8～9（10）月。

植株

【生境】生于路边、田边、溪边、砂质地或山麓缓坡草地等处。
【分布】辽宁各地。
【经济价值】全草供药用，有利尿通淋、解热止痢之效。可作饲料和绿肥。

叶背面

花

枝与托叶

21. 长萼鸡眼草

Kummerowia stipulacea (Maxim.) Makino

【特征】一年生草本。茎伏卧，通常分枝较多而密，茎及枝疏生向上的细刚毛。掌状复叶，具 3 小叶；托叶比叶柄长或有时近相等，卵形，渐尖，边缘通常无纤毛；小叶倒卵形、广倒卵形或倒卵状楔形，先端微凹或近截形，侧脉很密，背面中脉及边缘附近常有刚毛。花通常 1 ～ 2 朵，腋生；花梗有毛；萼下方通常有小苞 4 枚，其中 1 枚很小，位于花梗顶端关节处；萼广钟形，萼齿广卵形或广椭圆形；花冠淡红紫色，旗瓣椭圆形，顶端微凹，下部渐狭呈爪状，龙骨瓣比旗瓣及翼瓣长。荚果椭圆形，稍侧扁、两面凸，顶端圆形，具微小刺尖，表面被细毛，通常比萼长 1.5 ～ 3 倍。花期 7 ～ 8 月，果期 8 ～ 9(10) 月。
【生境】生于路边稍湿草地、沙砾质地、山坡、固定或半固定沙丘、河岸草地等处。
【分布】辽宁各地。
【经济价值】全草药用，治子宫脱垂、脱肛。可作饲料及绿肥。

植株

花

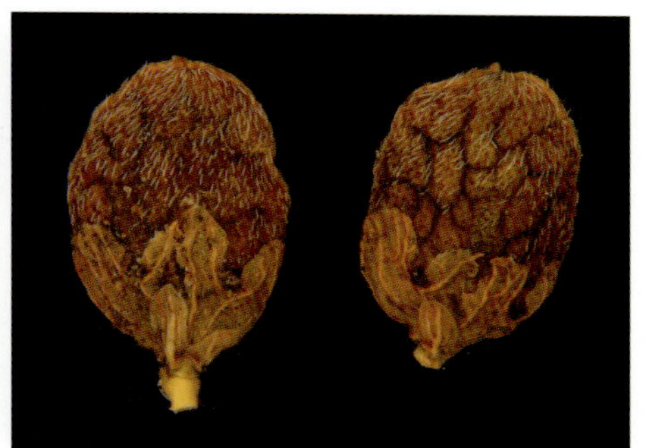
荚果

胡枝子属 *Lespedeza*

22. 胡枝子

Lespedeza bicolor Turcz.

【特征】灌木。多分枝，小枝黄色或暗褐色，有棱。三出复叶互生，具长柄；托叶 2，线状披针形；小叶卵形、卵状长圆形或倒卵形，具短刺尖，全缘。总状花序腋生，比叶长，常呈大形较疏松的圆锥花序，总花梗长 4 ～ 10cm，小花梗短，被密毛；小苞卵形、先端钝圆或稍尖，黄褐色，被短柔毛；萼 4 裂，裂片不超过萼的一半，上面 2 裂片合生成 2 浅裂状，裂片卵形至卵状披针形，外面被白毛；花冠红紫色，长约 10mm，旗瓣倒卵形，先端微凹，与龙骨瓣近等长，翼瓣较短，近长圆形，基部具耳和爪。荚果歪倒卵形，稍扁，表面具网脉，密被柔毛。花果期 7 ～ 9 月。

【生境】生于山坡、林缘、路旁、灌丛及杂木林间。

【分布】辽宁各地普遍生长。

【经济价值】优良的水土保持植物，可作饲料，枝条可编筐、作薪柴。

植株

花

果实与种子

23. 多花胡枝子

Lespedeza floribunda Bunge

【特征】小灌木。根细长。茎常在近基部分枝，枝有条棱，被灰白色绒毛。托叶线形，先端刺芒状；小叶倒卵形、广倒卵形或长圆形，表面被疏伏毛，背面密被白色伏柔毛；侧生小

植株

叶较小，小叶有柄。总状花序腋生；总花梗细长，明显超出叶，花多数；小苞片卵形，长约 1mm，先端急尖；花萼长 4 ～ 5mm，被柔毛，5 深裂，裂片披针形或卵状披针形，长 2 ～ 3mm；花冠紫色或蓝紫色，旗瓣椭圆形，长 8mm，先端圆形，基部有柄，龙骨瓣长于旗瓣，钝头。荚果广卵形，长约 7mm，超出宿存萼，密被柔毛，有网状脉纹。花期 6 ～ 9 月，果期 9 ～ 10 月。

【生境】生于石质山坡或干山坡。

【分布】辽宁朝阳、锦州等地。

【经济价值】可作饲料，亦可作为观赏植物。

叶正面

叶背面

花序

24. 绒毛胡枝子

Lespedeza tomentosa **(Thunb.) Siebold ex Maxim.**

【特征】灌木，全株被密黄褐色绒毛。茎直立，单一或上部少分枝。托叶 2，线形；小叶质厚，椭圆形或卵状长圆形，基部圆或微心形，先端钝或微凹，有小刺尖，边缘稍反卷；顶生小叶柄较长，侧生小叶无柄。总状花序，总花梗粗壮；苞线状披针形，有毛；花具短梗；花萼密被毛，5 深裂，裂片狭披针形；花冠黄色或黄白色，旗瓣椭圆形，与龙骨瓣近等长，翼瓣较短，长圆形；闭锁花生于上部叶腋，簇生成球状。荚果倒卵形，先端具短尖，表面密被毛。

植株

【生境】生于干山坡草地及灌丛间。

【分布】辽宁葫芦岛、北镇、朝阳等地。

【经济价值】水土保持植物。可作饲料。根药用，健脾补虚。

叶正面

叶背面

茎

花序（蕾期）

25. 兴安胡枝子

Lespedeza davurica (Laxm.) Schindl.

【特征】小灌木。老枝黄褐色至赤褐色，幼枝绿褐色，有细棱。叶互生，托叶 2，线形，叶长圆形或狭长圆形，先端有小刺尖，背面伏生短柔毛；顶生小叶柄长，叶片较大。花序腋生，较叶短或与叶近等长；总花梗密生短柔毛；小苞片披针状线形，有毛；花萼 5 深裂，外被白毛，萼片披针形，先端呈刺毛状，与花冠近等长；花冠白色或黄白色，旗瓣长圆形，中央稍带紫色，具柄，翼瓣长圆形，先端钝，较短，龙骨瓣先端圆形；闭锁花生于叶腋，能育。荚果小，包于萼内，倒卵形或长倒卵形，长 3～4mm，宽 2～3mm，先端有刺尖，基部稍狭，两面凸出，有毛。花期 7～8 月，果期 9～10 月。

【生境】生于干山坡、草地、路旁及沙土地上。

【分布】辽宁凌源、建昌、北镇、喀左、沈阳等市（县）。

【经济价值】优良的饲用植物。亦可作绿肥。

植株

枝叶

花

26. 尖叶铁扫帚 

Lespedeza juncea (L.f.) Pers.

植株

花枝

花与叶

【特征】小灌木，全株被伏毛。分枝或上部分枝呈扫帚状。托叶线形；小叶披针形、长圆状披针形或倒披针形，有小刺尖，边缘稍内卷，顶生小叶较大。总状花序腋生，有长梗，稍超出叶，3～7朵花排列成近伞形花序；苞及小苞卵状披针形或狭披针形；花萼狭钟形，5深裂，裂片披针形，外面被白色伏毛，花后具明显3脉；花冠白色或淡黄色，旗瓣基部带紫斑，龙骨瓣先端带紫色，旗瓣与龙骨瓣、翼瓣近等长，有时旗瓣较短；闭锁花簇生于叶腋，近无梗。荚果广卵形，两面被白色伏毛，稍超出萼。花期7～8月，果期9～10月。

【生境】生于山坡灌丛间。

【分布】辽宁朝阳、葫芦岛、抚顺、大连等地。

【经济价值】枝叶可作绿肥和饲料。入药，止泻利尿、止血。

马鞍树属 *Maackia*

27. 朝鲜槐 

Maackia amurensis Rupr. et Maxim.

【特征】落叶乔木。树皮幼时淡绿褐色，后呈暗灰色。枝灰褐色。奇数羽状复叶，小叶对生或近对生，5～7(11)枚，小叶柄上面具深沟；小叶片椭圆形、椭圆状卵形或倒卵形，基部广楔形，先端短渐尖。总状或复总状花序顶生，花密，花序轴绿褐色，被短绒毛；萼钟状，5浅裂；花冠白色，旗瓣卵状长圆形，顶端圆，基部有2个耳及爪，翼瓣长圆形，龙骨瓣倒卵状长圆形，基部具弯曲的耳和爪；雄蕊10枚，仅基部合生，其余部分分离；子房线状长圆形，被毛。荚果扁平，线状长圆形，褐色，沿缝线开裂。种子长圆形，红黄色。花期6～7月，果期8～10月。

【生境】多生于湿润肥沃的阔叶林内、林缘及溪流附近，亦见于山坡。

【分布】辽宁绥中、凌源、沈阳、抚顺等市（县）。

【经济价值】在园林绿化中宜作为园景树或行道树。木材可作家具，树皮可提取染料，种子可榨油。药用，具有祛风除湿、止血等功效。

叶正面

叶背面

花与幼果

苜蓿属 *Medicago*

28. 苜蓿

Medicago sativa L.

【特征】多年生草本。根状茎粗壮；主根粗而长。茎直立或有时斜卧，多分枝。羽状复叶具3小叶；托叶锥形或狭披针形，下部与叶柄合生；小叶长圆状倒卵形、倒卵形或倒披针形，长10～30mm，上部较宽，全缘，下部渐狭如楔状，背面有伏毛。短总状花序腋生，具数朵至20余朵花，通常较密集（近头状）；花梗较短，苞小，线状锥形；花萼筒状钟形，有毛，萼齿锐尖，比萼筒长；花冠蓝紫色或紫色，稀苍白色，长7～12mm，旗瓣长倒卵状，比翼瓣及龙骨瓣长，翼瓣及龙骨瓣具爪，瓣片顶端圆形，翼瓣具较长的耳部。荚果呈螺旋状卷曲，通常卷曲(1)1.5～3圈，表面有毛。种子小，褐色。花期5～7月，果期6～8月。

【生境】常生于路旁、田边、沟旁及空地。

【分布】原产欧洲。辽宁广泛栽培作牧草用。

【经济价值】优良饲料与牧草。春季嫩茎叶可作野菜，为蜜源植物。根入药，利尿排石。

植株

花序

果实

29. 花苜蓿

Medicago ruthenica **(L.) Trautv.**

【特征】多年生草本。常数茎丛生。羽状复叶具 3 小叶；托叶披针状锥形，基部具牙齿或裂片，有伏毛；小叶长圆状倒披针形，基部楔形，先端圆形或截形，叶缘中上部有锯齿，背面生伏毛。总状花序腋生，总花梗具 (3)4 ～ 10(12) 朵花；花黄色，带紫色，长 5 ～ 6mm；萼钟状，被伏毛，萼齿披针形，比萼筒短；旗瓣长圆状倒卵形，中部稍收缩，顶端微缺，翼瓣近长圆形，基部具长爪和耳，龙骨瓣较短。荚果扁平，长圆形或椭圆形，长 8 ～ 12(14)mm，宽 3.5 ～ 5(5.5)mm，顶部具弯曲的短而尖的喙，两面有网状脉纹，内含种子 2 ～ 6 粒，种子黄褐色。花期 7 ～ 8 月，果期 8 ～ 10 月。

植株

【生境】生于草原、草甸草原、沙质地、河岸砂砾地、固定和半固定沙丘、向阳干山坡等处。

【分布】辽宁彰武、建平、旅顺口、北镇、凤城等地。

【经济价值】优等牧草及水土保持植物。种子榨油。全草入药，治肠胃病及高血压。

叶正面

叶背面

花序

30. 辽西花苜蓿

Melissitus liaosiensis **(P. Y. Fu & Y. A. Chen) X. Y. Zhu & Y. F. Du**

【特征】多年生草本。茎近直立或几乎横卧，多分枝。羽状复叶具3小叶；托叶披针形或箭头形，边缘有牙齿；小叶卵形或长卵形，先端近截形或微凹，有小刺尖，边缘具细密的锐锯齿，背面被短柔毛。花黄色、带紫色，长(5)6～7mm，旗瓣长圆形或倒卵状长圆形，顶端微凹，比翼瓣及龙骨瓣长，龙骨瓣比翼瓣短。荚果椭圆形至长圆形，通常直，略扁平，长7～12(15)mm，宽3.5～5(6.5)mm，顶端具细短喙，表面有凸出的细脉。花果期7～9月。

植株

【生境】生于草甸、山坡、侵蚀沟旁、路边等处。

【分布】辽宁大连、建平、法库、西丰等市（县）。

【经济价值】可作牧草。

叶正面

叶背面

花序

果实

草木樨属 *Melilotus*

31. 草木樨

Melilotus officinalis (L.) Pall.

【特征】一年或两年生草本，高可达 1m 以上。茎直立，多分枝。羽状复叶具 3 小叶，托叶线形或线状披针形，基部宽；小叶倒卵形、长圆形或倒披针形，长 1.5 ~ 2.7cm，宽 0.4 ~ 0.7cm，基部楔形或近圆形，先端钝，边缘具不整齐的疏锯齿。总状花序细长、腋生；花黄色，长 3.5 ~ 4.5mm，萼钟状，5 齿裂；旗瓣椭圆形，先端圆或微凹，基部楔形，翼瓣比旗瓣短，与龙骨瓣略等长；子房卵状长圆形。荚果小，球形或卵形，长约 3.5mm，熟时近黑色，表面具网纹，一般内含种子 1 粒。花期 6 ~ 8 月，果期 7 ~ 10 月。

植株

【生境】生于河岸较湿草地、林缘、路旁、砂质地、田野等处。

【分布】辽宁凌源、彰武、岫岩、锦州等市（县）。

【经济价值】优良牧草，防风固土植物，亦是良好的蜜源植物。

叶

花

果序

32. 白花草木樨

Melilotus albus Desr.

花序

果序

【特征】一年或两年生草本，全株有香草气味。茎圆柱形，中空。羽状复叶具3小叶，托叶锥形或线状披针形；小叶长圆形、卵状长圆形或倒卵状长圆形，长1.5～3cm，宽0.6～1.1cm，边缘具疏锯齿。总状花序腋生，花小，多数；萼钟状，5齿裂，花冠白色，旗瓣椭圆形，顶端微凹或近圆形，翼瓣比旗瓣短，比龙骨瓣稍长或近等长；子房无柄。荚果小，椭圆形或近长圆形，长约3.5mm，表面具网纹，内含种子1～2粒。花果期7～8月。

【生境】生于田边、路旁荒地及湿润的沙地。

【分布】辽宁多地栽培作牧草，散生见于田边、路旁、荒地等处。

【经济价值】优良的饲料植物与绿肥。国外民间用花、叶制成软膏治疗外伤。

植株

棘豆属 *Oxytropis*

33. 多叶棘豆 

Oxytropis myriophylla (Pall.) DC.

【特征】多年生草本，无地上茎，全株被白色或黄白色长柔毛。托叶卵状披针形，与叶柄合生，仅先端分离，膜质；叶为具轮生小叶的复叶，通常可达 25 ～ 32 轮，每轮有小叶 4 ～ 8(10) 枚，小叶无柄，线状披针形，长 5 ～ 20mm，宽约 1.5mm。总花梗直立，具 10 余朵花；花淡红紫色，长 20 ～ 24mm；花梗极短或近无；苞披针形，比萼短；萼筒状，萼齿比萼筒显著短，苞及萼均密被毛；旗瓣长圆形，顶端微凹，下部渐狭呈爪状，翼瓣稍短于旗瓣，龙骨瓣短于翼瓣，顶端具锥形喙（喙长约 3mm），基部具长爪；子房线形，被毛。荚果披针状长圆形，长约 15mm，宽约 5mm，先端具长而尖的喙（喙长 5 ～ 7mm），表面被密毛。花期 5 ～ 6 月，果期 7 ～ 8 月。

【生境】生于干燥山坡及砂质地。

【分布】辽宁彰武、建平等地。

【经济价值】早春和晚秋中等饲用植物。入药，具有清热、消肿、止血、促进伤口愈合等功效。

植株

花序　　果序

34. 硬毛棘豆 

Oxytropis hirta Bunge

【特征】多年生草本，无地上茎，全株被开展的长硬毛。叶基生，奇数羽状复叶，长 15 ～ 20cm，托叶与叶柄基部合生，膜质；小叶 4 ～ 9 对，卵状披针形，通常顶小叶最大，背面疏生长毛，边缘毛较多。总状花序多花，密集成穗状，总花梗粗壮；花黄白色，长 15 ～ 18mm，苞披针形或线状披针形，比萼长或近等长；花梗极短或无梗；花萼筒状或近筒状钟形，萼齿线形，与萼筒等长或稍短；旗瓣匙状倒卵形，顶端近圆形，基部渐狭呈爪状，翼瓣与旗瓣近等长或稍短，龙骨瓣较短，顶端具小喙尖；子房密被白毛。荚果包于萼内，长卵形，长约 12mm，熟后裂开，顶端具短喙。花期 6 ～ 7 月，果期 7 ～ 8 月。

【生境】生于干山坡及草地。

【分布】辽宁凌源、建平、北镇、阜新、沈阳、兴城、盖州等市（县）。

【经济价值】蒙药以干燥地上部分入药，具有清热、愈伤、生肌、止血、消肿等功效。

植株

叶正面

叶背面

花

豇豆属 *Vigna*

35. 贼小豆

Vigna minima (Roxb.) Ohwi & H. Ohashi

植株

【特征】一年生草本。茎细长而缠绕，被倒生的硬毛。羽状复叶具 3 小叶；托叶狭卵形、近披针形或卵形，有毛；小叶卵形、广卵形、菱状卵形或卵状披针形，全缘或 2 ～ 3 浅裂，两面疏生伏贴的硬毛。总状花序腋生，总花梗长 5 ～ 12cm，花 1 ～ 3 朵，淡黄绿色，具短梗；小苞披针形；萼杯状，倾斜，萼齿三角形；旗瓣扁圆形或近肾形，翼瓣倒卵形，龙骨瓣上端卷曲，其中一瓣于中部有角状突起；花柱上端的下方有毛。荚果线状圆柱形，稍扁，内含 10 余粒种子，成熟时裂开。种子小，椭圆状，成熟时黄褐色，近赤褐色。花期 7(8) 月，果期 8 ～ 9 月。

【生境】生于山坡、灌丛、稍湿的砂质地（草地）等处。

【分布】辽宁抚顺、桓仁、丹东、大连等市（县）。

【经济价值】营养较为丰富，具有饲用价值。

叶

茎

花正面

花侧面与荚果

刺槐属 *Robinia*

36. 刺槐

Robinia pseudoacacia L.

【特征】落叶乔木。树皮灰黑褐色，纵裂。枝具托叶性针刺。奇数羽状复叶，互生，具 9 ～ 19 小叶；叶柄被短柔毛，小叶片卵形或卵状长圆形，先端具小刺尖，全缘，

植株

背面灰绿色被短毛。总状花序腋生，比叶短；花萼钟状，具不整齐的5齿裂，表面被短毛；花芳香，花冠白色，旗瓣近圆形，基部具爪，先端微凹，翼瓣倒卵状长圆形，基部具细长爪，龙骨瓣向内弯，基部具长爪；雄蕊10枚、2体；子房线状长圆形，被短白毛，花柱几乎弯成直角，荚果扁平，线状长圆形，长3～11cm，褐色，光滑。含3～10粒种子，二瓣裂。花果期5～9月。

【生境】喜湿润肥沃土地。

【分布】原产美国，现我国各地常有引种栽培。

【经济价值】可作为行道树、庭荫树、工矿区绿化及荒山荒地绿化的先锋树种。木材宜作枕木、车辆、建筑、矿柱等用材。也是优良的蜜源植物。种子榨油供作肥皂及油漆原料。茎皮、根、叶供药用，有利尿、止血之效。

树干

叶

托叶刺

花序

荚果

槐属 *Styphnolobium*

37. 槐

Styphnolobium japonicum (L.) Schott

【特征】落叶乔木。树皮灰褐色或暗褐色，粗糙纵裂。奇数羽状复叶，具7～15小叶；叶柄有短柔毛；小叶卵形、卵状披针形或卵状长圆形，全缘，背面毛较密。圆锥花序顶生，

花

荚果

植株

总花梗黄褐色，被密毛；萼钟状，先端 5 浅裂；花冠蝶形，黄白色，旗瓣近圆形，稍向后反卷，基部具短爪，与翼瓣和龙骨瓣近等长，翼瓣长圆形，具细长爪，龙骨瓣基部两侧具短耳和爪；雄蕊 10 枚，基部合生；子房线状长圆形，被细长毛，花柱弯曲，柱头头状。荚果于种子间缢缩而呈念珠状，下垂。花期 7 ～ 8 月，果期 9 ～ 10 月。

【生境】生于山坡、林缘肥沃湿润地。

【分布】辽宁朝阳、葫芦岛、岫岩等市（县）。

【经济价值】绿化树种和优良的蜜源植物。槐米（干燥花蕾）药用。

苦参属 *Sophora*

38. 苦参

Sophora flavescens Aiton

植株

【特征】直立灌木或半灌木。主根粗壮，圆柱形，横断面黄白色，味苦。奇数状羽复叶，具 11 ～ 19 小叶；小叶卵状长圆形、长圆形、狭长圆形或近广披针形，全缘。总状花序，萼斜钟状，5 浅裂，萼齿短三角状；花瓣淡黄色或黄白色，旗瓣匙形，比翼瓣和龙骨瓣稍长，翼瓣长圆形，无耳，具长爪，龙骨瓣具内弯的耳及长爪；雄蕊 10 枚，离生，仅基部连合；子房线状长圆形，被毛，花柱柱头头状。荚果圆筒状，两端长渐尖，种子间缢缩，呈不明显的念珠状，表面灰褐色，有光泽，含种子 1 粒至数粒。花期6～8月，果期8～9月。

【生境】生于砂质地、河岸砾石地、山坡、草甸草原等处。

【分布】辽宁各地均有分布。

【经济价值】根入药，有利尿、健胃、驱虫及治肠出血等功效。

叶

花序

果实

车轴草属 *Trifolium*

39. 白车轴草

Trifolium repens L.

植株

【特征】多年生草本。茎匍匐生根。掌状复叶具3小叶；托叶卵状披针形；小叶片倒卵形、广倒卵形或卵形，先端微凹至圆形，叶脉明显，边缘具细锯齿。花多数，密集成近头状或球状花序，生于总花梗顶端，总花梗超出叶；小苞卵状披针形；萼钟状，萼齿披针形，近相等；花冠白色、黄白色或淡粉红色，旗瓣的瓣片椭圆形，基部具短爪，翼瓣比旗瓣显著短，比龙骨瓣稍长；子房线形，花柱长而稍弯。荚果线形，具3～4粒种子。花果期5～10月。

【生境】栽培或半自生于林缘、路旁、草地等湿润处。

【分布】辽宁有栽培，有逸生。

【经济价值】优良牧草，草坪绿化优良植物，蜜源植物。全草入药，具有祛痰止咳、镇痉止痛等功效。

叶

花序

花

果实与种子

野豌豆属 *Vicia*

40. 黑龙江野豌豆

Vicia amurensis Oett.

【特征】多年生草本。茎上升，或借卷须攀援。偶数羽状复叶，具(3)4～6对小叶，叶轴末端具分歧的卷须；托叶通常有小柄，茎上部叶的托叶多为2裂，下部叶的托叶

叶与卷须

花序

裂，有时 4 裂；小叶卵状长圆形或卵状椭圆形，侧脉极密而明显凸出，与主脉近成直角 (60° ～ 85°)。总状花序腋生，比叶长或近等长，具 (10)16 ～ 26(36) 朵花；花蓝紫色，稀紫色。荚果长圆状菱形，具种子 1 ～ 3 粒。花期 7 ～ 8(6 ～ 9) 月，果期 8 ～ 9 月。

【生境】生于林缘、灌丛、草甸、山坡、路旁等处。

【分布】辽宁凌源、建昌、绥中、岫岩等市（县）。

【经济价值】可作饲料。东北民间用本种代替透骨草供药用。

41. 大叶野豌豆 

Vicia pseudo-orobus **Fisch. & C. A. Mey.**

【特征】多年生攀援性草本。根状茎粗壮，分歧。茎有棱。偶数羽状复叶，具 3 ～ 5 对小叶，茎上部叶常具 1 ～ 2 对小叶，叶轴末端为分歧或单一的卷须；托叶半箭头形，边缘通常具 1 至数个锯齿；小叶卵形或椭圆形，近革质，全缘，侧脉不达边缘，在末端互相连合呈波状或牙齿状。总状花序腋生，多花；花梗有毛；萼钟状，萼齿短，三角形，先端常呈锥状；花冠紫色或蓝紫色，旗瓣瓣片比瓣爪稍短或近等长，翼瓣及龙骨瓣与旗

植株

瓣近等长。荚果长圆形，扁平或稍扁，先端斜楔形，具1～4(6)粒种子。花期7～9月，果期8～10月。

【生境】生于林缘、灌丛、山坡草及柞林或杂木林的林间草地疏林下和路旁等处。

【分布】辽宁朝阳、葫芦岛、沈阳等地。

【经济价值】牛、马、羊均喜食。嫩茎叶为清热解毒药。

叶

小叶背面

托叶

花序

42. 广布野豌豆

Vicia cracca L.

【特征】多年生攀援性草本。茎有棱。偶数羽状复叶，具(5)6～12对小叶，叶轴末端具分歧的卷须；托叶为半箭头形或戟形，全缘，有时狭细如线状；小叶披针形、近长圆形、长圆状线形或线形，长10～35mm，宽2～4mm，先端具小刺尖，全缘，叶脉稀疏。总状花序腋生，与叶等长或比叶长，具7～20(40)朵花；花梗有毛；萼钟形，有毛，下萼齿比上萼齿显著长；花冠淡蓝色、蓝紫色或紫色，长8～11mm，旗瓣的中部深缢缩成提琴形，顶端微缺，瓣爪与瓣片等长且近同形，翼瓣与旗瓣近等长，比龙骨瓣显著长。荚果长圆状菱形或长圆形，稍膨胀或扁压，长17～25(28)mm，果柄通常比萼筒短；种子2～6(8)粒，种脐约占种子周长的1/4～1/3。花期6～9月，果期9～10月。

【生境】生于草甸、山坡、灌丛、林缘或草地等处。

【分布】辽宁西丰、清原、本溪、丹东等市(县)。

【经济价值】可作牧草，家畜喜食。可作水土保持绿肥植物。嫩叶入药，治热毒；外用洗风湿、毒疮等。

植株

叶

花序

43. 歪头菜

Vicia unijuga A. Br.

【特征】多年生草本。根状茎粗壮，近木质。茎直立，具细棱。偶数羽状复叶，具 1 对小叶；叶柄极短，叶轴末端呈刺状；托叶比叶柄长，半箭头状，边缘有 1 至数个锯齿；小叶卵形或椭圆形，基部广楔形或楔形，先端锐尖，边缘全缘状，具微凸出的小齿，叶脉明显，成密网状。花序总状，腋生，花紫色；萼钟形或筒状钟形；旗瓣倒卵形，中部缢缩，比翼瓣稍长，翼瓣比龙骨瓣长；子房无毛。荚果扁，长圆状，两端楔形。花期 7 ～ 8 月，果期 (8)9 ～ 10 月。

【生境】生于林缘、林间草地、草甸、林下。

【分布】辽宁建平、凌源、建昌、义县、清原等市（县）。

【经济价值】优良牧草。可用作水土保持植物，亦为早春蜜源植物。嫩时可作蔬菜食用。全草药用，具有解痉止痛、止咳平喘等功效，外用治疗疔疮。

植株

花序

44. 山野豌豆 

Vicia amoena Fisch. ex DC.

【特征】多年生草本。偶数羽状复叶，具 4 ～ 6(7) 对小叶，叶轴末端具分歧的卷须；托叶半箭头形或半边的戟形，通常具大锯齿；小叶椭圆形、椭圆形状披针形至长圆形，先端具小刺尖，全缘。总状花序腋生，具 10 ～ 20 朵花；花红紫色、蓝紫色或蓝色；萼短筒形，上萼齿较短，三角形，下萼齿较长，锥形或披针状锥形；旗瓣倒卵形，顶端微凹，翼瓣与旗瓣近等长而比龙骨瓣稍长，龙骨瓣的顶端渐狭，略呈三角形。荚果长圆状菱形，具 2 ～ 4(6) 粒种子。

【生境】生于山坡、灌丛、林缘、稍湿至干燥的草地等处。

【分布】辽宁阜新、凌源、北镇等地。

【经济价值】为优良牧草。嫩苗可食。民间药用，有祛湿、清热解毒之效。

植株

茎叶

花序

果实

科 35 酢浆草科

Oxalidaceae

酢浆草属 *Oxalis*

酢浆草

Oxalis corniculata L.

植株

【特征】多年生草本，全株疏生白伏毛。茎伏卧或斜生，多分枝，通常带淡红紫色。叶互生，具 3 小叶；叶柄淡红紫色，基部具关节；托叶小，长圆形或卵圆形，通常具睫毛；小叶近无柄，广倒心形，基部广楔形，先端凹陷，背面脉上毛较密，边缘具贴伏的缘毛。花梗淡红紫色，顶部具 2 枚披针形膜质小苞，顶生 1 或 2 ～ 5 朵花，花具小梗；萼片披针形或长圆状披针形，背部及边缘有毛，果期宿存；花瓣黄色，长圆状倒卵形，长 6 ～ 8mm；雄蕊 10，花丝基部连合；子房长圆形，花柱 5，细长。蒴果近圆柱形，略呈 5 棱面，先端尖，种子多数。种子长圆状卵形，扁平，先端尖，成熟时红棕色或褐色。花果期 6 ～ 9 月。

【生境】生于山坡路旁、河岸或荒地、林下。

【分布】辽宁北镇、抚顺、沈阳、大连、丹东、鞍山、本溪等市（县）。

【经济价值】全草入药，解热利尿、消肿散淤。牛羊食其过多可中毒致死。鲜草捣烂加等量水，可防治蚜虫、螟等虫害。

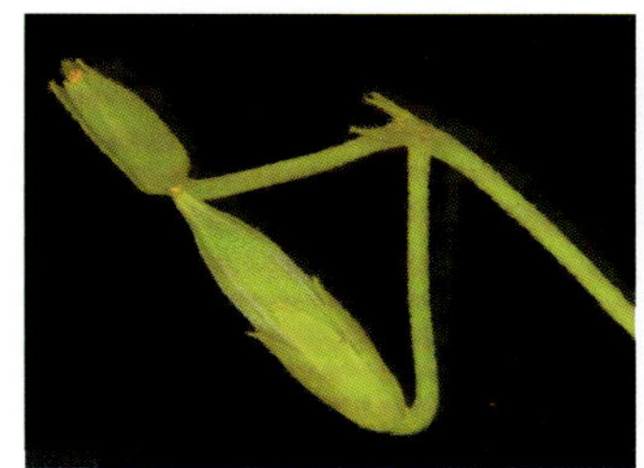

果实

花

种子

科 36 牻牛儿苗科

Geraniaceae

牻牛儿苗属 *Erodium*

1. 牻牛儿苗

Erodium stephanianum Willd.

植株

【特征】一年或两年生草本。茎平铺地面或斜升，多分枝，有节，具开展长柔毛或近无毛。托叶线状披针形，边缘膜质，微具缘毛；叶对生，叶片卵形或椭圆状三角形，二回羽状深裂，羽片 4 ～ 7 对，基部下延至叶轴，小羽片线状，全缘或具 1 ～ 3 个粗齿，两面具柔毛。伞形花序腋生，花序梗上通常有 2 ～ 5 朵花，花梗具开展长柔毛或近无毛；萼片近椭圆形，具多数脉及长硬毛，顶端钝，具长芒，芒长 2 ～ 3mm；花瓣淡紫蓝色，倒卵形，基部具长白毛，顶端钝圆，长约 7mm；花丝较短，子房被银色长硬毛。蒴果顶端有长喙，长约 4cm，成熟时 5 果瓣与中轴分离。

【生境】生于山坡、河岸沙地或草地。

【分布】辽宁凌源、沈阳、建平、北镇、兴城、阜新、大连等市（县）。

【经济价值】全草药用，有祛风湿通经络、止泻痢之功效。

茎

根

花

果

老鹳草属 *Geranium*

2. 草地老鹳草

Geranium pratense L.

植株

花序

【特征】多年生草本。茎高 50 ~ 60cm，常单一。托叶披针形，渐尖，淡棕色；基生叶具长柄，柄长约 20cm，茎生叶柄较短，顶生叶无柄；叶片肾圆形，通常掌状 7 深裂几达基部，宽 6 ~ 10cm，裂片菱状卵形，具羽状缺刻或大的牙齿，顶部叶 3 深裂。聚伞花序生于小枝顶端，生 2 花，花柄长 1 ~ 2cm，果期弯曲，具短柔毛及开展腺毛；萼片狭卵形，具 3 脉，密被短毛及开展腺毛，长约 8mm，具短芒；花瓣蓝紫色，倒卵形，比萼片长；花丝基部扩大部分具长毛，花柱长 7mm，柱头分枝长 2mm。蒴果具短柔毛并混有开展腺毛，长约 2cm。

【生境】生于山地草甸和亚高山草甸。

【分布】辽宁彰武县。

【经济价值】具一定观赏价值。

3. 鼠掌老鹳草

Geranium sibiricum L.

植株

【特征】多年生草本。茎常单一，细长，伏卧或上部斜向上。托叶披针形，褐色；基生叶及茎下部叶有长柄，茎上部叶具短柄，叶肾状五角形，长 3 ~ 6cm，宽 4 ~ 8cm，掌状 5 深裂，裂片倒卵形或狭披针形，边缘羽状分裂或具齿状深缺刻；茎上部叶 3 深裂，沿脉毛较密。花单生于叶腋，花径 1 ~ 1.5cm，花梗近中部具 2 披针形苞片，果期向侧方弯曲；萼片卵状椭圆形，具 3 脉，边缘膜质；花瓣淡蔷薇色或近白色，长与萼片近相等，倒卵形；花柱极短或不明显，花柱分枝长约 1mm。蒴果长 1.5 ～ 1.8cm，成熟时向上裂开。种子具细网状隆起。花果期 7 ～ 10 月。

【生境】生于杂草地、住宅附近、河岸、林缘。

【分布】辽宁宽甸、桓仁、朝阳、葫芦岛、北镇、西丰、抚顺、沈阳、鞍山、普兰店等市（县）。

【经济价值】可作饲草，适口性良好。全草入药，有祛风湿、通经络、止泻痢之功效。

茎上部叶

花

花萼

未开裂果实

4. 老鹳草

Geranium wilfordii **Maxim.**

植株

【特征】多年生草本。茎直立，有时匍匐。托叶狭披针形，离生。茎下部叶柄较长，具倒生较密的短毛，叶近 5 深裂；上部叶片肾状三角形，基部心形，3 深裂，顶裂片较大，卵状菱形，上部边缘有缺刻状粗牙齿。花序腋生；花梗长 2 ～ 4cm，具 2 花，花径 0.5 ～ 1cm，花梗与花序梗近等长，果期下弯，皆具倒生较密的短毛；萼片卵形，渐尖，具芒，长 5 ～ 6mm；花瓣淡红色或近白色，稍长于萼片；花丝基部突然扩大，扩大部分具缘毛；花柱极短或不明显，花柱分枝长 1.5 ～ 2mm。蒴果长约 2cm，被短毛，成熟时向上裂开。种子黑褐色，具微细网状隆起。花果期 7 ～ 10 月。

【生境】生于林缘、灌丛或阔叶林中。

【分布】辽宁西丰、沈阳、鞍山、桓仁等市（县）。

【经济价值】入药，祛风湿、活血通络、解毒止痢。

叶

花

果实

科 37 蒺藜科

Zygophyllaceae

蒺藜属 *Tribulus*

蒺藜

Tribulus terrestris **L.**

植株

【特征】一年生草本，全株密被白色丝状毛。茎由基部分枝，平卧。偶数羽状复叶互生或对生；托叶小，披针形，边缘膜质；小叶 (3)5 ～ 8 对，对生；小叶片长圆形，长 6 ～ 17mm，宽 2 ～ 5mm，基部稍偏斜，全缘。花单生叶腋，花梗短，具丝状毛；萼片 5，卵状披针形，长约 4mm，宿存；花瓣 5，黄色，倒卵状，长约 6mm，先端凹或浅裂；雄蕊 10，生于花盘基部，5 枚较短雄蕊的花丝基部有鳞片状腺体；子房卵形，密被长硬毛，花柱短，柱头 5 裂。果梗长约 8mm，果扁球形，径约 1cm，果瓣 5，分离，每果瓣具长短棘刺各 1 对，背面有短硬毛及瘤状突起。种子 2 ～ 3。花期 6 ～ 8 月，果期 7 ～ 9 月。

【生境】生于石砾质地、砂质地、路旁、河岸、荒地、田边及田间。

【分布】辽宁凌源、喀左、建平、锦州、彰武等市（县）。

【经济价值】可作饲料。果入药，种子榨油，茎皮造纸。

根

花

果

果背面

科 38 亚麻科

Linaceae

亚麻属 *Linum*

1. 亚麻

Linum usitatissimum **L.**

植株

【特征】一年生草本，全株无毛。茎直立，仅上部分枝。叶互生，无柄；叶片线形至狭披针形，长 2 ～ 4cm，宽 2 ～ 5mm，全缘，具 3 条脉。聚伞花序，疏生；花径 1.5 ～ 2cm；花梗长 1.5 ～ 3cm，直立；萼片 5，卵形或卵状披针形，长 5 ～ 7mm，先端突尖，具 3 条脉；花瓣 5，倒卵形，长 10 ～ 15mm，蓝色或蓝紫色；雄蕊 5，花丝基部合生，退化雄蕊 5，三角形，有时只留齿状痕迹；子房 5 室，花柱 5，分离，柱头线形。蒴果球形，径约 7mm，顶端 5 瓣裂。种子长圆形，扁平。花期 7 月，果期 8 月。

【生境】生于草原或沙砾地。

【分布】辽宁省西部有栽培及逸生。

【经济价值】茎皮纤维是良好的纺织材料。种子可榨油。种子入药，补益肝肾、养血祛风。

叶背面

花侧面

花正面

果实

2. 野亚麻

Linum stelleroides Planch.

【特征】一年生草本，全株无毛。茎直立，圆柱形，光滑，基部稍木质，上部多分枝。叶互生，密集，线形或线状披针形，长 1 ～ 4cm，宽 1 ～ 4mm，全缘，具 1 ～ 3 条脉。聚伞花序，分枝多；小花梗长 5 ～ 15mm；花径约 1cm，淡紫色或紫蓝色；萼片 5，卵状椭圆形，绿色，先端尖，边缘有黑色腺点；花瓣 5，广倒卵形，长 6 ～ 7mm；雄蕊 5，与花柱近等长。蒴果近球形，径约 4mm。种子长圆形，长约 2 mm，褐色，扁平。花期 8 月，果期 8 ～ 9 月。

【生境】生于干燥的山坡、草原及向阳草地、荒地、灌丛。

【分布】辽宁建平、喀左、凌源、岫岩、海城等市（县）。

【经济价值】茎皮纤维可造纸，种子可榨油。种子入药，可治便秘、皮肤瘙痒、荨麻疹；鲜草外敷可治疗疔疮肿毒。

植株

萼片边缘有黑色腺点

花

科 39 大戟科

Euphorbiaceae

大戟属 *Euphorbia*

1. 地锦草

Euphorbia humifusa Willd. ex Schltdl.

植株

叶

果实

【特征】一年生矮小草本，全株灰绿色。茎平卧，由基部多次叉状分枝，常带红色。托叶小，羽状细裂；叶对生，长圆形或倒卵状长圆形，长 5 ～ 12mm，宽 3 ～ 7mm，基部不对称，边缘有细锯齿。杯状聚伞花序单生于小枝叶腋内；总苞倒圆锥形，浅红色，长约 1mm，檐部 4 裂，裂片膜质，长三角形，具裂齿；腺体 4，扁长圆形；雄花 5 ～ 8；雌花 1，子房具 3 纵槽，花柱 3，2 裂。蒴果三棱状球形，光滑，径约 2mm，具 3 分瓣，果瓣背部呈钝的龙骨状，分裂。种子卵形，微具 3 棱，褐色、外被白色蜡粉。花期 6 ～ 9 月，果期 7 ～ 10 月。

【生境】生于田边路旁、荒地、固定沙丘、海滩、山坡杂草地、石砾质山坡。

【分布】辽宁绥中、鞍山、沈阳等市（县）。

【经济价值】全草入药，有清热解毒、凉血止血、解毒消肿的作用。

2. 狼毒大戟 

Euphorbia fischeriana Steud.

【特征】多年生草本，全株含乳汁。根粗大，肉质。茎单一，粗壮、直立。茎基部叶呈鳞片状，披针形，无柄，覆瓦状排列；中上部叶常 3～5 轮生，无柄、卵状长圆形，全缘，中脉在背面稍凸起。总花序在茎顶排成复伞状，苞叶 4 ～ 5，轮生，卵状长圆形，上面抽出 5 ～ 6 伞梗，先端各有 3 枚长卵形苞片，上面再抽出 2 ～ 3 小伞梗，先端有 2 枚对生的三角状卵形小苞片及 1 ～ 3 个杯状聚伞花序；杯状总苞广钟状，外部及边缘被白色长柔毛，檐部 5 裂，裂片卵形，腺体 5，肾状半圆形；子房扁圆形，被白色长柔毛，花柱 3，先端 2 裂。蒴果扁球形，具 3 分瓣，径 7 ～ 8mm，熟时 3 瓣裂。种子广椭圆形，淡褐色，有光泽。花期 5 ～ 6 月，果期 6 ～ 7 月。

【生境】生于草原、干燥丘陵坡地、多石砾干山坡及阳坡稀疏林下。

【分布】辽宁建平、沈阳、凤城等市（县）。

【经济价值】有大毒。根入药，有破积杀虫、除湿止痒之功效。

植株

根

花

3. 乳浆大戟 

Euphorbia esula L.

【特征】多年生草本，全株无毛。茎直立。叶互生，无柄，叶片线状披针形或长圆状披针形，长 1 ～ 4cm，宽 2 ～ 6mm，全缘，短枝和营养枝上的叶较密而小，线形，宽 1.5 ～ 3mm，茎下部的叶通常于花后脱落。总花序顶生，苞叶 5 ～ 10 余枚，轮生于茎顶端伞梗的基部，披针形至狭卵形，比茎上部的叶短；伞梗 5 ～ 10，各伞梗顶端再 1 ～ 2（4）次分生出 2 小伞梗；苞片及小苞片对生，黄绿色，心状肾形或肾形，基部近心形、截形或圆楔形，先端钝圆或微具凸头。总苞杯状，4 裂，裂片钝，具缘毛；腺体 4，位于裂片之间，肾形；子房卵圆形，具 3 纵槽，花柱 3，于 1/2 处离生，先端各 2 浅裂。蒴果卵状球形，具 3 分瓣，径 3 ～ 3.5mm，表面稍具皱纹。种子长圆状卵形，灰色，有棕色斑点。花期 5 ～ 6 月，果期 5 ～ 7 月。

【生境】生于干燥砂质地、海边沙地、草原、干山坡及山沟。

【分布】辽宁凌源、建昌、朝阳、沈阳、本溪、彰武、丹东、大连等市（县）。

【经济价值】全草有毒。入药，利尿消肿、拔毒止痒。

植株

苞片

花序

营养枝叶正面

营养枝叶背面，示具乳浆

铁苋菜属 *Acalypha*

4. 铁苋菜

Acalypha australis L.

植株

【特征】一年生草本，全株被短毛。茎直立，多分枝，具棱。叶互生，卵状披针形、卵形或菱状卵形，长 2.5 ～ 7cm，宽 1 ～ 3cm，基部楔形，边缘有钝齿。花序腋生，有梗，具刚毛；雄花多数，细小，在花序上部排成穗状，带紫红色，苞片极小，边缘具长睫毛，蕾期萼愈合，花期 4 裂，膜质，雄蕊 8；雌花生于花序下部，通常 3 花着生于对合的叶状苞片内，苞片开展时呈三角状肾形，合时如蚌，边缘有锯齿；萼 3 裂，裂片广卵形，边缘具长睫毛；子房球形，花柱 3，羽状裂，带紫红色，通常在一苞内仅 1 果成熟。蒴果近球形，径约 3mm，表面生有粗毛，毛基部常为小瘤状，果 3 瓣裂，每瓣再 2 裂。种子卵形，光滑，灰褐色至黑褐色。花期 8 月，果期 9 月。

【生境】生于田间路旁、荒地、河岸沙砾地、山沟山坡林下，为常见的田间杂草。

【分布】辽宁凌源、葫芦岛、锦州、沈阳等市（县）。

【经济价值】以全草或地上部分入药，清热解毒、消积、止血、止痢。

根

雌花序

雄花序

叶背面

雌花放大

叶背面基部放大

种子

科 40 叶下珠科

Phyllanthaceae

叶下珠属 *Phyllanthus*

1. 蜜甘草

Phyllanthus ussuriensis Rupr. & Maxim.

【特征】一年生草本。茎基部分枝。托叶小，褐色，长约 1mm，卵状三角形，宿存。叶互生，柄长不及 1mm，叶片披针状椭圆形或长椭圆形，长 0.8 ～ 2cm，宽 2 ～ 6mm，基部近耳形或圆形，边缘反卷。花单性，雌雄同株，无花瓣，径约 1mm，腋生，通常单一，有时雄花及雌花并生于一个叶腋；雄花花梗丝状，雌花花梗上端棍状肥厚；萼片 6，雌花萼片披针形，雄花萼片呈花瓣状；腺体与萼片同数，椭圆形；雄蕊 3；雌花子房密被乳头状小突起，花柱 3，顶端 2 裂，花柱于果期宿存。蒴果球形，径约 3mm，表面有小瘤，具 3 果瓣，每瓣内有 2 粒种子；种子三棱形，褐色，长约 1mm，表面有点状微突起。花期 7 月，果期 8 ～ 9 月。

【生境】生于多石砾山坡、林缘湿地及河岸石砬子缝间。

【分布】辽宁沈阳、抚顺、庄河等地。

【经济价值】尚无记载。

植株

果枝

雄花

雌花

白饭树属 *Flueggea*

2. 一叶萩

Flueggea suffruticosa (Pall.) Baill.

植株

【特征】灌木。细枝丛生，小枝具棱，老枝灰褐色。叶互生，叶柄长3～6mm；叶片椭圆形、长圆形或倒卵状椭圆形，长3～6cm，宽1.5～3cm，基部楔形，边缘稍有波状齿或全缘。雌雄异株，花小，淡黄色；雄花数朵簇生于叶腋，有短梗，萼片卵形或倒卵状椭圆形，背凸内凹，花丝比萼片长，花盘腺体5，分离，2裂，与萼片互生，退化子房小，圆柱状，2裂；雌花单生或2～3簇生，花梗长1cm；萼片广卵形，覆瓦状排列；子房球形，柱头3，向上膨大，自中部2裂。蒴果三棱状扁球形，径3～4mm，果实开裂后果轴及萼片宿存；种子半圆形，褐色，具3棱。花期6～7月，果期8～9月。

【生境】生于干山坡灌丛中及山坡向阳处。

【分布】辽宁凌源、建平、葫芦岛、义县、彰武等市（县）。

【经济价值】园林绿化优良植物。茎皮纤维供纺织。花、叶药用，祛风活血、益肾强筋。

雄花

果实

雌花

科 41 芸香科

Rutaceae

花椒属 *Zanthoxylum*

1. 野花椒

Zanthoxylum simulans Hance

植株

果序

【特征】灌木。树皮灰褐色；枝通常有皮刺及白色皮孔，皮刺基部甚扁而加宽达 2cm。奇数羽状复叶互生，小叶通常 5～9，顶生小叶常具柄，叶轴腹面两侧边缘有狭小的翼，叶轴背面散生长短不等的皮刺；小叶卵圆形，边缘具锯齿，两面及齿缝处均有透明腺点，叶背面中脉凸出，通常沿中脉散生刚毛状的小针刺。聚伞状圆锥花序顶生；花单性，花被片 5～8，排成 1 轮，青色，长三角形；雄花雄蕊 5～7，花丝较花被短，退化子房先端 2 叉裂，花盘环形而增大；雌花成熟心皮通常 1～2，极少 3 数，红色至紫红色。果瓣基部有突然狭窄的短柄，果瓣表面有粗大半透明的腺点。种子卵圆形，长约 4mm，黑色有光泽。花期 5～6 月，果期 9 月。

【生境】生于矮丛林中及灌木林中，山坡阳地、路旁有栽植。

【分布】辽宁凌源、盖州、庄河等地。

【经济价值】果、根、叶药用，散寒健胃、止吐泻、利尿。可提取芳香油和脂肪油。叶和果实可作调味料。

成熟果实

2. 青花椒

Zanthoxylum schinifolium Siebold & Zucc.

【特征】灌木。树皮暗灰色，多皮刺；小枝平滑，暗紫色，节部有刺，长约 1.2cm。奇数羽状复叶，叶轴具狭翼，背面具稀疏而略向上的小皮刺；小叶 13 ～ 21，互生，为歪斜的披针形或不对称的卵形，基部近楔形，常偏斜，边缘为波状细锯齿，齿缝有腺点，基部两侧边缘常反卷，叶背面疏生腺点。伞房状圆锥花序，顶生，苞片早落，花序长 3 ～ 8cm，花小而多，青色；雌雄异株，萼片 5，广卵形；花瓣 5，长圆形或长卵形，长约 1.5mm ；雄花雄蕊 5，花期伸出花瓣外；雌花心皮 3，柱头头状。蓇葖果，带绿色或褐色，被腺点，顶端有极短的喙。种子卵球形，蓝黑色，直径约 4mm，有光泽。花期 7 ～ 8 月，果期 9 ～ 10 月。

【生境】干燥及湿润地均能生长。

【分布】辽宁绥中、凤城、大连等市（县）。

【经济价值】干燥成熟果皮入药。温中散寒、驱虫止痒。

植株

雄花

花序

科 42 苦木科

Simaroubaceae

臭椿属 *Ailanthus*

臭椿

Ailanthus altissima **(Mill.) Swingle**

植株

【特征】落叶乔木。树皮灰色至灰黑色、浅裂或不裂。奇数羽状复叶互生，小叶 13 ～ 25；小叶片披针形或卵状披针形，基部常偏斜，先端长渐尖，边缘微波状，近基部有 1 ～ 3（4）粗齿，齿端背面有腺体，揉搓后有臭味。单性异株或杂性，圆锥花序顶生，长 10 ～ 20（40）cm，花小，多数，白色带绿；雄花萼片 5，卵形，长约 1mm，具缘毛，花瓣 5，长圆形，下部边缘及里面密被白绒毛，雄花及两性花雄蕊 10；雌花及两性花子房为 5 心皮组成，花柱合生，柱头 5 裂。翅果长圆状椭圆形或纺锤形，长 3 ～ 5cm，宽 8 ～ 12mm，中间有一卵圆形种子，直径约 7mm。花期 6 月，果期 9 ～ 10 月。

【生境】生于山间路旁或村边，常栽培。

【分布】辽宁凌源、建昌、鞍山等市（县）。

【经济价值】造林先锋树种，也是良好的园林绿化树种。木材是建筑和制作家具的优良用材。根皮、果实均可入药，有清热利湿、收敛止痢功效。

花序

果序

雄花

两性花

叶背面腺体

科 43 远志科

Polygalaceae

远志属 *Polygala*

1. 远志

Polygala tenuifolia **Willd.**

植株

【特征】多年生草本。茎直立或斜生。叶互生，近无柄，线形至线状披针形，长 1 ～ 3cm，宽 1.5 ～ 3mm，全缘。总状花序顶生，常偏向一侧，长 2 ～ 14cm；花较稀疏，花梗稍下垂；苞片 3，极细小，易脱落；萼片 5，宿存，外萼片 3，线状披针形，长约 2mm，内萼片 2，花瓣状，长圆形，长 5mm，宽 2mm，背面有宽绿条纹，边缘带紫堇色；花瓣 3，淡蓝色至蓝紫色，长 6mm，侧瓣倒卵形，长约 4mm，内侧基部稍有毛，中间龙骨状花瓣比侧瓣长，背部具流苏状附属物；雄蕊 8，花丝合生成鞘状，仅上部 1mm 处离生；子房扁圆，2 室，花柱细长。蒴果扁平，近圆形，顶端凹缺，径约 4mm。种子 2，扁长圆形，长约 2mm，花果期 6 ～ 9 月。

【生境】生于草原、多石砾山坡草地和路旁、灌丛及杂木林中。

【分布】辽宁凌源、建平、义县、彰武、葫芦岛、北镇、昌图、西丰、本溪、沈阳、营口、普兰店等地。

【经济价值】根入药，安神镇惊、清热化痰、补心肾。

根

叶

花序

花

2. 西伯利亚远志

Polygala sibirica L.

植株

【特征】多年生草本，微被柔毛。根木质。茎丛生，通常直立。叶互生，无柄或近无柄，茎下部叶常为卵形或长圆形，茎中上部叶卵状披针形、披针形或线状披针形，长1～2cm，宽3～6mm。总状花序腋生，长2～7cm；花稀疏，淡蓝色或淡蓝紫色，生于花序一侧；花梗长3～6mm，苞片细小，绿色，易脱落；萼片5，宿存，外萼片披针形，内萼片2，花瓣状，淡绿色，边缘色浅；花瓣3，中央者龙骨状，背面顶部具有撕裂成条的鸡冠状附属物，比侧瓣长，侧瓣2；雄蕊8，花丝下部合生成鞘状，上部1/3处离生；子房扁，倒心形，2室，花柱细长。蒴果扁平，近倒心形，长约6mm，顶端凹，周围具狭翼且疏生短睫毛。种子2，长圆形，扁，长约1.5mm，密被白绢毛。花果期5～9月。

【生境】生于沙质土、石砾和石灰岩山地灌丛、林缘或草地。

【分布】辽宁凌源、绥中、义县、北镇、大连等地。

【经济价值】全草入药，药效与远志相似。

枝叶背面

果实

种子（未成熟）

科 44 无患子科

Sapindaceae

槭属 *Acer*

茶条槭

Acer tataricum subsp. *ginnala* (Maxim.) Wesmael

植株及果实

【特征】落叶灌木或小乔木。树皮灰褐色，平滑或粗糙，浅纵裂。单叶对生，叶片有光泽，卵形或长卵形，长尖头，有时 3 浅裂，基部两侧裂片较小，边缘具不规则的缺刻状重锯齿，背面网脉显著隆起。伞房花序，顶生，花多而密，黄白色，杂性同株；花轴与花梗稍具毛，萼片 5，长圆形，长约 3mm；花瓣 5，倒披针形，长 3～4mm；雄蕊 8；子房密被长柔毛，花柱无毛，柱头 2 裂。翅果深褐色，长 2.5cm；小坚果扁平，长圆形，翅微展开成锐角或两翅相重叠。花期 5～6 月，果期 9 月。

【生境】生于山坡、路旁，多呈灌木丛状，喜生向阳地。

【分布】辽宁西丰、抚顺、营口等市（县）。

【经济价值】优良的园林绿化植物。木材供制薪炭用及制作小农具。树皮纤维可代麻及做纸浆、人造棉等原料。花为良好蜜源，种子可榨油。嫩叶可制成茶叶。

花序

雄花　两性花

科 45 凤仙花科

Balsaminaceae

凤仙花属 *Impatiens*

水金凤

Impatiens noli-tangere L.

植株

【特征】一年生草本，全株无毛。茎直立，分枝，节部有时紫色。叶质薄而软，互生，下部叶柄长 2 ～ 4cm，上部近无柄；叶片卵形或长椭圆形，长 3 ～ 10cm，宽 1.5 ～ 5cm，基部圆形或楔形，先端钝尖，边缘具粗钝锯齿。总状花序腋生，具 2 ～ 4 朵花，花大；花梗下垂，长 2.5 ～ 3cm，中部具披针形小苞片；萼片 3，淡绿色，先端尖，中部萼片花瓣状，宽漏斗形，具细而内弯的距，长 1 ～ 1.4cm，有时具红紫色斑点；花瓣 5，黄色，旗瓣圆形，长约 6mm，背面中肋具龙骨状突起，翼瓣宽大，2 裂，有时具红紫色斑点。蒴果狭长圆形。种子 2 ～ 6，深褐色，椭圆形，长 2.3 ～ 3mm。花期 6 ～ 9 月，果期 7 ～ 10 月。

【生境】生于山沟溪流旁、林中及林缘湿地、路旁等处。

【分布】辽宁葫芦岛、岫岩、清原、本溪、普兰店等地。

【经济价值】全草药用，有理气和血、舒筋活络功效；外用治外伤、痔疮等。

茎

花

叶

科 46 鼠李科

Rhamnaceae

鼠李属 *Rhamnus*

1. 锐齿鼠李

Rhamnus arguta **Maxim.**

【特征】灌木。树皮灰紫褐色，枝对生或近对生，具短枝；小枝赤褐色或微带紫色，光滑，有光泽，枝端有利刺或具顶芽。叶对生或近对生，短枝上叶簇生；叶柄长 1.5～2.5（4）cm，带赤色；叶片卵形至卵圆形，稀近圆形或椭圆形，边缘深锐细锯齿，齿端常呈刺芒状，侧脉 4～5 对，带赤色。单性异株，花黄白色，4 数，腋生，在短枝上呈簇生状；萼筒钟状；雌花子房球形，柱头 3～4 裂，雌花花梗通常为雄花花梗的 1.5～2 倍。核果近球形，熟时紫黑色，径 0.5～0.8cm，内具（2）3～4 核；果梗长 1～1.8（2）cm。种子倒广卵形，淡黄褐色，种沟开口长为种子的 1/5。花期 4 月中下旬至 5 月下旬，果期 6 月中旬至 9 月下旬。

植株

叶

枝、枝刺与成熟果实

【生境】多生于气候干燥、土质瘠薄的山脊、山坡处。

【分布】辽宁建平、建昌、北票、锦州、沈阳等市（县）。

【经济价值】适宜用作防护性树种。木材坚硬致密。树皮、果实药用或作染料；种子富含油分，可榨取供制皂、油墨及润滑油用。

2. 小叶鼠李

Rhamnus parvifolia Bunge

植株

【特征】落叶灌木。树皮灰色或暗灰色；枝对生或近对生，具短枝；成长枝褐色或紫褐色，具光泽，无顶芽，先端常具利刺。叶柄长1cm以内，叶对生，稀互生，在短枝上呈簇生状；叶片较厚，倒卵形或菱状卵形，长（1）1.5～2.5（3）cm，宽0.5～1.5（2）cm，基部楔形，先端短渐尖或急尖头，边缘具细锯齿，背面脉腋常具凹穴，内具须毛，侧脉2～3（4）对。花单性异株，黄绿色，4数，常数花簇生于短枝端，花梗长0.6cm左右，雌花柱头 2裂。核果倒卵状球形，直径4～5mm，成熟时黑色，具2分核，基部有宿存的萼筒；种子矩圆状倒卵圆形，褐色，背侧有长为种子4/5的纵沟。花期4月下旬～5月中旬，果期6月下旬～9月。

【生境】性喜光耐旱，常生于石质山地的阳坡或山脊。

【分布】辽宁建昌、兴城、沈阳、朝阳、锦州等市（县）。

【经济价值】该种耐旱性强，可作干旱区等防护性树种。树皮、果实可供药用；种子榨油，作工业用油。

叶与枝端的刺

未成熟果实

成熟果实

枣属 *Ziziphus*

3. 酸枣

***Ziziphus jujuba* var. *spinosa* (Bunge) Hu ex H. F. Chow.**

植株

【特征】落叶灌木或小乔木。小枝呈“之”字形弯曲，紫褐色。托叶刺有两种：一种直伸，长达 3cm；另一种常弯曲。叶互生，叶片椭圆形至卵状披针形，长 1.5～3.5cm，宽 0.6～1.2cm，边缘有细锯齿，基部 3 出脉。花黄绿色，2～3 朵簇生于叶腋。核果小，近球形或短矩圆形，熟时红褐色，长 0.7～1.2cm；果肉薄；核卵球形或近球形，基部圆形，先端钝头。花期 6～7 月，果期 8～9 月。

【生境】生于干燥向阳坡地、岗峦或平地。

【分布】辽宁朝阳、建昌等市（县）。

【经济价值】可作干旱区护土固坡植物，也是重要蜜源植物。果实可食。种仁药用，治失眠、神经衰弱等症。

小枝与刺

叶背面

花

果实

科 47 葡萄科

Vitaceae

蛇葡萄属 *Ampelopsis*

1. 葎叶蛇葡萄

Ampelopsis humulifolia **Bunge**

植株

【特征】木质藤本，髓白色。幼枝具棱。卷须与叶对生而二歧。叶互生，具长柄，叶片质厚，广卵形，长宽近相等，基部心形或近截形，3～5 中裂或近深裂，裂隙具圆弯缺，裂片顶端稍尖锐，边缘具锐利的粗齿，表面有光泽，背面苍白色。聚伞花序与叶对生，较疏散，总花梗较细且长于叶柄，花小形，黄绿色，萼片不明显，花瓣 5，呈镊合状排列；雄蕊 5，与花瓣对生；子房 2 室，着生于杯状花盘上，花柱细，柱头单一。浆果球形，直径 6～8mm，淡黄色。种子 2～4，种皮坚硬。花期 6～7 月，果期 8～9 月。

【生境】山沟地边、灌丛林缘或林中。

【分布】辽宁凌源、建平、建昌、绥中、北镇、大连、鞍山、本溪、阜新、开原、营口等市（县）。

【经济价值】可用于园林绿化。

叶背面

茎

花序

果实

2. 东北蛇葡萄

Ampelopsis glandulosa var. *brevipedunculata* (Maxim.) Momiy.

植株

花序

果实

【特征】藤本。茎具长节，小枝淡黄色，具细棱线，幼时具淡褐色毛。卷须与叶对生而二歧。叶互生，具长柄，密生绒毛；叶片广卵形，3浅裂，稀5浅裂，长宽近相等，长6～12cm，基部心形，顶端渐尖，边缘具粗牙齿，背面淡绿色。二歧聚伞花序与叶对生，花细小，黄绿色；萼片 5，稍分裂，花瓣5，长圆形；雄蕊5，与花瓣对生；花盘杯状；子房2室。果实为浆果，球形，直径6～8mm，成熟时鲜蓝色，果梗上有毛。种子2，种皮坚硬。花果期6～8月。

【生境】生于干山坡及林下。

【分布】辽宁岫岩、葫芦岛、建平、北镇、抚顺、庄河、西丰等市（县）。

【经济价值】根和茎入药，清热解毒、消肿祛湿；果实可酿酒。

3. 白蔹

Ampelopsis japonica (Thunb.) Makino

植株

【特征】藤本。具纺锤形块根。幼枝具细条纹，带淡紫色。卷须与叶对生。叶互生，掌状复叶，具3～5小叶，小叶一部分羽状分裂，一部分羽状缺刻，中央小叶长4～10cm，侧生小叶较小，常不分裂，叶轴及小叶柄上有狭翅，羽状裂片与总叶轴相连处具关节，小叶椭圆状卵形或卵形，边缘疏生粗齿牙，背面色淡，稍带蓝色。聚伞花序与叶对生，具长梗，常缠绕；花小，黄绿色，花萼5浅裂；花瓣5；雌蕊1，花盘1。果为浆果，球形，直径约6mm，蓝色或蓝紫色，散生暗色小斑。种子1～2。花期6～7月，果期8～9月。

【生境】山坡地边、灌丛或草地。

叶背面

未成熟果实

【分布】辽宁凌源、昌图、普兰店、沈阳等地。

【经济价值】全草及块根入药，清热解毒、消肿止痛。外用可治烫伤、冻伤。

葡萄属 *Vitis*

4. 山葡萄

Vitis amurensis Rupr.

【特征】藤本。枝条粗大，幼枝有不明显的棱线，二歧卷须与叶对生。叶互生，叶柄长达 15cm，柄上有毛；叶片广卵形，顶端尖锐，基部广心形，两侧分开，弯缺宽广，叶不分裂或 3～5 裂，边缘有粗齿，齿上有尖头，背面沿脉有柔毛。圆锥花序与叶对生，雌雄异株，花小，多数，黄绿色，雌花序圆锥状而分歧，花瓣 5，顶部愈合，下部分离，具 5 退化雄蕊，子房短；雄花序形状不等，雄蕊 5，雌蕊退化。浆果球形，黑色或黑蓝色，果小，直径约 8mm。种子 2～3 粒，呈卵圆形，稍带红色。花期 5～6 月，果期 8～9 月。

【生境】生于山地林缘地带。

【分布】辽宁彰武、凌源、义县、岫岩等市（县）。

【经济价值】植株可作培育葡萄的砧木。果可食用及酿酒。种子可榨油或药用，具有清热利尿功效。根和藤有祛风止痛功效。叶可提取酒石酸。

植株

果实

科 48 锦葵科

Malvaceae

苘麻属 *Abutilon*

1. 苘麻

Abutilon theophrasti **Medikus**

植株

【特征】一年生草本。茎直立，单一或上部分枝，上部密生星状毛。叶密被星状短绒毛，具长柄，叶片圆形，长 8 ～ 20cm，基部深心形，顶端长渐尖，边缘具浅圆齿。花单生叶腋，花梗长 1 ～ 3cm；萼杯状，5 裂，裂片广椭圆形或椭圆形，密被星状柔毛，无小苞片；花冠长约 1.5cm，比萼长约 1 倍，花瓣 5，黄色，倒卵形，顶端微缺；雄蕊筒短；心皮 15 ～ 20，排列成轮状，密被星状软毛及粗毛，顶端变狭为芒尖。果实半球形，分果 15～20，成熟后变褐色，有粗毛，顶端有 2 长芒，芒向外弯曲。种子肾形，暗褐色。

【生境】常见于路边、田野、河岸等地。

【分布】辽宁各地。

【经济价值】茎皮纤维作编织麻袋、绳索等。种子幼嫩时可生食，成熟后可榨油，供制肥皂和油漆用。全草入药，解毒、祛风。

根

茎具毛

花

果实

木槿属 *Hibiscus*

2. 野西瓜苗 

Hibiscus trionum **L.**

植株

【特征】一年生草本。茎直立。叶柄具密硬毛；近茎基部叶片近圆形，边缘齿裂或稍浅裂，茎中部叶片和上部叶片掌状3全裂，中裂片较大，顶端钝，基部楔形，侧裂片歪卵形，边缘具羽状缺刻，最下部的具1枚较大的裂片，几乎裂至基部，两面疏生2～3叉状硬毛。花单生于叶腋；花梗长2～5cm，小苞片多数，线形，边缘具粗硬毛；萼片5裂，绿色，裂片三角形，具紫色纵脉，被粗硬单毛或叉状毛，花萼下有小苞片；花冠径3～4cm，花瓣白色，基部紫色；雄蕊多数，基部合生成短筒。花萼宿存，蒴果短于萼，近球形，具长毛。种子黑褐色，粗糙，无毛。花果期7～10月。

【生境】生于草地、山坡、河边、路旁等处，是常见的田间杂草。

【分布】辽宁各地。

【经济价值】根或全草入药，具有清热解毒。祛风除湿、止咳、利尿之功效，外用治疗烧伤、烫伤、疮毒等症。种子有润肺止咳、补肾之功效。

茎

花

宿存花萼

果实

锦葵属 *Malva*

3. 野葵

Malva verticillata **L.**

【特征】一年生草本。茎单一或数个，无毛或上部被稀疏星状毛。托叶广披针形，被星状毛；茎下部叶及中部叶柄比叶片长2～3倍，茎上部叶柄与叶片等长或稍长，叶柄上部具沟槽，沟槽内密被毛；叶片近圆形，基部深心形，上部 5 ～ 7 裂，茎上部叶裂片较明显，边缘具圆齿，背面疏被星状柔毛、单毛或二叉状毛。花多数，近无梗，簇生于叶腋；小苞片 3，线状披针形，边缘有毛；萼片 5 裂，裂片卵状三角形，锐尖，具明显突起脉；花瓣比萼片长 0.5 ～ 1 倍，淡紫色或淡红色，倒卵形，顶端微凹；雄蕊筒上部被倒生毛。果实略呈圆盘状，顶端微凹。分果 10 ～ 12 个。种子暗褐色。花果期 5 ～ 11 月。

【生境】生于杂草地、山坡、庭院和住宅附近。

【分布】辽宁建平、凌源、彰武等市（县）。

【经济价值】嫩叶食用。老叶可晒干磨碎掺入面粉蒸食。可作饲草，牲畜喜食。

植株

根

花簇生

科 49 瑞香科

Thymelaeaceae

草瑞香属 *Diarthron*

1. 草瑞香

***Diarthron linifolium* Turcz.**

植株

【特征】一年生草本。茎直立，细弱，具多数细分枝。单叶互生，较稀疏，有短柄或近无柄；叶片线形至线状披针形，长8～2.0mm，宽1.5～2mm，全缘。顶生总状花序，花小，花梗极短；花萼筒瓶状，长4～5mm，下部绿色，上部暗红色，顶端4裂，裂片卵状椭圆形；雄蕊4，花丝极短，着生于花萼筒内侧的中上部；子房长卵形，1室，花柱细长，柱头略膨大，具毛。小坚果卵形，黑色，有光泽，长约2mm，宽约1mm，为残存的萼筒下部包围着。花期5～7月，果期6～8月。

【生境】生于固定沙丘及山谷间石砾滩地和山坡草地、灌丛间、林缘或柞林内。

【分布】辽宁彰武、建平、建昌、凌源、长海、瓦房店、本溪、凤城、鞍山等市（县）。

【经济价值】尚无记载。

叶正面

叶背面

茎

花序

狼毒属 *Stellera*

2. 狼毒

Stellera chamaejasme L.

狼毒占优势的群落

【特征】多年生草本。根粗大，木质，棕褐色。茎丛生，直立。单叶互生，有短柄或近无柄，叶长圆状披针形或线状披针形，长 1 ～ 2.4cm，宽（2）3 ～ 4（7）mm。花紫红色，花被管内面为白色，花后期色淡，具明显脉纹，上端 5 裂，裂片近椭圆形；雄蕊数为裂片数的 2 倍，花丝极短，2 轮，着生在花筒内面之中上部；子房卵圆形，1 室，长约 2mm，顶端被淡黄色毛，花柱极短，近头状。小坚果 1，长梨形，褐色，为花被管基部所包。花期 6 ～ 7 月，果期 7 ～ 9 月。

【生境】生于草原及多石干山坡。

【分布】辽宁建平、彰武等地。

【经济价值】根药用，外敷可治疥癣。毒性较大，可以杀虫。

植株

花序

叶背面

根

科 50 胡颓子科

Elaeagnaceae

沙棘属 *Hippophae*

沙棘

Hippophae rhamnoides L.

【特征】灌木或乔木。枝灰色，通常具粗壮棘刺，幼枝具褐锈色鳞片。叶互生或近对生，线形至线状披针形，长 3 ～ 6cm，宽 0.4 ～ 1.2cm，表面具银白色鳞片后渐脱落呈绿色，背面密被淡白色鳞片；叶柄极短。花先于叶开放，淡黄色，花小；花萼 2 裂；雄花雄蕊 4；雌花比雄花后开放，具短梗；花萼筒囊状，顶端微 2 裂。果实核果状，橙黄色或橘红色，近球形，径 5 ～ 10mm。种子卵形，种皮坚硬，黑褐色，有光泽。花期 5 月，果熟期 9 ～ 10 月。

【生境】生于干山坡及沟谷地，适合干旱地区种植。

【分布】辽宁建平县等地。

【经济价值】药食同源植物，果实含有酸及丰富的维生素，可酿酒或做其他饮料。

植株

枝叶、果实与枝刺

科 51 堇菜科

Violaceae

堇菜属 *Viola*

1. 鸡腿堇菜

Viola acuminata Ledeb.

植株

【特征】多年生草本。地上茎通常 2 ～ 6 丛生。托叶大，长 1 ～ 2（3）cm，常羽状深裂，裂片细而长，基部与叶柄合生，表面及边缘生细毛。上部叶的叶柄较短，下部者较长，叶片广卵状心形或近广卵形、卵形或心形，边缘具钝齿。花梗纤细，苞生于花梗的中上部或中部，萼片线状披针形，基部附属物短；花瓣白色、近白色或带淡紫色，侧瓣里面有须毛，下瓣连距长（10）11 ～ 16mm，距较粗短，通常直，花柱自基部向上渐粗，顶部稍弯呈短钩状，顶面和侧面稍有乳头状突起，柱头孔较大。蒴果长 7 ～ 12mm，无毛。花果期 5 ～ 9 月。

【生境】生于阔叶林下、林缘、灌丛、山坡及河谷较湿草地等处。

【分布】辽宁义县、朝阳、建昌、沈阳等市（县）。

【经济价值】全草供药用，主治肺热咳嗽、跌打损伤、疮疖肿毒。

叶

托叶

花

2. 北京堇菜 

Viola pekinensis(Regel)W. Becker

植株

【特征】多年生草本，无地上茎。根状茎发达，垂直或稍倾斜，长 2 ～ 6cm 或更长，粗 2 ～ 6mm；根细长，根及根茎白色或淡褐色。托叶中下部以至中上部与叶柄合生，边缘疏生纤毛，基生叶具细长柄，花期叶柄比叶片长，上端稍有翼或近无翼；叶片椭圆状卵形或广卵形，花期长 1.1 ～ 2.2cm，宽 1 ～ 2cm，基部为较平的浅心形，先端稍渐尖或钝，边缘具圆齿。苞生于花梗的中部附近，狭披针状至线状锥形或线形，边缘为稀疏的流苏状或全缘，萼片披针形或卵状披针形，基部附属物长 1.2 ～ 2.2mm，末端不规则齿裂或尖裂；花瓣堇色，侧瓣里面有疏或密的须毛，下瓣连距长 14 ～ 19mm，柱头前方具明显的喙。花期 4 ～ 5 月，果期 5 ～ 7 月。

【生境】生于山麓及山坡草地。

【分布】辽宁建平、凌源、建昌等市（县）。

【经济价值】早春观赏植物。

根状茎

花期植株

花侧面，示苞片

3. 早开堇菜

Viola prionantha Bunge

【特征】多年生草本，无地上茎，叶通常多数。托叶淡绿色至苍白色，1/2 ～ 2/3 与叶柄合生，上端分离部分呈线状披针形或披针形，边缘疏具细齿。叶柄长 1 ～ 5cm，有翼，果期长达 10（14）cm，被细毛；叶片长圆状卵形或卵形，长 1 ～ 4cm，宽 0.7 ～ 2cm，边缘具钝锯齿，果期叶较大，长达 8cm，宽达 4cm，卵状三角形或长三角形。花梗花期超出叶，果期常比叶短；苞生于花梗中部附近；萼片披针形至卵状披针形，具膜质狭边，先端锐尖或渐尖，基部附属物短，末端具整齐的牙齿或全缘。花瓣紫堇色、淡紫色或淡蓝色，上瓣倒卵形，侧瓣长圆状倒卵形，下瓣中下部为白色并具紫色脉纹，瓣片连距长（11）13 ～ 20（23）mm，距长 4 ～ 9mm，末端较粗，微向下弯；子房无毛，花柱棍棒状。蒴果椭圆形至长圆形。花果期 4 月中旬至 9 月。

【生境】生于向阳草地、山坡、荒地、路旁、沟边等处，亦见于林缘或疏林下。

【分布】辽宁绥中、建昌、建平、凌源、彰武、沈阳、抚顺、开原、本溪、凤城、盖州、大连等市（县）。

【经济价值】早春观赏植物。全草供药用，有清热解毒、除脓消炎作用。嫩茎叶可作野菜食用。

花

植株

4. 球果堇菜

Viola collina Besser

【特征】多年生草本，无地上茎。托叶披针形，先端尖，基部与叶柄合生，边缘具稀疏的细齿；基生叶多数，叶柄具狭翼，有毛，花期长 1.5 ～ 4cm，果期长 4 ～ 20cm；

植株

果

叶片近圆形或广卵形，基部心形或浅心形，先端锐尖或钝，边缘具钝齿，两面密生白色短柔毛，果期叶大，长达 7.5（9.5）cm，宽达 6cm。花梗细，苞生于花梗中部或中上部；萼片长圆状披针形或狭长圆形，先端圆或钝，有毛，基部具短而钝的附属物；花瓣淡紫色或近白色，下瓣连距长 1.2 ～ 1.4cm，距长 4 ～ 5mm，直或稍向上弯，末端钝；子房通常有毛，花柱基部微向前膝曲，向上渐粗，顶部下弯呈钩状。蒴果球形，密被白色长柔毛，果梗通常向下弯曲，使果实与地面接触。花果期 4 月下旬到 8 月。

【生境】生于腐殖土层厚或较阴湿的草地上。

【分布】辽宁本溪、凤城、庄河、营口、沈阳等地。

【经济价值】全草民间供药用，主治跌打损伤、疮毒等。幼苗可作野菜。

花侧面

花正面

根

5. 紫花地丁

Viola philippica Cav.

【特征】多年生草本，无地上茎。根状茎稍粗，垂直，生 1 至数条细长的根，根白色至黄褐色。托叶较长，达 2.5cm，通常 1/4 ～ 1/2 与叶柄合生，分离部分呈线状披针形或披针形，边缘具疏齿或近全缘；叶柄具狭翼，上部翼较宽；叶片舌形、长圆形、卵状长圆形或长圆状披针形，边缘具很平的圆齿，果期叶大，长达 10 余厘米，宽达 4cm，基部常呈微心形，先端钝或尖。花梗超出叶或略等于叶，苞生于花梗中部附近；萼片披针形或卵状披针形，边缘具膜质狭边，基部附属物短，末端圆形、截形或不整齐；花瓣紫堇色或紫色，通常具紫色条纹，上瓣倒卵形或长圆状倒卵形，侧瓣无须毛或稍有须毛，下瓣连距长 14 ～ 18（20）mm，距细，长 4 ～ 6mm，末端微向上弯或直；花柱棍棒状，基部膝曲。蒴果长圆形，长6.5～10(12)mm，无毛。花果期4月中旬至9月。

【生境】生于住宅附近的草地、路旁、荒地、山坡草地、林缘、灌丛、草甸草原、沙地等处。

【分布】辽宁建平、凌源、葫芦岛、庄河等市（县）。

【经济价值】全草供药用，清热解毒。嫩叶可作野菜。可作早春观赏地被植物。

植株

蒴果与种子

雌蕊与雄蕊

6. 斑叶堇菜

Viola variegata **Fischer ex Link**

【特征】多年生草本，无地上茎。根状茎短细，生 1 至数条细长的根，根白色，黄白色或淡褐色，近光滑。托叶 2/5 ～ 3/5 与叶柄合生，上端分离部分呈披针形或狭披针形；叶片圆形或广卵圆形，边缘具圆齿，表面沿叶脉有白斑形成苍白色的脉带，背面带紫红色，果期色渐褪。花梗常带紫色，超出叶或略等于叶，果梗通常比叶短；苞线形，生于花梗的中部附近；萼片常带紫色，卵状披针形或披针形，基部附属物短；花有浓香味，花瓣倒卵状，暗紫色、蓝紫色或红紫色，侧瓣里面基部常为白色并有明显的白长须毛，下瓣的中下部为白色并具堇色条纹，瓣片连距长 14 ～ 21mm，距长 5 ～ 9mm，末端稍向上或稍向下弯或直；子房球形，花柱棍棒状。蒴果椭圆形至长圆形，无毛。花果期 4 ～ 9 月。

【生境】生于草地、撂荒地、草坡及山坡的石质地、疏林地或灌丛间，亦常见于林下或阴地岩石上。

【分布】辽宁岫岩、建平、绥中、抚顺、丹东、桓仁、铁岭等市（县）。

【经济价值】可作园林观赏地被植物。药用，清热解毒、凉血止血。

植株

花

叶背面

叶正面

根与根状茎

7. 深山堇菜 

Viola selkirkii **Pursh ex Goldie**

【特征】多年生草本，无地上茎。托叶卵形、卵状广披针形或披针形，下部与叶柄合生或有时合生至中部、中上部；叶柄具狭翼；叶片近圆形或广卵状心形，基部为明显的深心形，边缘具钝齿或圆齿。花梗稍超出叶或不超出叶；苞通常生于花梗的中部；萼

托叶

叶背面

叶正面

片宽披针形或卵状披针形，基部附属物长约2mm，末端齿裂；花瓣淡紫色，侧瓣无须毛，下瓣连距长1.4～1.8(2)cm，距长(4)5～7mm，直或稍向上弯，末端钝圆；子房无毛，柱头前方具喙。蒴果卵状椭圆形，长仅5～8mm，先端钝。花果期5～9月。

【生境】多生于针阔叶混交林或阔叶林下及林缘，山坡及山沟草地也有生长。

【分布】辽宁铁岭、本溪、凤城、普兰店等地。

【经济价值】尚无记载。

植株

果实

8. 裂叶堇菜

Viola dissecta Ledeb.

【特征】多年生草本，无地上茎。托叶披针形，约2/3与叶柄合生，边缘疏具细齿；花期叶柄近无翼，长3～5cm，果期叶柄长达10cm，具狭翼；叶片掌状3～5全裂或深裂并再裂，或近羽状深裂，裂片线形，叶略呈圆形或肾状圆形，背面脉明显凸出。花梗比叶长，果期通常不超出叶，苞线形，生于花梗中部以上，萼片卵形、长圆状卵形或披针形，先端渐尖，绿色，边缘膜质，基部附属物短小，全缘或具1～2缺刻；花大，花瓣淡紫堇色或淡粉红色，具紫色条纹，通常有香气，侧瓣里面无须毛或稍有须毛，下瓣锯直或微弯，末端钝；子房无毛，花柱基部细，柱头前端具短喙，两侧具稍宽的边缘。蒴果长圆状卵形或椭圆形至长圆形。花果期4月中旬至9月。

【生境】生于干山坡、山阴坡、林缘、林下或灌丛、河岸附近。

【分布】辽宁清原、海城、凌源、建平、大连等市（县）。

【经济价值】全草供药用，清热解毒，可治疮疖、肿毒等症。

植株

花

叶背面

叶正面

科 52 柽柳科

Tamaricaceae

柽柳属 *Tamarix*

柽柳

Tamarix chinensis Lour.

【特征】落叶灌木或小乔木。树皮暗红褐色至暗灰褐色，纵沟裂。幼枝下垂，紫红色或淡棕色。叶极小，淡蓝绿色，钻形或卵状披针形，长 1 ～ 3mm，基部明显增宽而抱茎，全缘，背面中脉隆起成脊。圆锥花序生于当年生枝的顶端，花淡粉红色；苞片黄绿色，膜质，线状锥形，基部膨大，较花梗长；萼片 5，卵形，绿色，边缘及中部以上膜质；花瓣 5，倒卵状椭圆形，先端 2 裂，宿存；雄蕊 5，生于花盘裂片间，较花瓣稍长；子房上位，卵状披针形，花柱 3，棍棒状；花盘紫红色，5 深裂。蒴果，狭卵状锥形，长约 4mm。种子多数，长圆形，先端有丛毛。花果期 4 ～ 9 月。

【生境】生于内陆、滨海盐碱地或河岸。

【分布】辽宁盘山、大连等市（县）。

【经济价值】庭院观赏植物，是防风固沙、改造盐碱地、绿化的优良树种之一。入药，发汗透疹、解毒、利尿；外用治风湿瘙痒。

植株

花期植株

花序

枝与叶

花

科 53 葫芦科

Cucurbitaceae

赤瓟属 *Thladiantha*

赤瓟

Thladiantha dubia **Bunge**

植株

【特征】攀援草质藤本，全株被黄白色的长柔毛状硬毛。茎稍有棱沟。叶柄长 2 ～ 6cm；叶片宽卵状心形，边缘有大小不等的细齿。卷须纤细、单一。雌雄异株。雄花单生或聚生于短枝的上端，有时 2 ～ 3 花生于一总梗上；花萼筒极短，近辐状，裂片披针形，向外反折，具 3 脉；花冠黄色，裂片长圆形，内面有极短的疣状腺点；雄蕊 5，离生；退化子房半球形。雌花单生；退化雄蕊 5，棒状，子房长圆形，花柱 3 深裂，柱头肾形。果实卵状长圆形，长 4 ～ 5cm，径 2.8cm，表面橙黄色或红棕色，有光泽，具 10 条明显的纵纹。种子卵形，黑色。花期 6 ～ 8 月，果期 8 ～ 10 月。

【生境】常生于山坡、河谷及林缘湿处。

【分布】栽培或半野生，辽宁彰武、丹东、沈阳、大连、鞍山、盖州、桓仁、新宾等市（县）。

【经济价值】块根及果实入药，理气活血、祛痰利湿。

雌花，示子房被毛

雄花

未成熟果实

成熟果实

科 54 千屈菜科

Lythraceae

千屈菜属 ***Lythrum***

1. 千屈菜

Lythrum salicaria **L.**

植株

【特征】多年生草本。茎直立，具4或6条棱线。叶对生或3叶轮生，有时上部叶互生，无柄，长圆形或长圆状披针形，长3～7cm，宽1～1.5cm。总状花序生于分枝顶端；花两性，数花簇生于叶状苞腋内，具短梗；苞片线状披针形至卵形，花下小苞片线形；萼筒状，外侧有12条明显的脉，顶端具6齿，萼齿广三角形，齿间有长1.5～2mm的尾状附属物；花瓣6，紫红色，着生于萼筒上部，长6～8mm；雄蕊12，6长6短，2轮，有的植株雄蕊有长、中、短三种类型；子房上位，2室；花柱也有长、中、短三种类型。蒴果藏于萼内，椭圆形，2裂，裂片再2裂。花果期7～9月。

【生境】生于河边、沼泽地及水边湿地。

【分布】辽宁凌源、喀左等市（县）。

【经济价值】园林绿化观赏价值高。全草入药，收敛止泻。

花

花序

果实

茎与叶

种子

菱属 *Trapa*

2. 欧菱

Trapa natans L.

【特征】一年生水草。叶二型，沉水叶丝裂；浮水叶集生于茎端，具有狭长圆形海绵质的气囊；叶片近三角形或菱形，长 1.5 ～ 3.5cm，宽 1.5 ～ 4cm，边缘中上部有较大的缺刻状牙齿。花白色，萼片长圆状披针形，沿脊有毛，花梗长约 1.5cm。果实三角形，具 2 圆形肩刺角，肩角平伸或稍斜上，刺角端有倒刺，两角之间宽 3 ～ 4.5cm；腰角无，其位置上常有丘状突起；果颈明显。花期 7 ～ 9 月，果期 8 ～ 11 月。

【生境】生于湖泊中。

【分布】辽宁开原、丹东、铁岭、海城等地。

【经济价值】子叶富含淀粉，可食用。菱角具有解暑、解伤寒积热、止消渴和解酒毒的功效；菱角壳具有降血糖、抗氧化、抗癌等药理活性。

植株

沉水叶

浮水叶

果实

科 55 柳叶菜科

Onagraceae

露珠草属 *Circaea*

1. 露珠草

Circaea cordata Royle

植株

【特征】多年生草本。茎直立，圆柱形，密生开展腺毛及混生开展长毛。叶对生，广卵形或卵状心形，长 4～8cm，宽 2～6cm，两面均疏生短柔毛，边缘疏生锯齿及缘毛。总状花序，长约 5cm，果期伸长，达 15cm，花轴密生短腺毛及疏生毛；花具小柄，密被短腺毛；苞片小；萼筒卵形，萼片长卵形，绿色，花期反卷；花瓣广倒卵形，短于萼片，先端 2 深裂，白色；雄蕊 2，花丝细弱，长于花瓣；子房 2 室，花柱细长，伸出花冠，柱头头状，顶端凹缺。果实倒卵状球形，具纵沟，黑褐色，密被淡褐黄色钩状毛，径约 3mm。种子 2。花期 6～7 月，果期 7～8 月。

【生境】生于林缘、灌丛间及山坡疏林中、沟边湿地。

【分布】辽宁庄河、宽甸、鞍山、清原、桓仁、西丰等市（县）。

【经济价值】尚无记载。

茎

果实

花

柳叶菜属 *Epilobium*

2. 沼生柳叶菜

Epilobium palustre L.

【特征】多年生草本。茎直立，通常单一或上部具分枝，上部被弯曲短毛。叶对生，上部互生，线形、线状披针形或长圆状披针形，长 2 ～ 7cm，宽 3 ～ 10mm，常全缘或微具细锯齿，近无柄。花单生于上部叶腋，淡红色、白色或红紫色；萼裂片披针形，疏生白色弯曲短毛；花瓣倒卵形，长 5 ～ 8mm，先端凹缺；子房被白色弯曲短毛；果柄长 2 ～ 2.5cm。种子倒披针形，先端钝，具极短的附属物，顶端生种缨，淡褐色，被细小的乳头状突起。花期 7 ～ 9 月，果期 9 月。

植株

【生境】生于河岸、湖边湿地和沼泽地及阴湿山坡。

【分布】辽宁绥中、西丰、本溪等市（县）。

【经济价值】全草入药，清热疏风、镇咳、止泻、止血。

根

成熟开裂蒴果

月见草属 *Oenothera*

3. 月见草

Oenothera biennis L.

【特征】两年生草本，第一年具丛生莲座状叶，第二年抽茎、开花、结果。茎粗壮，被疏生白色长硬毛。基生叶具长柄；茎生叶叶柄较短，上部叶无柄；叶片披针形或倒披针形，边缘具稀疏浅牙齿或近全缘。花单生于茎上部叶腋，浅黄色或黄色；萼筒长达 3cm，先端 4 裂，每 2 枚裂片的上部常相连，花期反卷，顶端具长尖，疏生白色长毛及腺毛；花瓣 4，平展，倒卵状三角形，长约 2cm，顶端微凹；雄蕊 8，短于花冠；柱头 4 裂；子房下位，4 室。蒴果长圆形，稍弯，略为四棱形，成熟时 4 瓣裂。种子具棱角，在蒴果内呈水平状排列，紫褐色。花果期 6 ～ 9 月。

【生境】生于向阳山坡、砂质地、荒地、铁路旁及河岸沙砾地。

【分布】辽宁各地均有分布。

【经济价值】种子可榨油。茎皮纤维可供造棉。花可提芳香油；根可酿酒。根药用，强筋骨、祛风湿。

花期植株

蒴果（未成熟）

成熟开裂蒴果

果期植株

科 56 五加科

Araliaceae

五加属 *Eleutherococcus*

1. 刺五加

Eleutherococcus senticosus **(Rupr. & Maxim.) Maxim.**

【特征】灌木。一年、两年生枝通常密生下向的针状皮刺。掌状复叶互生，常具5小叶；叶柄长4～11cm，具淡褐色糙毛，有时生细刺；小叶椭圆状倒卵形或狭倒卵形，边缘有锐利的重锯齿，背面被糙伏毛，脉上较显著。伞形花序具多数花、排成球形，于枝端生1簇或数簇，花梗长1.2～2.5cm，总花梗长4～8（12）cm；花紫黄色，花药白色；萼顶端有5小齿或近无齿；花瓣5，卵形；雄蕊5，超出花瓣；子房5室，花柱全部合生成柱状。果实近球形，径6～9mm，有5棱，成熟时黑色，内有5个分核，顶端的宿存花柱长1～2mm。花期7（8）月，果期8～9月。

植株

【生境】生于阔叶林与针阔叶混交林林下及林缘，山坡灌丛中及山沟溪流附近也时见有生长。

【分布】辽宁西丰、清原、本溪、岫岩等市（县）。

【经济价值】根皮与树皮作五加皮入药，祛风湿、健筋骨，并对神经衰弱有疗效。种子可榨油、制肥皂等。

叶正面

叶背面

叶柄基部

茎

花序

果序

2. 无梗五加

***Eleutherococcus sessiliflorus* (Rupr. & Maxim.) S. Y. Hu**

【特征】灌木或小乔木。枝灰色，疏生尖利的短刺或无刺，刺向基部逐渐宽而常稍扁。掌状复叶互生，具 3 ～ 5 小叶，叶柄无刺或疏生刺。花无梗，组成紧密的头状花序。萼被白色绒毛状毛，顶端有 5 小齿；花瓣 5，卵形，暗紫色，长 1.5 ～ 2mm；雄蕊超出花瓣，花药黄白色；子房 2 室，花柱合生，柱长 1.8 ～ 3mm。花期 8（9）月，果期 9 ～ 10 月。

【生境】生于阔叶林内、林缘、林下以及山坡灌丛、山沟溪流附近等处。

【分布】辽宁西丰、清原、新宾、桓仁、宽甸、本溪、凤城、岫岩、沈阳、大连等市（县）。

【经济价值】根皮及树皮作“五加皮”入药，功效参见“刺五加”。

植株

茎

叶柄基部

花序（未开花）

科 57 伞形科

Apiaceae

毒芹属 *Cicuta*

1. 毒芹

Cicuta virosa L.

【特征】多年生草本，全株无毛。茎直立，中空，圆筒状，具细纵棱，上部分枝。基生叶及茎下部叶大，有长柄，基部鞘状，叶片二至三回羽状全裂，终裂片小叶状，狭披针形或披针形，长 2 ～ 7cm，宽 3 ～ 12mm，边缘具尖锯齿或为深缺刻；中上部叶较小，叶柄渐短，下部狭鞘状，边缘宽膜质。复伞形花序顶生，径 8 ～ 12cm，半球形，伞梗 10 ～ 20 或更多，不等长；小伞形花序径约 1.5cm，花期呈圆头状，具 20 ～ 40 余朵花；小总苞片 8 ～ 12，线状披针形或线形；花梗不等长；萼齿三角状，尖锐；花瓣白色。双悬果近球形，长、宽各 2 ～ 3mm，略呈心形。果棱肥厚，钝圆。花期 7 ～ 8 月，果期 8 ～ 9 月。

植株

叶

花序

【生境】生于沼泽地、水边、沟旁、湿草甸子、林下水湿地。

【分布】辽宁西丰、开原、彰武、沈阳等市（县）。

【经济价值】剧毒植物，含毒芹素，尤以根及根状茎中含量多。欧洲民间用此植物做成软膏，外用治疗某些皮肤病及痛风或风湿。

柴胡属 *Bupleurum*

2. 红柴胡

Bupleurum scorzonerifolium **Willd.**

【特征】多年生草本。根直生，不分歧或下部稍有分歧，表面深红棕色。茎基部密被多数棕色枯叶纤维，茎上部分枝，稍呈“之”字形弯曲。基生叶及茎下部叶有长柄，叶片披针形或线状披针形，中上部的茎生叶无柄，线状披针形或线形。复伞形花序顶生或腋生，排列疏松，花序梗细，略呈弧形弯曲；总苞片1～3（4），披针形至线形，极不等长，早落；伞梗4～8（12），不等长，呈弧形弯曲；小伞形花序有花8～12朵，小总苞片5，窄披针形；花瓣黄色；花柱基厚垫状，深黄色，柱头2，下弯。双悬果长圆状椭圆形至广椭圆形，深褐色，果棱粗钝，稍凸出。花期8～9月，果期9～10月。

植株

【生境】生于干燥草原、草甸子、向阳山坡、干山坡、林缘及阳坡疏林下。

【分布】辽宁彰武、朝阳、建昌、绥中、锦州、沈阳、大连等市（县）。

【经济价值】根药用，称南柴胡，有升阳散热、解郁疏肝功能。

根

茎叶

花序

3. 线叶柴胡

Bupleurum angustissimum **(Franch.) Kitag.**

植株

【特征】多年生草本。根圆锥状，下部稍分歧，表面暗红棕色。茎基部被多数残存的枯叶纤维；单一至数茎丛生，纤细，节间短，呈“之”字形弯曲，一般自下部 1/3 处或中上部分出多数侧枝。基生叶早枯；茎生叶无柄，线形，长 6～8（18）cm，宽 2～4（7）mm，茎上部叶渐短、渐细。复伞形花序多数，直径近 2cm，无总苞片或具 1～2 枚大小不等的小形钻状总苞片，伞梗 5～7，不等长；小伞形花序直径约 5mm，小总苞片 5，线状披针形，比花短；花瓣黄色。双悬果椭圆形，长 2～3mm，果棱明显。

【生境】生于干草原、干燥山坡及多石质干旱坡地。

【分布】辽宁建昌、朝阳、锦州、沈阳、大连等市（县）。

【经济价值】根药用，功效同红柴胡。

根

枝叶

花序

果实

4. 北柴胡

Bupleurum chinense **DC.**

【特征】多年生草本，全株无毛。根多分歧，表面灰褐色。茎直立，单一或 2～3 茎，上部分枝，稍呈“之”字形弯曲。基生叶线状披针形或线状倒披针形，长 4～7cm，宽 6～8mm，基部渐狭呈长柄；茎中部叶倒披针形或长圆状披针形，顶端极尖并具芒状尖，叶脉 7～9，茎上部叶较小。复伞形花序多数，形成疏松的圆锥状，花序梗细，伞梗 5～10，不等长，总苞片 1～2（3），披针形，或不存在；小伞形花序具小总苞片 5，披针形；花 5～10，花瓣黄色，上部内折；花柱基深黄色。双悬果广椭圆形，两侧略扁，长约 3mm，宽约 2mm，果棱稍锐，略呈狭翼状。花期 8～9 月，果期 9～10 月。

植株

花序

【生境】生于向阳山坡、路旁、草丛、林缘。

【分布】辽宁建昌、朝阳、绥中、义县、北镇等市（县）。

【经济价值】根药用，含柴胡皂苷及挥发油，有升阳散热、解郁疏肝功效。

水芹属 ***Oenanthe***

5. 水芹

Oenanthe javanica **(Blume) DC.**

【特征】多年生草本，全株无毛。茎圆柱形，中空，具纵棱，下部伏卧，有时带紫色，节部稍膨大，茎上部直立。茎下部叶有长柄，基部鞘状抱茎，叶片二回羽状全裂，终裂片披针形、长圆状披针形或卵状披针形，边缘具不整齐的尖锯齿，茎中、上部叶柄渐短，基部或全部呈鞘状，边缘宽膜质。复伞形花序有长梗，径 4 ～ 6cm，伞梗 6 ～ 20，不等长，无总苞片或具 1 ～ 3 枚小形总苞片，早落；小伞形花序径 10mm，花 20 余朵，小总苞片 2 ～ 8，线形，与花近等长或稍短，花梗不等长，萼齿近卵形；花瓣白色，花柱基圆锥形，花柱细长，叉开。双悬果椭圆形，长 2.5 ～ 3mm，果棱肥厚、钝圆，显著隆起，侧棱比背棱宽厚。花期 7 ～ 8 月，果期 8 ～ 9 月。

【生境】生于低洼湿地、水田及池沼边、水沟旁。

【分布】辽宁铁岭、沈阳、新宾、丹东、台安、营口、本溪、大连等市（县）。

【经济价值】春季嫩茎叶可食，但要注意与毒芹相区别。全草及根可退热解毒、利尿、止血和降压。

营养期植株

花期植株

花序

防风属 *Saposhnikovia*

6. 防风

Saposhnikovia divaricata **(Turcz.) Schischk.**

【特征】多年生草本，根粗壮，近圆柱形；根茎密被褐色纤维状叶柄残基。茎单一，二歧分枝，略呈“之”字形弯曲，全株呈球状。基生叶丛生，叶柄基部鞘状，稍抱茎，叶片二回羽状全裂，小裂片先端尖锐。复伞形花序多数，着生于分枝顶端或叶腋，形成聚伞状圆锥花序，花瓣白色。双悬果长卵形，幼时具疣状突起，分果侧棱宽厚但不为翼状。花期 8 ～ 9 月，果期 9 ～ 10 月。

【生境】生于山坡、草原、丘陵、干草甸子、多石质山坡。

【分布】辽宁西丰、建昌、朝阳、义县、阜新、北镇等市（县）。

【经济价值】根入药，有发汗、祛痰、祛风、镇痛之效。

植株

叶

茎与叶鞘

根

小伞形花序正面

小伞形花序背面

窃衣属 *Torilis*

7. 小窃衣

Torilis japonica **(Houtt.) DC.**

【特征】一年或多年生草本。茎有纵条纹及刺毛。叶柄长 2 ～ 7cm，下部有窄膜质的叶鞘；叶片长卵形，一至二回羽状分裂，两面疏生紧贴的粗毛，第一回羽片卵状披针形，边缘羽状深裂至全缘，末回裂片披针形至长圆形，边缘有条裂状的粗齿至缺刻或分裂。复伞形花序顶生或腋生，花序梗有倒生的刺毛；总苞片 3 ～ 6，通常线形；伞辐开展，有向上的刺毛；小总苞片 5 ～ 8，线形或钻形；小伞形花序有花 4 ～ 12，花柄短于小总苞片；萼齿细小，三角形或三角状披针形；花瓣白色，倒圆卵形，顶端内折；花柱基部平压状或圆锥形，花柱幼时直立，果熟时向外反曲。果实圆卵形，长 1.5 ～ 4mm，宽 1.5 ～ 2.5mm，通常有内弯或呈钩状的皮刺。花果期 4 ～ 10 月。

【生境】生长在杂木林下、林缘、路旁、河沟边以及溪边草丛。

【分布】辽宁沈阳、本溪、新宾、西丰、辽阳、大连等市（县）。

【经济价值】幼苗为春季野菜。果实药用，有活血消肿、收敛、杀虫功效。

叶片

花序

果实

果实放大

花序一部分放大

石防风属 *Kitagawia*

8. 石防风

Kitagawia terebinthacea **(Fisch. ex Trevir.) Pimenov**

【特征】多年生草本。茎直立，基部被棕黑色纤维状叶柄残基。基生叶有长柄，茎生叶叶柄较短，叶片二至三回羽状全裂，终裂片披针形，全缘或具缺刻状牙齿，表面脉上有糙毛，茎上部叶叶柄全呈鞘状，边缘膜质。复伞形花序，伞梗10～30或更多，不等长，无总苞片或具1～2枚总苞片，小总苞片5～10枚，线形，与花梗等长；萼齿长约1mm，锐尖，早落，花瓣白色，中脉带黄色；花柱果期下弯。双悬果广椭圆形，背腹压扁，呈双凸透镜形，分果背棱线形，侧棱翼状，肥厚。种子腹面平坦。花期8～9月，果期9～10月。

【生境】生于干山坡、山坡草地、林缘、林下、林间路旁。

【分布】辽宁建平、凌源、锦州、葫芦岛等市（县）。

【经济价值】根药用，止咳、祛痰。

植株

根

茎上部叶叶柄鞘状

叶

花序

科 58 报春花科

Primulaceae

珍珠菜属 *Lysimachia*

1. 狼尾花

Lysimachia barystachys **Bunge**

【特征】多年生草本。茎直立，茎上部被柔毛。叶互生，无柄或近无柄；叶片长圆状披针形、披针形至线状披针形，表面通常无腺点或少布暗红色斑点，两面及边缘疏被柔毛。总状花序顶生，花密集，常向一侧弯曲呈狼尾状，果期伸直，长达 25cm，花轴及花梗均被柔毛；苞片线状钻形；花萼近钟形，5(6 ～ 7) 深裂，裂片长圆状卵形，外面被柔毛，边缘膜质，外缘呈小流苏状；花冠白色，5(6 ～ 7) 深裂，裂片长圆状或卵状长圆形；雄蕊 5(6 ～ 7)，长约为花冠的 1/2，花丝贴生于花冠筒上，被腺毛；子房近球形，花柱稍短于雄蕊，柱头膨大。蒴果近球形，径约 2.5mm。种子多数，红棕色。花期 6 月下旬至 7 月，果期 9 月。

植株

【生境】生于草甸、沙地、路旁或灌丛间。

【分布】辽宁彰武、锦州、绥中、建昌、凌源、建平等市（县）。

【经济价值】全草入药，活血调经、散瘀消肿、解毒生肌、利水、降血压。

茎

果序

花序

花

2. 狭叶珍珠菜

Lysimachia pentapetala Bunge

植株

【特征】一年生草本。茎直立，较细弱，被短腺毛。叶互生，常在叶腋内长出具数枚小叶的短枝；叶有短柄，叶片线形至披针状线形，长 2 ～ 7cm，宽 2 ～ 8mm，背面有时具红褐色斑点。总状花序顶生，初时花密集呈头状，后渐伸长；花萼钟形，合生至近中部，裂片 5，披针形，边缘膜质；花冠白色，带蔷薇色纹，5 深裂至基部，裂片近匙形，中下部狭窄呈爪状；雄蕊 5，与花冠裂片对生，花丝被短腺毛。蒴果近球形，5 瓣裂。种子三棱形，边缘透明呈狭翼状。花期 7 ～ 8 月，果期 9 月。

【生境】生于山坡、路旁或湿地。

【分布】辽宁绥中、凌源、大连等市（县）。

【经济价值】可作观赏花卉。药用，解毒散瘀、活血调经。

茎上有短腺毛

叶正面

花与果实

点地梅属 *Androsace*

3. 点地梅

Androsace umbellata (Lour.) Merr.

【特征】一年或两年生草本，全株被细柔毛。基生叶丛生，柄长 1 ～ 2cm；叶近圆形或卵圆形，边缘有多数三角状钝牙齿。花葶常数条由基部叶腋抽出，直立，伞形花序通常有 4 ～ 10 朵花，苞片数枚，卵形至披针形；花梗纤细，长 1 ～ 3(5)cm，通常花后伸长达 6cm，开展，混生腺毛；花萼杯状，5 深裂几达基部，裂片卵形，果期增大，呈星状水平展开；花冠通常白色、淡粉白色或淡紫白色，花冠筒状，长约2mm，筒部短于花萼，喉部黄色，裂片与花冠筒近等长或稍长，倒卵状长圆形，明显超出花冠；雄蕊着生于花冠筒中部；子房球形，花柱极短。蒴果近球形，稍扁，直径约3mm，成熟后5瓣裂，白色膜质。种子小，多数，棕褐色、长圆状多面体形，径约0.3mm，种皮有网纹。花期4～5月，果期6月。

【生境】生于向阳地、疏林下及林缘、草地等处。

【分布】辽宁清原、宽甸、沈阳、本溪、大连等市（县）。

【经济价值】春季花开连片，可用作园林地被植物。全草入药，清热解毒、消肿止痛。

植株

叶

花

花萼

果实

科 59 白花丹科

Plumbaginaceae

补血草属 *Limonium*

二色补血草

Limonium bicolor **(Bunge) Kuntze**

【特征】多年生草本。直根。不育枝多数。基生叶匙形或倒披针形，基部渐狭而成宽柄，顶端钝圆而具短尖头。花序为由密聚伞花序组成的圆锥花序，每一小穗含花 2；苞片卵圆形，光滑，边缘宽膜质，花萼白色或稍带黄色或粉色，漏斗形，5 浅裂，裂片先端钝，萼筒倒圆锥形，有 5 条棕色条棱，中部以下具长硬毛；花瓣黄色，基部合生；雄蕊 5，下部 1/4 与花瓣基部合生，子房狭倒卵形，花柱 5，离生，柱头丝状。果实具 5 棱。花果期 6～9 月。

【生境】生于山坡、草地、沙丘边缘和盐碱地上。

植株

【分布】辽宁彰武、盖州等市（县）。

【经济价值】花美丽，可作绿化观赏植物。花香淡雅，其花自然干燥后观赏性佳。

根

花序正面

花序侧面

科 60 木樨科

Oleaceae

梣属 *Fraxinus*

1. 小叶梣

***Fraxinus bungeana* A. DC.**

植株

【特征】小乔木，或为灌木状。树皮灰色，光滑，老时浅纵沟裂，当年生枝有微细短绒毛。奇数羽状复叶，对生，长 4 ～ 10cm，宽达 6cm；小叶具柄，小叶片通常 5，稀 3 或 7，卵形或宽卵形，基部楔形或广楔形，先端急尖或近于尾尖，边缘有锯齿，近基部处全缘。圆锥花序生于当年生枝条的顶端或叶腋，与叶同时开放或后于叶开放，长 5 ～ 7cm，花序分枝上具微细短绒毛；花萼小，裂片披针形；花瓣 4，倒披针状线形；雄蕊 2；子房上位，花柱明显，柱头 2 裂。翅果，倒卵状长圆形或倒披针形，先端钝圆或微凹入，长2.5～3cm。花期5月，果期9～10月。

【生境】生于山坡向阳处。

【分布】辽宁凌源、喀左、北票、建平、绥中等市（县）。

【经济价值】木材质地佳。树皮入药，即中药“秦皮”，清热燥湿、止痢、明目；外用治牛皮癣。

叶正面

叶背面

枝与芽

翅果

丁香属 *Syringa*

2. 朝阳丁香

***Syringa oblata* subsp. *dilatata* (Nakai) P. S. Green & M. C. Chang**

【特征】灌木；皮暗灰色，有纵裂，小枝灰色。叶柄长 2 ～ 3cm；叶片厚纸质至革质，卵圆形，长 6 ～ 10cm，宽 4 ～ 7cm，全缘。圆锥花序自侧芽生出，顶芽缺；花萼 4 浅裂，裂片三角形；花冠淡紫色，4 裂，裂片椭圆形；花冠筒细长，明显长于花萼；雄蕊 2，着生于花冠筒的中上部；子房卵球形，花柱细长，可达花冠筒中部，柱头 2 裂。蒴果椭圆形，长 13 ～ 17mm，宽约 7mm，先端呈长喙状，平滑，无瘤状突起。花期 5 月，果熟期 9 月。

【生境】生于山坡灌丛。

【分布】辽宁北票、凌源、建昌、鞍山等市（县）。

【经济价值】东北地区优良的观花绿化树种。

植株

叶

花序

3. 紫丁香

Syringa oblata Lindl.

【特征】灌木或小乔木。皮暗灰褐色，浅沟裂。单叶对生，叶柄长1.2～3cm；叶片厚纸质至革质，广卵圆形至肾形，通常宽大于长，长4～9cm，宽4～10cm，全缘。圆锥花序自侧芽生出。花萼4浅裂，长约2.5mm，裂片狭三角形至披针形；花冠大，紫红色，开后色变淡，4裂，裂片广椭圆形，外展，花冠筒细长呈管状，长于花萼；雄蕊2，着生于花冠筒的中上部；子房卵球形，花柱细长，达花冠筒的中下部。蒴果长圆形，先端渐尖至长喙状，平滑，无瘤状突起。花期5月，果熟期9月。

植株

【生境】生于山坡灌丛。

【分布】辽宁朝阳、义县、北镇等市（县）。

【经济价值】园林观赏植物。花可提取芳香油。叶具有清热解毒、利湿退黄等功效。

叶

雌雄蕊

花序

果实

科 61 龙胆科

Gentianaceae

龙胆属 *Gentiana*

1. 龙胆

Gentiana scabra Bunge

【特征】多年生草本。茎直立，粗壮，常带紫褐色。叶对生，下部叶小，鳞片状，中部与上部叶卵形或卵状披针形，长 3 ～ 7cm，宽 1.5 ～ 3cm，具 3 ～ 5 条脉，无柄。花簇生于茎顶或叶腋，苞叶披针形，与花萼近等长或较长；萼钟状，长 1 ～ 2cm，裂片线状披针形，与萼筒近等长；花冠筒状钟形，蓝紫色，长 4 ～ 6cm，裂片 5，卵形，褶较大，三角形，渐尖或具 2 齿；雄蕊 5，着生于花冠筒中下部，花丝下部加宽呈翅状；花柱短柱头 2 裂。蒴果细长，有柄。种子长圆形，边缘有翅。花期 9 ～ 10 月，果期 10 月。

植株

花

【生境】生于草甸、山坡、林缘、灌丛。

【分布】辽宁西丰、抚顺、本溪、庄河、鞍山等市（县）。

【经济价值】根入药，去肝胆实火。

2. 笔龙胆

Gentiana zollingeri Fawcett

【特征】两年生草本。茎直立。叶对生，最下部的一对叶较小，卵圆形或卵形，长 6 ～ 15mm，宽 4 ～ 12mm，基部渐狭连合成短鞘状，顶端具小芒刺，边缘具软骨质白边。花序生于茎顶，通常 1 ～ 5 花；花萼筒状漏斗形，为花冠长的一半，裂片披针形，

植株

花与叶

先端呈芒刺状，边缘膜质；花冠蓝紫色或淡蓝紫色，漏斗状钟形，长 17 ～ 25mm，裂片卵形，顶端尖，褶比裂片短，2 浅裂；雄蕊 5；子房上位，花柱短，柱头 2 裂。蒴果具长柄，倒卵状长圆形，外露。种子小，多数，无翅。花期 4 ～ 5 月。

【生境】山坡、林下、灌丛或边缘草地。

【分布】辽宁沈阳、鞍山、大连、丹东、新宾、桓仁、建昌等市（县）。

【经济价值】尚无记载。

3. 假水生龙胆

Gentiana pseudoaquatica Kusn.

【特征】一年生草本。茎通常分歧，细弱，稍带四棱。叶对生，下部者多为卵圆形或近圆形，长 7 ～ 15mm；茎生叶常密集或稍远离，卵形或匙形，基部连合，有芒刺。花单生于枝端；花萼钟形，是花冠长的 2/3，萼裂片卵状披针形，背面有棱，顶端有芒刺；花冠淡蓝色，狭钟形，长约 10mm，裂片卵形；雄蕊 5，着生于花冠筒中部。蒴果外露，有柄。种子小，多数。花期 6 月，果期 7 月。

【生境】生于草地、干山坡。

【分布】辽宁凌源、沈阳、丹东、桓仁、大连等市（县）。

【经济价值】尚无记载。

植株

茎、叶

4. 鳞叶龙胆

Gentiana squarrosa Ledeb.

【特征】一年生草本，高 2～8cm。茎黄绿色或紫红色，密被黄绿色有时夹杂有紫色乳突。叶先端钝圆或急尖，具短小尖头，基部渐狭，边缘厚软骨质，密生细乳突。花单生于小枝顶端；花梗黄绿色或紫红色，密被黄绿色乳突；花萼倒锥状筒形，被细乳突，裂片外反，基部圆，缢缩成爪，边缘软骨质，密被细乳突；花冠蓝色、钟状，裂片间有褶；雄蕊 5，内藏；柱头 2 裂。蒴果倒卵状长圆形，顶端具宽翅，两侧具窄翅。种子黑褐色，椭圆形或矩圆形，表面有白色光亮的细网纹。花果期 4～9 月。

【生境】生于山坡、山谷、山顶、干草原、河滩、荒地、路边、灌丛中及高山草甸。

【分布】辽宁沈阳、大连、开原、鞍山、本溪、北镇、丹东、凌源等市（县）。

【经济价值】尚无记载。

植株

枝叶

5. 秦艽

Gentiana macrophylla Pall.

【特征】多年生草本。茎直立或斜升，基部残存有纤维状叶基。基生叶莲座状，叶披针形或长圆状披针形，长 10～25(40)cm，宽 1.5～4.5cm，全缘，5 出脉；茎生叶对生，叶形与基生叶同，稍小。聚伞花序，多花密集呈头状，萼非筒状，一侧开裂长约 5mm，萼齿很小；花冠蓝色或蓝紫色，长 15～25mm，筒状钟形，裂片 5～6，广卵形，裂片间有小褶；雄蕊 5～6，花丝加宽；子房无柄，柱头 2 裂。蒴果卵状长圆形；种子褐色，长圆形，有光泽，无翅。花期 7～8 月，果期 9 月。

植株

花序

花侧面

【生境】生于林下、林缘草地、草甸子、低湿地。

【分布】辽宁建平、凌源等市（县）。

【经济价值】根入药，主治风湿关节痛、结核病潮热、黄疸。

6. 达乌里秦艽

Gentiana dahurica Fischer

植株

【特征】多年生草本，高达25cm。枝丛生；莲座丛叶披针形或线状椭圆形，长5～15cm，先端渐尖，基部渐窄，宽0.7～2cm，基部狭，全缘；茎生叶对生，长2～5cm。聚伞花序顶生或腋生，萼筒膜质，黄绿或带紫红色，具5齿，线形。花冠深蓝色，裂片5，卵形，褶整齐，全缘或有小齿；雄蕊5，花柱不明显，柱头2裂。蒴果圆柱形，长2.5～3cm，无柄。种子具细网纹。花果期7～9月。

【生境】生于林缘草地。

【分布】辽宁彰武等地。

【经济价值】具观赏价值。

根

花侧面

花冠筒

7. 北方獐牙菜

Swertia diluta **(Turcz.) Benth. & Hook. f.**

【特征】一年生草本。茎直立，通常多分枝。叶线状披针形至披针形，长 1.5～4cm，宽 3～7mm，几无柄。圆锥状聚伞花序；花白色或淡紫色，花梗较细；花萼 5 深裂，裂片线形或狭披针形，与花冠裂片近等长或稍长；花冠直径 1～1.5cm，5 深裂，裂片长圆形或长圆状披针形，具紫色脉纹，基部有 2 长圆形腺窝，边缘有流苏状毛；雄蕊 5；柱头 2 裂。蒴果狭卵或长圆形；种子近圆形。花期 8～9 月，果期 9～10 月。

【生境】生于草原、干山坡、荒地。

【分布】辽宁沈阳、西丰、本溪、新宾、清原、阜新等市（县）。

【经济价值】具一定观赏价值。

植株

根

花

科 62 夹竹桃科

Apocynaceae

罗布麻属 *Apocynum*

1. 罗布麻

Apocynum venetum L.

【特征】多年生宿根草本，高 1 ～ 2m，具乳汁。茎直立，有节，多分枝。叶对生，长圆形或长圆状披针形至卵状披针形，长 1.5 ～ 4cm，宽 4 ～ 14mm，具短柄，顶端具短刺尖，叶缘有不明显的细锯齿。顶生聚伞花序，花小，粉红色或淡紫红色，花梗被短柔毛；苞片披针形，膜质；花萼钟形，5 深裂，裂片披针形或卵状披针形，边缘膜质，被短毛；花冠钟形，两面密被粒状突起，花冠筒长约 6mm，裂片卵形或狭卵形；雄蕊着生于花冠基部，与副花冠裂片互生，内藏；雌蕊 1，花盘边缘有蜜腺，肉质；心皮 2，离生。蓇葖果双生，棒状，长 8 ～ 15cm，直径 2 ～ 3mm，褐色。种子黄褐色，顶端有一簇白色细毛。花期 6 ～ 8 月，果期 9 ～ 10 月。

【生境】生于盐碱荒地、湿草甸子、砂质地、河滩。

【分布】辽宁新民、阜新、岫岩、大连等市（县）。

【经济价值】罗布麻是纺织、造纸、医药原料。叶有祛痰、镇咳、平喘、降血压、降血脂等功效。根有强心利尿作用。

植株

花序

鹅绒藤属 *Cynanchum*

2. 白薇

Cynanchum atratum Bunge

【特征】多年生草本。茎直立。叶对生，具短柄；叶片卵形或卵状长圆形，长 9 ～ 13cm，宽 6 ～ 7cm，两面被绒毛，背面灰白色。聚伞花序呈伞形，无总花梗；花萼 5 齿裂，披针形，外面被绒毛；花冠深紫红色，5 裂至中部，裂片卵状长圆形，外面被绒毛；副花冠 5 裂，裂片三角状卵形，与合蕊柱等长；花药顶端具圆形膜片，花粉块每室 1 个，下垂；子房有疏柔毛，柱头扁平。蓇葖果披针形，长 7 ～ 9cm，宽 1 ～ 1.5cm。种子卵状长圆形，具白色绢质种毛。花期 5 ～ 6 月，果期 7 ～ 9 月。

【生境】生于山坡草地、林缘路旁、林下及灌丛间。

【分布】辽宁北镇、义县、喀左、建平、建昌、绥中、沈阳等市（县）。

【经济价值】根药用，解热利尿。

植株

根

花

果实

3. 潮风草 

Cynanchum ascyrifolium (Franch. & Sav.) Matsum.

【特征】直立草本，全株稍被短柔毛或近无毛。叶对生，具短柄，叶片广椭圆形，长8～16cm，宽4～8(11)cm，两面被微毛或近无毛。伞状聚伞花序腋生；花萼外面被柔毛，裂片5，三角状披针形；花冠白色，裂片5，长圆形；副花冠杯状，5裂至中部，裂片三角状卵形；花药顶端具膜片，花粉块每室1个，下垂。蓇葖果双生或单生，广披针形，先端渐尖，长5～7cm，直径5～8mm。种子卵形，具白色绢质种毛。花期6月，果期7～8月。

植株

果实

【生境】生于山坡、林缘、杂木林下及稍湿草地。

【分布】辽宁西丰、清原、鞍山、本溪等市（县）。

【经济价值】根药用，清热凉血、利尿通淋、解毒疗疮。

4. 徐长卿

Cynanchum paniculatum **(Bunge) Kitag.**

【特征】多年生草本。茎通常单一，直立。叶对生，近无柄或具短柄；叶片线状披针形或线形，长5～13cm，宽5～15mm，具缘毛。圆锥状聚伞花序生于茎顶部叶腋；萼片披针形；花冠黄绿色，裂片5，三角状卵形；副花冠肉质，5裂，裂片卵形；花药顶端具膜片，花粉块每室1个，下垂；柱头五角形，顶端稍凸起，2裂。蓇葖果披针形，长5～7cm，径约6mm，先端渐尖，基部稍狭。种子卵形，扁平，具白色绢质种毛。花期6～8月，果期7～9月。

花期植株

果实

【生境】生于山坡草地、草原、林下灌丛间及沟旁多石质地或路旁。
【分布】辽宁建平、凌源、绥中、北镇、西丰、沈阳、庄河等市（县）。
【经济价值】全草入药，祛风止痛、解热消肿。

5. 地梢瓜

Cynanchum thesioides **(Freyn) K. Schum. in Engler & Prantl**

【特征】多年生直立草本。地下茎横走，地上茎自基部分枝。叶对生，具短柄或近无柄；叶片线形，长 2.5 ～ 6cm，宽 2 ～ 5mm，中脉隆起。伞状聚伞花序腋生；萼被毛，萼齿披针形；花冠黄色或黄白色，5 深裂，裂片长圆状披针形；副花冠杯状，5 裂，裂片三角状披针形；花粉块每室 1 个，下垂。蓇葖果纺锤形，长 5 ～ 7cm，径 2cm。种子暗褐色，扁平，具白色绢质种毛。花期 6 ～ 7 月，果期 7 ～ 9 月。
【生境】生于河岸及海滨沙地、沙丘、林间草地、山坡、田边、路旁。
【分布】辽宁彰武、喀左、建平、凌源、绥中、北镇、沈阳等市（县）。
【经济价值】幼果可食。全草及果实可入药，具有补肺气、清热降火、生津止渴、消炎止痛、通乳等功效。亦可作水土保持植物。

叶正面

叶背面

花序

果实

植株

6. 鹅绒藤 

Cynanchum chinense R. Br.

植株

【特征】多年生缠绕草本，全株被短柔毛。叶对生，柄长 2～4cm，叶片卵状心形，长 4～8cm，宽约 5cm，背面灰白色。聚伞花序腋生，总花梗比叶长；花白色；花萼 5 齿裂，被短柔毛；花冠裂片 5，长 4～6mm；副花冠下部杯状，上端裂成 10 个丝状体，外轮 5 个与花冠裂片近等长，内轮 5 个稍短；花粉块每室 1 个，下垂；花药顶端具白色膜片；柱头顶端 2 裂。蓇葖果双生或仅一个发育，细圆柱形，长 9～11cm，径约 5mm。种子长卵形，具白色绢质种毛。花期 6～8 月，果期 8～10 月。

【生境】生于固定沙丘、山坡草地、路旁。

【分布】辽宁彰武、建平、葫芦岛、沈阳、大连等市（县）。

【经济价值】全株入药，可作祛风剂。

叶正面

叶背面

花序

花

7. 变色白前

Cynanchum versicolor Bunge

【特征】草本。茎下部直立，上部缠绕，全株被绒毛。叶对生，具短柄，叶片广卵形或椭圆形，长 5～10cm，宽 3～7cm，基部圆形或微心形，两面被毛。伞状聚伞花序腋生；花萼裂片 5，披针形，表面被柔毛；花冠初时黄白色，渐变黑紫色，干后呈暗褐色，裂片披针形，里面被毛；副花冠比合蕊柱显著短，裂片三角状；花粉块每室 1 个，下垂；柱头稍凸起，不明显 2 裂。蓇葖果单生，近宽披针形，长 3～5(7)cm，直径 1～1.5cm；种子卵形，暗褐色，具白色绢质种毛。花期 6～8 月，果期 8～9 月。

【生境】生于山坡、路旁或林间。

植株下部直立

植株上部缠绕

叶背面

花

果实

【分布】辽宁绥中、海城、大连等市（县）。

【经济价值】根状茎药用，解热利尿。茎皮纤维可用。

8. 白首乌

Cynanchum bungei Decne. in A. DC.

【特征】多年生缠绕草本。茎细。叶对生，柄长 1 ～ 3cm，基部心形，先端渐尖，两面被疏短硬毛。聚伞花序腋生，比叶短；萼 5 齿裂，卵形，先端尖；花冠白色，裂片 5，卵状被针形；副花冠比合蕊柱长，5 深裂，裂片披针形；花药顶端具白色膜片，花粉块每室 1 个，下垂；柱头基部五角状，顶端全缘。蓇葖果单生或双生，披针形，长 6 ～ 10(11)cm，径 0.7 ～ 1cm。种子黄色、卵形，具白色绢质种毛。花期 6 ～ 7 月，果期 8 ～ 9 月。

【生境】生于山坡、榛丛间或柞林下。

【分布】辽宁凌源、建平等市（县）。

【经济价值】块根入药，滋补肝肾、强壮身体、养血补血、乌须黑发、润肠通便。

植株

果实

萝藦属 *Metaplexis*

9. 萝藦

Metaplexis japonica (Thunb.) Makino

植株

【特征】缠绕草质藤本，有乳汁。茎有纵条棱。叶对生，叶柄顶端具丛生腺体；叶片卵状心形，长 8 ～ 11cm，宽 5 ～ 8cm，全缘。总状花序或总状聚伞花序，腋生或腋外生；总花梗长 4 ～ 6cm，被短柔毛，小苞披针形；花萼 5 深裂，裂片披针形，外面被毛；花冠白色，有淡红紫色斑纹，花冠筒短，裂片披针形，先端反折，内面密被白柔毛；副花冠环状，生于合蕊冠上，5 浅裂，裂片与雄蕊互生；雄蕊连生成圆锥状，包围雌蕊，花药顶端具白色膜片，花粉块卵状圆形，下垂；子房无毛，花柱短，柱头延伸成长喙，顶端 2 裂。蓇葖果纺锤形，长 8 ～ 9cm，径 2cm，表面有小瘤状突起。种子扁平，褐色，顶端具白色绢质种毛。花期 8 月，果期 8 ～ 9 月。

【生境】生于山坡、路旁、灌丛中、林中草地及村舍附近篱笆旁。

【分布】辽宁彰武、葫芦岛、沈阳、大连等市（县）。

【经济价值】全草可药用。茎皮可制人造棉。

花序　花　果实（未成熟）

成熟开裂果实　种子

科 63 茜草科

Rubiaceae

拉拉藤属 *Galium*

1. 大叶猪殃殃

Galium dahuricum **Tucz. ex Ledeb.**

【特征】多年生草本。茎细弱，斜升，分歧，具 4 棱，沿棱疏生倒生小刺。叶 5～6 枚轮生，叶片倒卵状长圆形或倒披针形，长 2～4cm，宽 3～6mm，具短柄、先端具短凸尖，具 1 脉，沿叶脉及边缘具倒生小刺。聚伞花序常 2～3 花，生于茎顶，多数形成圆锥状；小花梗长 3～7mm，花后伸长达 15mm；花冠白色，直径约 3mm，4 裂，裂片卵形，具明显的脉纹；雄蕊 4，比花冠短；花柱 2 裂。果实近球形，直径 1.5～2mm。花果期 6～8 月。

【生境】生于阔叶林下或山坡。

【分布】辽宁彰武、清原、新宾、本溪、岫岩、沈阳等市（县）。

【经济价值】尚无记载。

植株

花序

2. 蓬子菜

Galium verum L.

【特征】多年生草本。茎直立或斜升，基部稍木质化，近四棱形。叶 7 ～ 10(15) 枚轮生，无柄，线形，长 1.5 ～ 5cm，宽 0.5 ～ 2mm，顶端突尖或具芒刺。聚伞花序顶生和腋生，多花密集成圆锥状；花小，有短梗；花萼小；花冠黄色，4 裂，裂片卵形，长约 2mm，宽约 1mm。果实近球形，双生，直径约 2mm。花期 6 ～ 7 月，果期 7 ～ 8 月。

植株

【生境】生于山麓草甸子、路旁、山坡或草地。

【分布】辽宁义县、北镇、建平、凌源、大连、本溪、辽阳、鞍山、丹东、昌图、西丰、清原、彰武等市（县）。

【经济价值】可作农药，杀大豆蚜虫。根及根状茎可提取染料。

根

叶

花序

茜草属 *Rubia*

3. 茜草

Rubia cordifolia L.

【特征】多年生草本，攀援。根紫红色或橙红色。茎和小枝具明显的 4 棱，沿棱具倒生小刺。中下部节上的叶为 6 ～ 8(10) 枚轮生，上部的 2 ～ 4 叶轮生，叶柄具棱，沿棱具倒生小刺，叶片卵形、卵状披针形或长圆状披针形，表面被短毛，背面沿叶脉及边缘常具倒生小刺，基出脉 3 或 5 条。聚伞状圆锥花序顶生和腋生；苞片卵状披针形，长 1 ～ 2mm；花小，黄白色，直径 3 ～ 4mm，具短梗，被短毛；萼筒近球形；花冠钟形，5 裂，裂片长卵形或长三角形；雄蕊 5，比花冠稍长；子房无毛，花柱短，2 裂至中部，柱头头状。浆果近球形，直径 4 ～ 5mm，成熟时红色，有 1 粒种子。花期 6 ～ 8 月，果期 8 ～ 9 月。

植株

【生境】生于阔叶林下、林缘或灌丛。

【分布】辽宁西丰、建平、建昌等地。

【经济价值】根可提取染料。药用，具凉血止血、活血化瘀的功效。

叶

茎

花序

花

果实

4. 林生茜草

Rubia sylvatica **(Maxim.) Nakai**

【特征】多年生草本，攀援。根带红色，须根多数。茎有 4 棱，沿棱有倒生小刺。叶柄长 2 ～ 7cm，具倒生小刺，叶 4 ～ 6 枚轮生，叶片卵状披针形至卵形，长 3 ～ 7cm，宽 1.5 ～ 4cm，5 出脉，沿边缘与叶脉有小刺。聚伞花序圆锥状，顶生和腋生；苞片对生，披针形；萼筒近球形；花冠黄白色，钟状，直径 4 ～ 5mm，裂片三角状披针形，长 2 ～ 3mm，宽约 1mm，先端尖；雄蕊 5，与花冠裂片互生；花柱短，柱头 2，头状。浆果近球形，直径约 5mm，成熟时黑色，有 1 粒种子。花期 7 ～ 8 月，果期 8 ～ 9 月。

【生境】生于阔叶林下或灌丛中。

【分布】辽宁北镇、凌源、鞍山、沈阳、铁岭、本溪、丹东、大连等市（县）。

【经济价值】为中药茜草的代用品在民间应用。

植株

花放大

根

果实和种子

果序

花序

科 64 旋花科

Convolvulaceae

打碗花属 *Calystegia*

1. 打碗花

***Calystegia hederacea* Wall. in Roxb.**

植株

【特征】一年生草本，全株无毛，植株矮小，常由基部分枝。茎匍匐，有时缠绕，具细棱。茎基部叶近全缘，卵状长圆形，长 2 ～ 3(5)cm，宽 1.5 ～ 2.5cm，茎上部叶长 3 ～ 4(5)cm，3 ～ 5 裂，中裂片卵形或卵状披针形，侧裂片卵状三角形。花腋生，花梗长 3 ～ 6cm；苞卵圆形，长 1 ～ 1.2cm；萼片 5，稍短于苞；花冠钟形，长 2.5 ～ 3cm，淡红色；雄蕊 5，花丝基部膨大，有小鳞毛；雌蕊较雄蕊长，柱头 2 裂。蒴果球形。种子卵圆形，黑褐色。花期 5 ～ 7 月，果期 6 ～ 8(9) 月。

【生境】生于田间、路旁、荒地等处。

【分布】辽宁沈阳、北镇、大连等地。

【经济价值】全草入药，调经活血、滋阴补虚。

叶

花

萼片

2. 旋花

Calystegia sepium **(L.) R. Br.**

【特征】多年生草本，全株无毛或几乎无毛。茎缠绕，具棱。叶柄长 4 ～ 5cm，叶片三角状卵形或广卵形，长 4 ～ 10cm，宽 3 ～ 8cm，基部截形或心形，全缘或基部伸展为 2 ～ 3 个大齿状裂片。花梗长 5 ～ 8cm，有细棱；苞片 2，广卵形，长 2.5 ～ 2.8cm；萼片 5，卵状披针形，短于苞；花冠漏斗状，粉红色或带紫色，长 5 ～ 7cm，冠檐微裂；雄蕊 5，花丝基部膨大，被小鳞毛；雌蕊比雄蕊稍长，柱头 2 裂。蒴果球形。种子卵圆形，黑褐色，花期 6 ～ 8 月，果期 8 ～ 9 月。

植株

花蕾，示花梗、苞片

【生境】生于山坡、路旁稍湿草地。

【分布】辽宁凌源、北镇、清原、本溪、岫岩等市（县）。

【经济价值】优良的观花植物。民间某些地方将根作药用。

植株

3. 欧旋花

Calystegia sepium **subsp.** ***spectabilis*** **Brummitt**

【特征】多年生草本植物，除花萼、花冠外植物体各部分均被短柔毛。茎缠绕，有细棱。叶通常为卵状长圆形，长 4 ～ 6cm，基部戟形，裂片不明显伸长，圆钝或 2 裂，有时裂片 3 裂，中裂片长圆形，侧裂片平展，三角形，下侧有 1 小裂片；叶柄长 1 ～ 4cm。花单生叶腋，花梗长于叶片；苞片宽卵形，萼片 5；花冠淡红色，漏斗状；雄蕊 5，花丝基部扩大，蒴果球形，稍长于萼片。花期 7～9 月；果期 8～10 月。

【生境】路边、荒地、旱田或山坡路旁。

【分布】辽宁沈阳、大连、本溪、锦州、阜新、辽阳、西丰、建平等市（县）。

【经济价值】可供观赏。

叶与叶柄

茎

花

4. 藤长苗 

***Calystegia pellita* (Ledeb.) G. Don**

【特征】多年生草本。茎缠绕或下部直立，有细棱，密被灰白色或黄褐色长柔毛。叶长圆形或长圆状线形，长 4～10cm，宽 0.5～2.5cm，顶端具小短尖头，基部圆形、截形，全缘，两面被柔毛，通常背面沿中脉密被长柔毛；叶柄长 0.2～1.5(2)cm，被毛。花腋生，单一；花梗短于叶，密被柔毛；苞片卵形，长 1.5～2.2cm，顶端钝，具小短尖头，外面密被褐黄色短柔毛；萼片长 0.9～1.2cm，长圆状卵形，上部具黄褐色缘毛；花冠淡红色，漏斗状，长 4～5cm；雄蕊花丝基部扩大，被小鳞毛；子房 2 室，柱头 2 裂，裂片长圆形，扁平。蒴果近球形，径约 6mm。种子卵圆形。

【生境】平原路边、田边杂草中或山坡草丛。

【分布】辽宁彰武、凌源、建平、锦州、沈阳、辽阳、营口、大连等市（县）。

【经济价值】可供观赏。

植株

叶

花

旋花属 *Convolvulus*

5. 银灰旋花

Convolvulus ammannii **Desr. in Lam.**

【特征】多年生草本，全株被银灰色绢毛。地上茎由基部分枝，直立，平卧或上升。叶互生，无柄，线状披针形，长 1 ～ 2cm，宽 1 ～ 4mm，先端锐尖。花腋生或单生于花梗顶端；花梗长 0.5 ～ 7cm；萼片 5，卵状披针形；花冠小，漏斗状，长 8 ～ 15mm，白色，沿中部稍带粉红色，5 浅裂；雄蕊 5，不等长，约为花冠长度的 1/2；雌蕊有毛，较雄蕊稍长，子房 2 室，花柱 2 裂。蒴果球形。种子 2 ～ 3 粒，卵圆形，微带红褐色，花期 6 ～ 8 月，果期 8 月。

植株

花侧面与叶

花正面

【生境】生于山坡草地、干草原、干砂质地。

【分布】辽宁建平县。

【经济价值】全草入药，解表、止咳。可作牧草。

6. 田旋花

Convolvulus arvensis L.

植株

【特征】多年生草本，无毛。茎缠绕，有条纹及棱角。叶互生，具柄；叶片 3 裂，中裂片狭长，长达宽的 3 倍以上，长 2 ～ 7cm，宽 3 ～ 15mm，先端具小刺尖，侧裂片开展。花序腋生，具 1 ～ 2 朵花；花梗细长；苞片小，2 枚，生于花梗中上部，线形；萼片 5，广倒卵形，边缘膜质；花冠漏斗状，淡红色，径 2.5 ～ 3cm，长 2 ～ 2.5cm；雄蕊 5，长约为花冠的 1/2，不等长，基部膨大，有小鳞毛；雌蕊较雄蕊稍长，子房 2 室，柱头 2 裂。蒴果球形或圆锥形。种子黑褐色。花期 6 ～ 9 月，果期 6 ～ 10 月。

【生境】生于山坡路旁、耕地附近、沟边、河岸沙地及固定沙丘、干草原。

【分布】辽宁彰武、喀左、建平、绥中、北镇、瓦房店等市（县）。

【经济价值】全草入药，调经活血、滋阴补虚。

叶正面

叶背面

花侧面，示花萼和苞片

花，示雌雄蕊

菟丝子属 *Cuscuta*

7. 金灯藤

Cuscuta japonica Choisy in Zoll.

植株寄生状

【特征】一年生寄生草本，全株无毛。茎缠绕，较粗壮，肉质，径 1 ～ 2mm，黄色，常带紫红色瘤状斑点，无叶。花序穗状，花具短梗或近无梗；苞及小苞鳞片状，卵圆形；花萼碗状，肉质，长约 2mm，5 裂，裂片圆形或近圆形，背面常具紫红色瘤状斑点；

花冠钟形，白色，5浅裂，裂片卵状三角形；雄蕊5，着生于花冠裂片之间，花丝极短或近无；鳞片5，长圆形，边缘流苏状，着生于花冠基部和雄蕊之下；子房球形，平滑，2室，花柱合生为一，柱头2裂。蒴果卵圆形，长约5mm，近基部周裂，花柱宿存。种子1～2粒，卵状三角形，黄褐色。花期6～8月，果期8～10月。

【生境】寄生于草本或灌木植物上。

【分布】辽宁北镇、岫岩、大连等市（县）。

【经济价值】常用的补益中药，具有滋补肝肾、固精缩尿、安胎、明目等功效。

花

果序

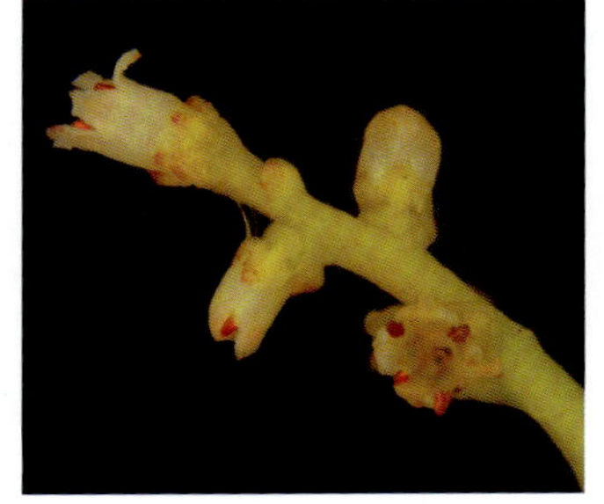

花放大

种子

8. 菟丝子 

Cuscuta chinensis Lam.

【特征】一年生寄生草本。茎黄色、纤细、缠绕。无叶。花于茎侧簇生成聚伞花序或总状花序；苞及小苞鳞片状；萼钟形，5裂至中部，裂片三角状，顶端钝；花冠白色，钟形，比萼长，5裂，裂片三角状卵形；雄蕊5，着生于花冠2裂片之间；鳞片5，长圆形，边缘流苏状，着生于花冠基部及雄蕊之下；花柱2，柱头头状，伸出花冠，子房近球形。蒴果球形。种子2～4粒，淡褐色。花期6～8(9)月，果期8～10月。

【生境】寄生于豆科、菊科等多种植物上。

【分布】辽宁锦州、凌源、新宾、大连、沈阳等市（县）。

【经济价值】功效与金灯藤相同。

植株

花

番薯属 *Ipomoea*

9. 圆叶牵牛

Ipomoea purpurea (L.) Roth

植株

【特征】一年生缠绕草本。茎被倒向短柔毛及稍开展的糙硬毛。叶柄长 5 ~ 13cm，被倒向柔毛；叶片心形或卵状心形，通常全缘，两面疏被短硬毛。花序腋生，总花梗比叶柄稍短，被倒向硬毛，花单一或 3 ~ 5 朵聚生于总花梗顶端呈伞形，小花梗被短硬毛，苞 2 枚，线形，被开展的短硬毛；萼齿 5，近等长，外萼齿长椭圆形，渐尖，内萼齿线状披针形，均被开展的硬毛；花冠漏斗状，长 4 ~ 5(6)cm，紫红色或淡红色，花冠筒近白色；雄蕊 5，不等长，花丝基部被毛，雌蕊较雄蕊长，子房 3 室，柱头头状，3 裂。蒴果近球形。种子黑褐色，三棱状卵形。花期 7 ~ 8 月，果期 8 ~ 9 月。

【生境】生于田边、路旁、平地及山谷、林内。

【分布】辽宁省各地有栽培，现普遍野生。

【经济价值】可供观赏。

叶

根

茎被糙硬毛

果实

花侧面，示花萼与苞片

种子

10. 牵牛

Ipomoea nil (L.) Roth

【特征】一年生草本，全株被硬毛，茎缠绕。叶互生，具长柄，叶片心形，3中裂至3深裂，中裂片卵形，先端尾状突尖，侧裂片斜卵形。花序腋生，于总花梗顶端聚生2～3朵花，花梗长约1cm；苞2枚，线状披针形；萼片5，近等长，线状披针形，长2.5～3cm；花冠为萼片长的2倍，漏斗状，淡红紫色，花冠筒颜色稍淡；雄蕊5，长达花冠的1/2，花丝基部稍膨大，有毛；雌蕊子房3室，柱头头状。蒴果球形。种子三棱状卵形。花期6～8月。果期8～9月。

植株

【生境】常为栽培植物，亦野生于东北各地。

【分布】辽宁省各地均有栽培。

【经济价值】种子为常用中药，有泻下、利尿功效。

花

雌蕊与雄蕊，示花丝有毛

叶背面

果实

科 65 紫草科

Boraginaceae

斑种草属 *Bothriospermum*

1. 狭苞斑种草

Bothriospermum kusnetzowii **Bunge ex A. DC.**

植株

【特征】一年或两年生草本。茎直立或斜升，常自下部分枝，有开展的硬毛。叶狭披针形、倒披针形或匙形，基生叶长可达 11.5cm，宽达 1.7cm，茎生叶长 2 ~ 4cm，宽 3 ~ 7mm，边缘有波状小齿，基部渐狭呈柄状，两面疏生糙毛。花序总状；苞片长圆形或披针状长圆形；花萼裂片 5，披针形，密生糙毛；花冠淡蓝紫色，较花梗稍长，直径约 3mm，稍超出花萼，喉部有附属物 5；雄蕊 5，内藏；子房 4 裂，花柱内藏。小坚果肾形，灰白色，密生小瘤状突起，腹面有一纵向较大的椭圆形凹陷。花果期 5 ~ 8 月。

【生境】生于山坡或路旁草地。

【分布】辽宁朝阳、沈阳、大连等地。

【经济价值】尚无记载。

叶正面

叶背面

花正面

花侧面

2. 多苞斑种草 

Bothriospermum secundum Maxim.

植株

【特征】一年生草本，全株被开展的硬毛。茎直立或斜升。叶狭椭圆形或长圆状披针形，长 1.5 ～ 4cm，宽 0.5 ～ 1cm。总状花序长可达 20cm；多分枝，花常偏向轴的一侧；苞片椭圆形；花萼 5 裂，裂片披针形，长约 4mm，有疏糙毛；花冠淡蓝紫色，径约 3mm，较花萼稍长；雄蕊 5，内藏，喉部有附属物 5；子房 4 裂，花柱短，内藏。小坚果肾形，密生小瘤状突起，腹面有一纵向椭圆形凹陷。花果期 5 ～ 8 月。

【生境】生于山坡、道旁、河床、农田路边及山坡林缘灌木林下、山谷溪边阴湿处等。

【分布】辽宁葫芦岛、北镇、沈阳、铁岭、抚顺、大连等地。

【经济价值】尚无记载。

花

果枝

枝叶

琉璃草属 *Cynoglossum*

3. 大果琉璃草 

Cynoglossum divaricatum Stephan ex Lehm.

植株

【特征】两年生草本。茎中空，微有棱，有贴伏的短柔毛。基生叶和茎下部叶有长柄，叶片长圆状披针形或披针形，长 7 ～ 13cm，宽 1.5 ～ 4cm，两面密生贴伏的短柔毛，茎上部叶无柄，狭披针形。圆锥花序，侧枝多，疏松；花萼裂片 5，卵形，长 3 ～ 4mm，外面密生短柔毛；花初开时紫红色，后变为蓝紫色，花冠直径 4 ～ 5mm，裂

花

果实

片 5，卵圆形，喉部附属物 5，长圆形；雄蕊 5，内藏；子房 4 裂，花柱短，内藏。小坚果卵形，腹背压扁，长约 5mm，密生锚状刺。花果期 6 ～ 8 月。

【生境】生于山坡、沙丘。

【分布】辽宁彰武、建平、义县等地。

【经济价值】根入药，清热解毒。

鹤虱属 *Lappula*

4. 鹤虱

Lappula myosotis Moench

植株

【特征】一年生草本，被细糙毛。茎单一或有分枝。基生叶匙形，有长柄，茎生叶几无柄，狭披针形、倒披针形或线形，长 1.5 ～ 5cm，宽 3 ～ 5mm，有近贴伏的细糙毛。总状花序顶生，长可达 20cm；苞片狭卵形、披针形至线形；花有短梗；花萼长约 3.5mm，5 深裂，裂片狭披针形；花冠淡蓝色，比萼稍长，喉部附属物 5；雄蕊 5，内藏；子房 4 裂，花柱短，内藏。小坚果扁三棱形，长约 3mm，密生灰白色的小瘤状突起，背面披针形，沿脊线有一行短刺，边缘有 2 ～ 3 行锚状刺，刺长可达 2mm。花果期 5 ～ 9 月。

根

花

果实

【生境】生于沙丘、干山坡、路旁草地和砂质地上。

【分布】辽宁各地。

【经济价值】果实可入药。

紫丹属 *Tournefortia*

5. 砂引草

Tournefortia sibirica L.

【特征】多年生草本，植株被灰白色长柔毛。根状茎细长。茎匍匐或斜升，常分枝。叶片倒披针形或长圆状披针形，先端通常钝圆，稍微尖，长 2 ～ 4cm，宽 0.5 ～ 2cm，毛基部有瘤状突起。聚伞花序伞房状，顶生，近二叉状分枝；花白色，萼片披针形，5 裂至近基部；花冠漏斗状，裂片 5；花冠筒长 6 ～ 7mm；雄蕊 5，内藏；子房 4 室，柱头 2 浅裂，下部呈环状膨大。果实有 4 钝棱，广椭圆形，先端凹入，顶有宿存短花柱。花期 5 月，果期 6 ～ 7 月。

植株

【生境】生于海岸或内陆沙地。

【分布】辽宁绥中、兴城、大连等市（县）。

【经济价值】可用于滨海盐渍土的改良。

茎与叶背面

根

花

果实

紫筒草属 *Stenosolenium*

6. 紫筒草

Stenosolenium saxatile (Pall.) Turcz.

植株

根

【特征】一年生草本。根细长，垂直生，紫红色。茎直立或斜升，多分枝，密生开展硬毛。叶狭披针形或披针状线形，长 1.5 ～ 4cm，宽 2 ～ 4mm，锐尖，最下部者常为倒披针形，先端钝，两面密生糙毛。花序顶生，密生糙毛；苞片叶状；花有短梗，花萼长约 6mm，果期伸长，5 裂至近基部，裂片线形，外面生糙毛；花冠淡紫色或紫红色，5 裂，裂片近卵形；花冠筒细长，长约 10mm，外面有短柔毛，基部内面具毛环；雄蕊 5，在花冠筒中部之上螺旋状着生，子房 4 裂，花柱细长，不伸出，顶部 2 裂，每分枝有一球状柱头。小坚果偏卵形，长约 2mm，有瘤状突起。花果期 6 ～ 7 月。

【生境】生于低山、丘陵及平原地区的草地、路旁、田边等处。

【分布】辽宁建平、彰武等地。

【经济价值】全草入药，祛风除湿。

齿缘草属 *Eritrichium*

7. 北齿缘草

Eritrichium borealisinense Kitag.

【特征】多年生草本，全株被糙伏毛。直根，暗褐色，圆锥形；根状茎短而密集。茎多条，较粗壮。基生叶丛生，匙状线形，长 3 ～ 9cm，宽 3 ～ 5mm，茎生叶稍小，匙状线形或长圆状线形。总状花序密集，果期显著伸长，可达 9cm；苞片披针形；花梗长约 3mm，果期可达 5mm；花萼 5 深裂，裂片披针形；花冠蓝色，5 裂，裂片钝圆，长约 5mm，檐部直径约 7mm，喉部有附属物 5；雄蕊 5，内藏；子房 4 裂，花柱短，内藏。小坚果斜陀螺形，长约 2mm，密生小瘤，瘤的顶部有一透明短毛，背面边缘生有 10 多个先端透明的锚状短刺。花果期 6 ～ 9 月。

【生境】生于干山坡或山坡灌丛中。

【分布】辽宁建平、凌源等市（县）。

【经济价值】尚无记载。

植株

茎与叶

花

科 66 唇形科

Lamiaceae

藿香属 *Agastache*

1. 藿香

Agastache rugosa (Fisch. & C. A. Mey.) Kuntze

植株

【特征】多年生草本，有香味。茎直立，上部被微柔毛。叶柄长 1 ～ 3.5cm，叶片心状卵形至长圆状卵形，长 4 ～ 14cm，宽 3 ～ 7cm，先端尾状长渐尖，边缘具钝齿，背面被微柔毛和腺点。轮伞花序多花，集成顶生的穗状花序；苞片披针形或线形；花萼管状，常呈浅紫色或紫红色，萼齿狭三角形，后三齿比前二齿稍长；花冠淡蓝紫色，长 7 ～ 8mm，外被微柔毛，花冠筒稍超出花萼，上唇稍弯，顶端微缺，下唇 3 裂，中裂片较宽，平展，边缘有波状细齿，侧裂片很短；雄蕊伸出花冠筒外；子房顶端有短柔毛，花柱与前雄蕊近等长，先端相等 2 裂。小坚果倒卵状长圆形，顶端具短硬毛，深褐色。花果期7～10月。

【生境】生于山坡、林间、山沟溪流旁。

【分布】辽宁岫岩、丹东等市（县）。

【经济价值】多用于花径、池畔和庭院成片栽植。全草入药，芳香健胃、清凉解热。亦为芳香油原料。

叶

花序

筋骨草属 *Ajuga*

2. 多花筋骨草

Ajuga multiflora Bunge

植株

【特征】多年生草本。茎直立，单一或丛生，不分枝，被灰白色绵毛状长柔毛。叶片椭圆状卵圆形至近长圆形，两面被蛛丝状长柔毛，脉自基部三出或五出，基生叶通常无柄。轮伞花序于茎顶部通常排列紧密而呈穗状，每轮具6(10)花或有时最下方者花较少，下部的苞叶为叶状，向上渐狭而小；萼钟形，外面被长柔毛，萼齿5，长为萼的3/5～2/3，边缘有长缘毛；花冠蓝紫色或蓝色，筒状而下部稍狭或为漏斗状，外面被柔毛，里面近基部有毛环，冠檐二唇形，上唇短，2裂，下唇宽大，3裂，中裂片大；雄蕊4，伸出花冠外，前雄蕊较长；花柱先端2浅裂。小坚果倒卵状三棱形，背部具网纹。花期4～5月。

【生境】生于向阳草地、山坡、林缘、阔叶林下、溪流旁砂质地、路边等处。

【分布】辽宁沈阳、抚顺、大连等市（县）。

【经济价值】多花筋骨草提取物具较高的抗氧化活性，有药用价值。细胞含植物源蜕皮激素，可用来控制有害昆虫种群。

花序

花

水棘针属 *Amethystea*

3. 水棘针

Amethystea caerulea L.

植株

【特征】一年生草本。茎带紫色，直立，多分枝，节上生短柔毛。叶对生，叶柄有狭翼；叶片通常为3全裂或3深裂，裂片披针形至卵状披针形，通常中裂片明显较大，边缘具不规则的粗大锯齿。花序由松散的、具长梗的聚伞花序组成大圆锥花序，苞叶与叶同形，向上渐小，小苞片线形或线状披针形，花轴及花梗有腺毛及微柔毛；花萼钟形，萼齿5，狭三角形或狭三角状披针形，果期花萼明显增大；花冠蓝色或紫蓝色，长2.6～3.8mm，冠檐二唇形，上唇近直立，2裂，下唇略开展，3裂，中裂片较大；雄蕊4，前雄蕊能育，后雄蕊退化；花柱略超出于雄蕊或近相等，先端不均等2裂。小坚果略呈倒卵形，背面凸，具网状皱纹。花期(7)8～9月，果期9～10月。

【生境】生于田间、田边、路旁、荒地、杂草地、山坡、灌丛、林边、河岸沙地、湿草地等处。

【分布】辽宁建平、凌源、岫岩、铁岭、庄河、新宾、桓仁、宽甸等市（县）。

【经济价值】云南昭通以本种代荆芥药用。

叶正面

叶背面

花序

花

风轮菜属 *Clinopodium*

4. 麻叶风轮菜

Clinopodium urticifolium (Hance) C. Y. Wu et Hsuan ex H. W. Li

【特征】多年生草本。茎直立，四棱形，半木质，常带紫红色，上部分枝、棱及节上毛较密。叶对生，茎下部叶柄长 1 ～ 1.2cm，叶片卵形、卵圆形或卵状披针形，边缘锯齿状，侧脉 6 ～ 7 对，茎上部叶柄向上渐短。轮伞花序多花密集，彼此远离；苞叶叶状，超过花序，上部者与花序近相等，呈线形，带紫红色，边缘具长缘毛；总花梗多分枝，被具腺微柔毛；花萼管状，长约 8mm，上部带紫红色；花冠紫红色，冠檐二唇形，上唇倒卵形，先端微凹，下唇 3 裂，中裂片大；雄蕊 4，前雄蕊稍长，不超出花冠；花柱先端不相等 2 浅裂。小坚果倒卵形，褐色。花期 6 ～ 8 月，果期 8 ～ 9 月。

【生境】生于沟边湿草地、林缘路旁及杂木林下。

【分布】辽宁凌源、北镇、西丰、丹东等市（县）。

【经济价值】尚无记载。

植株

茎与叶

花序

青兰属 *Dracocephalum*

5. 香青兰

Dracocephalum moldavica L.

【特征】一年生草本。茎直立，常带紫色。基生叶和茎下部叶有长柄，叶片卵状三

植株

角形，具疏圆齿，花期枯萎；茎中部以上叶柄渐短，叶片长圆状披针形至线状披针形，边缘具不规则牙齿，两面脉上和背面被短毛及树脂状腺点。轮伞花序数花，花梗长 3 ~ 5mm；苞片长椭圆形，边缘有小齿，齿先端具长刺；花萼被倒向短柔毛，脉常带紫色，脉间有树脂状腺点，花萼呈较明显的二唇形；花冠蓝紫色，长 2 ~ 3cm，喉部以上骤然扩展，外被白色柔毛，有疏散的树脂状腺点，冠檐二唇形，上唇 2 浅裂或微凹，下唇 3 裂，中裂片扁平，2 裂，具深紫色斑点，有短爪，侧裂片小；雄蕊稍伸出花冠，花丝下部被稀疏长柔毛；花柱先端 2 等裂。小坚果长圆形，顶端平截，深褐色。

【生境】生于干燥山地、山谷、河滩多石处。

【分布】辽宁朝阳、新民等地。

【经济价值】全草可作芳香油原料；亦可药用。

叶正面

叶背面，示具腺点

花正面

花侧面

6. 光萼青兰 

Dracocephalum argunense Fisch. ex Link

【特征】多年生草本。茎多数，自根状茎生出，疏被倒向短柔毛，中部以下近无毛。叶有短柄或近无柄，叶片长圆状披针形或线状披针形，全缘，背面被树脂状腺点，中脉疏被短柔毛。轮伞花序密集于茎顶 2 ~ 4 节上，苞片比萼短或稍长，卵状披针形，全缘，背面有树脂状腺点，边缘具睫毛；花萼呈不明显二唇形，齿锐尖，常带紫色，上唇 3 齿，中齿较宽，下唇 2 齿，上唇侧齿及下唇齿间具瘤状突起；花冠蓝紫色，上唇 2 浅裂，下唇 3 裂，中裂片大；花丝疏被柔毛，花药密被柔毛。花期 7 ~ 9 月，果期 9 ~ 10 月。

植株

【生境】生于山阴坡灌丛间及山坡草地。

【分布】辽宁西丰、开原、喀左、建平等市（县）。

【经济价值】具有观赏价值。

根

茎叶

花萼

花

夏至草属 ***Lagopsis***

7. 夏至草

Lagopsis supina **(Steph.) Ikonn.-Gal.**

【特征】多年生草本。茎直立或上升，常于基部分枝，被有倒向的柔毛。叶近圆形，掌状3深裂，裂片长圆形，具牙齿。轮伞花序，径1～1.5cm，生于枝上部者密集，下部者较疏松；小苞片与萼筒等长或稍短，微弯曲，刚毛状；花萼管状钟形，长约4mm，密被微毛，具不等的5齿，三角形，先端具刺尖；花冠白色，稍伸出萼筒，长约5mm，外被短柔毛，上唇比下唇长，直立，长圆形，下唇开展，3浅裂；雄蕊4，前雄蕊较长，内藏，花柱先端2浅裂。小坚果卵状三棱形，长约1.5mm，褐色。花期4月，果期5～6月。

植株

【生境】生于山坡、草地、路旁。

【分布】辽宁北镇、盖州、沈阳等地。

【经济价值】全草入药，活血调经。

茎叶

花序

花与花蕾侧面

花及花萼正面

益母草属 *Leonurus*

8. 大花益母草

Leonurus macranthus **Maxim.**

【特征】多年生草本。茎直立，钝四棱形。茎下部叶花期枯萎，茎中部叶有柄，叶片近圆形或卵形，有时 3 裂，边缘有缺刻状大牙齿，两面散生短伏毛；茎上部叶近无柄，披针形或卵状披针形，边缘中部以上有齿或全缘。轮伞花序于茎顶形成穗状花序；花淡紫色；苞片针状，长 1cm，被毛；花萼钟形，萼筒长约 8mm，外面上部密被长毛，具 5 刺状尖齿，前 2 齿较长，靠合，后 3 齿较短；花冠筒近基部有毛环，冠檐二唇形，上唇直伸，长圆形，全缘，外面密被短柔毛，下唇 3 裂，中裂片被紫红色斑，侧裂片长圆形，比中裂片小一半；雄蕊 4，均伸向上唇之下，前雄蕊较长，花丝中部被长柔毛，花柱先端相等 2 浅裂。小坚果长圆状三棱形，先端平截。花期 8～9 月，果期 9 月。

【生境】生于山坡灌丛间、林下、林缘及山坡草地。

【分布】辽宁凌源、北镇、铁岭等地。

【经济价值】在民间常作为益母草的替代品，具有活血调经、利尿等作用。

植株

枝叶

花

9. 錾菜

Leonurus pseudomacranthus Kitag.

【特征】多年生草本。茎直立，具条棱，密被倒生伏柔毛，沿节部毛更密。茎下部叶花期凋落；茎中上部叶有柄，叶片 3 中裂至深裂，边缘具不规则粗牙齿或缺刻状牙齿，两面密被伏短毛，茎最上部叶不分裂，近无柄。轮伞花序腋生，多轮排列成穗状花序，小苞片刺状；花萼管状，萼筒长 8mm，外被长硬毛，萼齿 5，前 2 齿较长，靠合，后 3 齿较短；花冠白色或粉白色，稀淡紫色，长 2cm，花冠筒长 0.8 ~ 1cm，里面基部有毛环，冠檐二唇形，上唇长，直伸，先端钝圆，全缘，下唇 3 裂，中裂片大，倒心形，外面密被短柔毛及腺点；雄蕊 4，均伸向上唇之下，前雄蕊较长，花丝中部具长柔毛；花柱先端相等 2 浅裂。小坚果长圆状三棱形，先端平截，黑褐色，光滑无毛。花期 7 ~ 9 月，果期 9 月。

植株

【生境】生于山坡、林下、丘陵地、沟边及河边。

【分布】辽宁喀左、建平、建昌、凌源、阜新、锦州等市（县）。

【经济价值】尚无记载。

叶

花

10. 益母草

Leonurus japonicus Houtt.

【特征】一年或两年生草本。茎常单一，直立。茎下部叶花期脱落，茎中部叶有柄，叶片 3 全裂，裂片长圆状菱形，再羽状分裂，裂片宽线形；茎上部叶渐向上分裂渐少至不分裂。轮伞花序腋生，多数集生于茎顶呈穗状花序；苞片针刺状，长 3 ~ 4mm，

植株

密被伏毛；花萼管状钟形，具 5 刺状齿，前 2 齿较长，靠合；花冠紫红色或淡紫红色，长 1 ～ 1.5cm，花冠筒里近基部有毛环，冠檐二唇形，上唇长圆形，下唇 3 裂，下唇与上唇近等长或稍短，外面被白色长柔毛；雄蕊 4，花丝中部有白色长柔毛；花柱先端相等 2 裂。小坚果长圆状三棱形，长2.5mm，先端平截。花果期7～9月。

【生境】生于山野荒地、田埂、草地等。

【分布】辽宁各地。

【经济价值】全草入药，活血调经。

花序

花

11. 细叶益母草

Leonurus sibiricus L.

【特征】一年或两年生草本。茎直立，微具槽，被短伏毛。茎下部叶花期枯落；茎中部以上叶有柄，叶片掌状 3 全裂，裂片再次羽裂或 3 裂，小裂片线形，宽 1 ～ 3mm，背面密被伏毛或腺点；茎上部叶渐向上分裂渐少，最上部叶 3 深裂至全裂。轮伞花序多数，生于茎或分枝顶端，每轮多花，苞片针刺状；花萼外面密被短柔毛及腺点，萼齿 5，具刺尖，前 2 齿较长，后 3 齿较短；花冠粉红色，长约 1.8cm，花冠筒外面上部有长毛，里面近基部有毛环，冠檐二唇形，上唇长圆形，直伸，外面密被长柔毛，下唇比上唇短 1/3～1/4,3 裂，中裂片较大；前雄蕊较长，花丝中部被白色绵毛，下部被鳞片状短毛；花柱稍超出雄蕊，先端相等 2 浅裂。小坚果长圆状三棱形，先端平截，黑褐色。花果期 7～9 月。

【生境】生于石质地、砂质草地或沙丘上。

【分布】辽宁西丰、康平、新民、彰武、桓仁等市（县）。

【经济价值】药用，有活血、调经、拨云退翳之功效。

植株

茎

叶

花序

花

地笋属 *Lycopus*

12. 地笋

Lycopus lucidus Turcz. ex Benth.

植株

根

茎与花

【特征】多年生草本。根状茎横走，先端肥大呈圆柱形，节上生须根。茎直立，通常单一，具槽，节上常带紫红色。叶对生，具短柄或近无柄，叶片长圆状披针形，边缘具锐尖粗牙齿状深锯齿，叶质较厚，表面有光泽，背面具凹陷的腺点。轮伞花序无柄，多花密集，具卵圆形或披针形的小苞片，先端具刺尖；花萼钟形，长约 3mm，外面具小腺点，萼齿披针形或披针状三角形，具刺尖，边缘具缘毛；花冠白色，比萼稍长，不明显二唇形，上唇近圆形，下唇 3 裂，冠檐外侧具腺点，里面喉部具白色短柔毛；前雄蕊能育，超出花冠，后雄蕊退化；花柱伸出花冠，先端为相等 2 裂。小坚果倒卵状三棱形，黄褐色，腹面具小腺点。花期 7～9 月，果期 9～10 月。

【生境】生于林下、草甸、河沟、溪旁等湿地。

【分布】辽宁西丰、沈阳、彰武、本溪、丹东、大连等市（县）。

【经济价值】可作野菜食用。

薄荷属 *Mentha*

13. 薄荷

Mentha canadensis L.

【特征】多年生草本，全株芳香。茎直立，具槽。叶对生，柄长 2 ～ 10mm，叶片卵形、披针状卵形，长 3 ～ 7cm，宽 1.5 ～ 3cm，边缘有整齐或不整齐具胼胝尖的锯齿，两面沿脉密生微毛，余部疏生微毛或具腺点。轮伞花序腋生，呈球形；萼管状钟形或钟形，萼齿 5，披针状钻形或狭三角形；花冠淡紫色，长 4mm，冠檐 4 裂，上裂片先端 2 裂；雄蕊 4，均伸出花冠外，前雄蕊稍长，雌蕊略长于雄蕊，柱头相等 2 裂。小坚果长圆形，黄褐色。花期 7 ～ 9 月，果期 8 ～ 10 月。

茎

花序

植株

【生境】生于水旁潮湿地。

【分布】辽宁建平、凌源、新民等市（县）。

【经济价值】为芳香性祛风剂，有镇痉、发汗、解热之效。

石荠苎属 *Mosla*

14. 荠苎

Mosla grosseserrata Maxim.

【特征】一年生草本。茎直立。叶柄长约 1cm，叶片卵形或菱状卵形，长 2 ～ 3cm，宽 0.7 ～ 1.5cm，背面有凹陷的腺点，边缘基部以上有 3 ～ 5 疏锯齿。总状花序顶生；苞片披针形，与花梗近等长或稍长；花萼钟形，具腺点，上唇 3 齿较宽，下唇 2 齿较长，披针形；花冠比萼长 1.5 倍，白色，冠檐二唇形，上唇微凹，下唇 3 裂，中裂片宽；雄蕊 2，后雄蕊退化；柱头相等 2 裂，小坚果藏于萼内，近圆形或稍呈三棱形，黄褐色或灰褐色，表面具网纹。花期 7 ～ 8 月，果期 8 ～ 9 月。

【生境】生于山坡、路旁及草地。

【分布】辽宁桓仁、凤城、大连等市（县）。

【经济价值】尚无记载。

植株

茎叶

15. 石荠苎

Mosla scabra (Thunb.) C. Y. Wu & H. W. Li

【特征】一年生草本。茎被短柔毛，多分枝。叶柄长约1cm，叶片卵形或卵状披针形，长2～4.5cm，宽1.5～2cm，边缘锯齿状，两面被疏柔毛，背面密布凹陷腺点。总状花序；苞披针形；花萼钟状，密被短柔毛，二唇形，上唇3齿，下唇2齿，线状披针形，果期萼伸长，有明显的腺点；花冠粉红色，表面被柔毛，里面基部有毛环，冠檐二唇形，上唇宽大，顶端微凹，下唇3裂，中裂片稍大；雄蕊4，前雄蕊退化；花柱先端相等2裂。小坚果卵圆形或近圆形，黄褐色，表面具深雕纹。花期8～9月，果期9～10月。

【生境】生于山坡、林缘、杂木林下及溪边草地。

【分布】辽宁岫岩、庄河、本溪、丹东等市（县）。

【经济价值】全草入药，治感冒、中暑发高烧、痱子、疟疾、便秘、内痔、湿脚气等。全草能杀虫。

植株

花序

香茶菜属 *Isodon*

16. 蓝萼香茶菜

***Isodon japonicus* var. *glaucocalyx* (Maxim.) H. W. Li**

【特征】多年生草本。茎直立，四棱形，基部木质化，沿棱上被微毛。叶对生，柄长 1 ～ 4cm，叶片卵形或广卵形，长 6 ～ 13cm，宽 3.5 ～ 7cm，边缘有粗大锯齿，两面均被腺点。圆锥花序，由具 3 ～ 7 花的聚伞花序组成，较疏松而开展；下部苞叶叶状，往上渐小，小苞线形；花萼钟形，蓝色或带蓝色；萼齿 5，三角形，为萼长的 1/3，果时花萼增大，呈管状钟形；花冠蓝色或暗蓝紫色，基部上方浅囊状，冠檐二唇形，上唇反折，4 圆裂，下唇卵圆形；雄蕊 4，伸出，花丝扁平；花柱伸出，先端 2 裂。小坚果卵状三棱形，黄褐色或带花纹，无毛或顶端有小腺点。花期 7 ～ 8 月，果期 8 ～ 9 月。

【生境】生于山坡、路旁、林间、草地。

【分布】辽宁彰武、建平、建昌、喀左、凌源、沈阳等市（县）。

【经济价值】尚无记载。

茎

叶片

花

17. 内折香茶菜

***Isodon inflexus* (Thunb.) Kudô**

【特征】多年生草本。根状茎木质，粗壮，向下密生纤维状须根。茎直立，多分枝，钝四棱形，沿棱上倒生具节的毛。叶柄长 1 ～ 4cm，叶片三角状宽卵形，长 4 ～ 8cm，宽 3 ～ 7cm，基部宽楔形，骤然渐狭，下延至柄，边缘基部以上具粗大锯齿。圆锥花序稍狭长；苞叶卵形，具短柄或近无柄，边缘有疏齿或近全缘；小苞片线状披针形；花萼钟形，外面被毛，萼齿5，近相等或稍呈二唇形，果时萼增大；花冠淡紫色或蓝紫色，外被短柔毛及腺点，冠筒基部以上浅囊状，冠檐二唇形，上唇外翻，先端相等4圆裂，下唇卵形；雄蕊4，内藏；花柱顶端2裂。小坚果卵圆形，顶端具腺点。花果期7～9月。

【生境】生于山坡草地、林边或灌丛下。

【分布】辽宁凌源、西丰、丹东、桓仁、鞍山、大连等市（县）。

【经济价值】尚无记载。

植株

叶正面

叶背面

花序

夏枯草属 *Prunella*

18. 山菠菜

Prunella asiatica Nakai

【特征】多年生草本。茎多数，钝四棱形。有匍匐茎。不育枝叶莲座状，叶片卵状长圆形；茎生叶交互对生，基部楔形，下延至柄成狭翼，先端钝尖，边缘疏生不明显圆齿或近全缘，茎上部叶向上渐小，柄渐短至无柄。轮伞花序每轮6朵花集成顶生穗状花序，长3～6cm；苞片对生，向上渐小，近半圆形，先端有较短的尾状尖，具缘毛，背面有白色长毛，网状脉；花具短梗；花萼常带紫色，二唇形，下唇于花后上弯封闭萼的喉部；花冠淡紫色、紫色或蓝紫色，二唇形，上唇盔瓣状，先端微凹，下唇3裂，中裂片大，下唇比上唇稍短或为上唇之半，花冠筒里面基部有毛

植株

环；前雄蕊较长；花柱先端 2 裂，超出雄蕊，子房棕褐色；花盘 4 浅裂。小坚果倒卵形，长 1.5 ～ 2mm，棕色。花期 6 ～ 7 月，果期 8 ～ 9 月。

【生境】生于林下、林缘、灌丛、山坡、路旁湿草地。

【分布】辽宁岫岩、清原、铁岭、沈阳、本溪等市（县）。

【经济价值】药理学研究证明山菠菜具有较广泛的药理作用。

叶

花序

果序

鼠尾草属 *Salvia*

19. 丹参

Salvia miltiorrhiza Bunge

【特征】多年生草本。根肥大，外面红色，里面白色。茎具槽，密被长柔毛和腺毛，有黏性，奇数羽状复叶，密被长柔毛，小叶 3 ～ 5(7)，卵圆形、椭圆状卵形或广披针形，边缘具牙齿或圆齿。轮伞花序 6 花或多花，组成顶生或腋生总状花序，花序轴密被长柔毛及腺毛；苞片披针形，全缘，被长柔毛及腺毛；花萼钟状，带紫色，二唇形，下唇与上唇近等长；花冠蓝紫色，长 2 ～ 3cm，伸出花萼，外被短腺毛及长柔毛；能育雄蕊 2 枚，着生于上唇基部；花柱细长，伸出花冠外，柱头 2 裂，裂片不等长。小坚果黑色，椭圆形。花期 5～7 月，果期 7～8 月。

植株

【生境】生于山坡、林下、山沟旁。

【分布】辽宁凌源、建昌、绥中、普兰店等地。

【经济价值】干燥根和根茎入药。为通经剂，对治疗冠心病亦有良好效果。

茎与叶柄

叶背面

花

裂叶荆芥属 *Schizonepeta*

20. 裂叶荆芥

Schizonepeta tenuifolia **(Benth.) Briq.**

植株

叶

【特征】一年生草本。茎直立，有时带红色，被白色短柔毛。叶通常为掌状3裂，有时羽状深裂，裂片线状披针形，全缘，被微柔毛，具透明树脂状腺点。多数轮伞花序组成顶生穗状花序，有时基部间断；苞片叶状，下部者较大，上部者渐小，广披针形，小苞片线形；花萼管状钟形，长约3.5mm，被柔毛，5齿裂；花冠淡蓝紫色，长约4mm，外被疏柔毛，花冠筒向上扩大，冠檐二唇形；雄蕊4，后雄蕊较长，均不伸出花冠，花药紫蓝色；花柱先端2裂，裂片近相等。小坚果长圆状三棱形，黄褐色，平滑。花期7～9月，果期1～10月。

【生境】生于山沟、山坡路旁、林缘等地。

【分布】辽宁凌源、大连等地。

【经济价值】全草富含芳香油。嫩叶和花序入药，祛风发汗、解热。

黄芩属 *Scutellaria*

21. 黄芩

Scutellaria baicalensis Georgi

【特征】多年生草本。根粗大肥厚，圆锥状或圆柱状。茎通常数个或多数丛生，钝四棱形。叶对生，叶片披针形至线状披针形，基部通常圆形，全缘，背面密布凹陷的腺点。总状花序顶生，偏向一侧，长 4 ～ 10cm，下方的花生于叶腋；萼长 3 ～ 4mm，盾片高 1 ～ 1.5mm，果期萼明显增大，长达 5 ～ 6mm，盾片高 5 ～ 6mm；花冠蓝紫色，外面被短腺毛，花冠筒喉部宽 4.5 ～ 5.5(6)mm，上唇盔瓣状，下唇中裂片较宽大，明显短于上唇；雄蕊 4，前雄蕊较长，稍露出或内藏，药室裂口具白色髯毛；花柱先端锐尖，微裂。小坚果近黑色，椭圆形，表面被锐尖的瘤状突起。花期 7 ～ 8(6 ～ 9) 月，果期 8 ～ 9 月。

植株

叶

根

花序背面

花序侧面

【生境】生于草甸草原、砂质草地、丘陵坡地、草地、向阳山坡等处。

【分布】辽宁北镇、葫芦岛、建平、凌源等市（县）。

【经济价值】根入药，解热、消炎、利尿、镇静、降压。

22. 纤弱黄芩

Scutellaria dependens Maxim.

【特征】多年生草本。根状茎细长如丝线状。茎纤弱，单一或自基部附近分枝。叶片卵圆状三角形、近三角形或狭三角形，边缘两侧靠近基部各具 1 ～ 3 个稀疏圆齿或几全缘，

植株

花

叶背面

边缘具细短的缘毛。花单生于茎中部、上部叶腋（有时茎下部也有），花梗长度超出于叶柄，近基部处有一对线形小苞；花萼盾片高 0.5 ～ 1mm，果期萼增大；花冠白色、淡蓝紫色或为白色带淡蓝色，冠筒基部略狭而微弯，向上渐宽，冠檐二唇形；雄蕊 4，前雄蕊较长；子房 4 裂，花柱先端 2 裂。小坚果黄褐色，卵状椭圆形，具瘤状突起。花果期 7 ～ 8(6 ～ 9) 月。

【生境】生于溪畔或落叶松林中湿地上。

【分布】辽宁西丰、朝阳等市（县）。

【经济价值】尚无记载。

百里香属 *Thymus*

23. 兴安百里香 

Thymus dahuricus **Serg.**

【特征】小灌木。茎多数，匍匐。花枝直立或斜生，密被白色长柔毛。叶具短柄，叶片狭倒披针形或长圆状披针形，长10～15mm，宽 1 ～ 2mm，全缘或有微齿，具腺点，无毛或表面被短毛，侧脉 2 ～ 3 对。轮伞花序密集成头状，苞片披针形，具常缘毛。花萼管状钟形或狭钟形，长 5 ～ 6mm，檐部二唇形。花冠粉紫色，二唇形；雄蕊伸出花冠；柱头 2 裂，比雄蕊短。小坚果卵形。花果期 7 ～ 8 月。

植株

枝叶

花枝

【生境】生于山坡砂质地及固定沙丘上。

【分布】辽宁阜新、建平等市（县）。

【经济价值】蜜源植物。在许多土壤退化严重的生境脆弱地区可形成自然的优势植物，发挥重要的生态功能。

香薷属 *Elsholtzia*

24. 香薷

Elsholtzia ciliata (Thunb.) Hyl.

【特征】一年生草本。茎直立，有短柔毛。单叶对生，叶柄有短柔毛，叶片卵形，基部通常渐狭而下延于叶柄，边缘具略整齐的牙齿或牙齿状锯齿，背面密布凹陷的腺点。轮伞花序在茎顶及分枝顶端形成明显偏向一侧的压扁形的长穗状花序，轮伞花序的每轮有 6～20 花；苞片对生，广卵圆形或近圆形，先端具芒状突尖，在花序内排成纵列的 2 行；萼钟形、筒状钟形或近筒状，萼齿 5，通常下方的 2（或 3）萼齿较长而具明显的芒尖；花冠粉紫色，冠檐二唇形；雄蕊 4，前雄蕊较长而伸出，后雄蕊较短而略与花冠平齐，花药黑紫色；子房 4 裂，花柱内藏或外伸，先端略均等地 2 裂。小坚果通常略呈长椭圆体，棕黄色至黄棕色，光滑或有时有暗色斑点。花期 7～10 月，果期 10 月。

植株

【生境】生于住宅附近、田边、路旁、荒地、山坡、林缘、林内及河岸草地等处。

【分布】辽宁沈阳、鞍山、抚顺、西丰、清原、宽甸、营口、喀左等市（县）。

【经济价值】全草入药，可发汗、利尿、解热。嫩叶可喂猪。

花序部分放大

果序

萼，示外具腺点

25. 华北香薷

Elsholtzia stauntonii **Benth.**

【特征】半灌木，小枝下部近圆柱形，上部钝四棱形，具槽，常带紫红色。叶对生，叶片椭圆状披针形或披针形，基部通常楔形而下延于叶柄，边缘除基部及先端外具牙齿或呈圆齿状，表面叶脉凹陷，背面叶脉明显隆起，通常沿脉有微柔毛并密布腺点。轮伞花序形成长穗状花序并偏向一侧，每轮具5～10花；苞片披针形或线状披针形；花萼筒状钟形或筒状，外面被灰白色绒毛，萼齿5，长为萼的1/4～1/3，果期萼增大；花冠淡红紫色，狭漏斗状，长6～7mm，里面中部斜生不规则的毛环，冠檐二唇形；雄蕊4，前雄蕊较长，均显著伸出于花冠外；子房无毛，花柱顶端略均等地2裂。小坚果椭圆形，光滑。花期7～8(9)月，果期9～10月。

【生境】生于山坡、路旁坡地及砂质地。

【分布】辽宁凌源、绥中及锦州等地。

【经济价值】可提取精油，不仅有芳香气味，而且具有抗菌和杀菌作用。

植株

花序正面

花序侧面，示花序偏向一侧

糙苏属 *Phlomoides*

26. 糙苏

Phlomoides umbrosa **(Turcz.) Kamelin & Makhm**

【特征】多年生草本。根粗厚，近木质，须根纺锤状，肉质。茎粗壮，直立，具微条棱。茎下部叶花期枯萎，茎中部叶有柄，叶柄腹面密被倒向柔毛及星状毛；叶片广卵形或卵形，长(4)8～12cm，宽4～9cm，边缘具粗大锯齿；茎上部叶渐小，柄亦渐短至无柄。轮伞花序腋生，每轮约8朵花；苞片3裂，裂片线状钻形，与花萼近等长；花萼钟形，上部常带紫色；花冠粉红色，二唇形，超出花萼约1倍，花冠筒里面基部有毛环，上唇盔瓣状，边缘有不规则的齿，外面密被白色长毛及星状毛，里面被髯毛，下唇3裂，中裂片较大，先端有圆齿；花丝上部有毛；花柱先端2裂，裂片不等长。小坚果。花期7～8月，果期8～9月。

【生境】生于林下、山坡灌丛间或沟边路旁。
【分布】辽宁建昌、朝阳、本溪等市（县）。
【经济价值】药用，祛风化痰、利湿除痹。

植株 轮伞花序 叶正面 根 叶背面

牡荆属 *Vitex*

27. 荆条

Vitex negundo var. *heterophylla* (Franch.) Rehder

【特征】落叶灌木，小枝四棱。叶对生，具长柄，5～7 出掌状复叶，小叶椭圆状卵

植株

形，长 2 ～ 10cm，先端锐尖，缘具缺刻状锯齿，背面被柔毛。花组成疏展的圆锥花序，长 12 ～ 20cm；花萼钟状，具 5 齿裂，宿存；花冠蓝紫色，二唇形；雄蕊 4，2 强；雄蕊和花柱稍外伸。核果，球形或倒卵形。花期 6 ～ 8 月，果期 7 ～ 10 月。

【生境】生于干山坡。

【分布】辽宁朝阳、建昌、北镇、绥中、沈阳等市（县）。

【经济价值】蜜源植物。也可作为水土流失土地的先锋修复植物。枝可用来编筐。

花序　果序

叶　花　果实

科 67 茄科

Solanaceae

曼陀罗属 *Datura*

1. 曼陀罗

***Datura stramonium* L.**

植株

【特征】一年生草本，全株近平滑，有臭气。茎直立，单一，上部呈二歧状分枝。叶互生，叶柄长 3 ～ 5cm；叶片卵形或广椭圆形，边缘具不规则波状浅裂。花单生于枝杈间或叶腋，直立，花梗长 0.5 ～ 0.8cm；花萼筒状，长约 4cm，筒部有 5 棱角，顶端 5 浅裂，花后自近基部断裂，宿存部分随果实增大而增大并向后反折；花冠漏斗状，长 6 ～ 10cm，下部带绿色，上部白色，檐部径 3 ～ 5cm，5 浅裂，裂片有短尖头；雄蕊 5，不伸出花冠，子房密生针刺毛。蒴果直立，卵状，长 3 ～ 4.5cm，直径 2 ～ 4cm，表面生有许多坚硬针刺，果实成熟后规则 4 瓣裂。种子卵圆形或肾形，稍扁，长约 3mm，黑色，表面密被网纹。花期 6 ～ 9 月，果期 9 ～ 10 月。

【生境】常生于住宅旁、路边或草地上。

【分布】辽宁沈阳、本溪、海城、大连、葫芦岛、朝阳等地。

【经济价值】全株有毒。花、叶、种子入药，有镇痉、麻醉、镇痛、止咳平喘之效。

花（未开放）

雄蕊

果实

2. 紫花曼陀罗

Datura stramonium var. *tatula* L.

植株

【特征】本变种与原变种曼陀罗的主要区别：茎枝带紫色，花淡紫色。

【生境】常生于住宅旁、路边或草地上。

【分布】辽宁沈阳、大连等地。

【经济价值】参考曼陀罗。

枝条

叶正面

叶背面

花

花侧面

天仙子属 *Hyoscyamus*

3. 天仙子

Hyoscyamus niger L.

【特征】一年生草本，全体密被黏性腺毛，有臭气。叶片椭圆形或卵形，边缘通常有不整齐大牙齿或缺刻。花单生于叶腋，聚集成顶生蝎尾状总状花序。花萼筒状钟形，5浅裂，裂片卵状三角形，先端针刺状，花后增大呈坛状。花冠钟状，黄色，有紫色网状脉，外被腺毛。蒴果卵圆状，包藏于宿存萼内，成熟时盖裂。花期5～8月，果期7～10月。

【生境】生于村边寨旁或路边多腐殖质的肥沃土壤上。

【分布】辽宁建平、凌源、阜新、沈阳等市(县)。

【经济价值】根、叶、种子药用，有大毒，解痉、镇痛、安神。种子可供制肥皂。

植株

根

果序

花

散血丹属 *Physaliastrum*

4. 日本散血丹

Physaliastrum echinatum **(Yatabe) Makino**

植株

【特征】多年生草本。茎直立，具稀疏柔毛。叶柄呈狭翼状，叶片卵形或广卵形，基部偏斜楔形并下延到叶柄，全缘或微波状，具缘毛。花常 2～3 朵生于叶腋或枝腋，俯垂，花梗长约 2cm；花萼短钟状，疏生长柔毛和不规则分散的肉质三角形小鳞片，萼齿极短，扁三角形；花冠钟状，白色，直径约 1cm，5 浅裂，裂片具缘毛，筒部里面近基部有 5 簇与雄蕊互生的髯毛，其上各有 1 对蜜腺；雄蕊 5，稍短于花冠筒。浆果球状，直径约 1cm，被增大的果萼包围，顶端裸露。种子近圆盘形。花果期 6～8 月。

【生境】生于林下或河岸灌木丛、山坡草地。

【分布】辽宁义县、葫芦岛、凌源、西丰、本溪、凤城、宽甸等市（县）。

【经济价值】尚无记载。

根

茎

果实

茄属 *Solanum*

5. 龙葵

Solanum nigrum L.

【特征】一年生草本。茎直立或斜升，分枝开展。叶互生，叶柄长 1 ～ 2cm，被短柔毛；叶片卵形或近菱形，基部宽楔形，并下延至叶柄，先端短尖或渐尖，全缘或具波状粗齿。蝎尾状花序腋外生，由 3 ～ 10 花组成，总花梗长 1 ～ 2cm，花梗长 5 ～ 8mm，下垂；花萼绿色，浅杯状，5 浅裂，裂片卵圆形；花冠白色，5 深裂，裂片三角状卵形，反折；雄蕊 5，伸出花冠筒外；子房卵形，花柱稍超出雄蕊，中部以下被白色绒毛，柱头小，头状。浆果球形，径约 8mm，熟时黑色。种子多数，近卵形，两侧压扁。花期 7 ～ 9 月，果期 8 ～ 10 月。

【生境】喜生于田边、荒地、住宅附近。

【分布】辽宁锦州、建平、法库、庄河等市（县）。

植株

【经济价值】全株入药，有解热、利尿、解疲劳等作用。它是重金属镉的富集植物，可用于镉污染土壤的生物修复。

根

叶背面

花

果实

6. 黄花刺茄

Solanum rostratum Dunal.

【特征】一年生草本。茎直立，基部稍木质化，自中下部多分枝，密被长短不等黄色的刺，刺长 0.5 ～ 0.8cm，并有带柄星状毛。叶互生，叶柄长 0.5 ～ 5cm，密被刺及星状毛；叶片卵形或椭圆形，不规则羽状深裂，部分裂片又羽状半裂，表面疏被 5 ～ 7 分叉星状毛，背面密被 5 ～ 9 分叉星状毛，两面脉上

植株

花

果

疏具刺，刺长 3 ～ 5mm。蝎尾状聚伞花序腋外生，3 ～ 10 花。花期花轴伸长变成总状花序；萼筒钟状，密被刺及星状毛，萼片 5，线状披针形，密被星状毛；花冠黄色，辐状，径 2 ～ 3.5cm，5 裂，花瓣外面密被星状毛；雄蕊 5，花药异形，下面 1 枚最长，后期常带紫色，内弯曲成弓形。浆果球形，直径 1 ～ 1.2cm，完全被增大的带刺及星状毛的硬萼包被，萼裂片直立靠拢呈鸟喙状。种子多数，黑色，直径 2.5 ～ 3mm。花果期 6 ～ 9 月。

【生境】生于干燥草原及荒地。

【分布】辽宁阜新、朝阳等地。原产于北美洲。

【经济价值】尚无记载。

7. 青杞

Solanum septemlobum **Bunge**

【特征】直立草本或半灌木状。茎有棱。叶互生，叶柄长 1 ～ 2cm，被短柔毛，叶片卵形，基部楔形，边缘通常 7 裂，或上部叶近全缘，叶脉及边缘毛较密。二歧聚伞花序，顶生或腋外生，总花梗具短柔毛，花梗基部具关节；花萼小，杯状，5 裂，裂片三角形；花冠蓝紫色，径约 1cm，冠筒隐于萼内，裂片长圆形或近三角形，反折；子房卵形，柱头头状，绿色。浆果近球状，熟时红色，径约8mm。种子扁圆形。花期6～7月，果期8～9月。

【生境】生于山坡向阳处、沙丘或低洼湿地、林下、村边路旁。

植株

果实

【分布】辽宁彰武、建平、凌源等市（县）。

【经济价值】可用于治疗乳腺炎、目赤目昏、咽喉肿痛，以及疥癣痒等疾病。

假酸浆属 *Nicandra*

8. 假酸浆

Nicandra physalodes (L.) Gaertn.

植株

【特征】一年生草本。茎直立，有棱沟，上部二歧分枝。叶互生，叶片卵形或椭圆形，边缘具不规则圆缺粗齿或浅裂。花单生于枝腋而与叶对生，花梗长 2～2.5cm，约从 2/3 处下弯；花萼 5 深裂，裂片先端尖锐，基部心脏状箭形，有 2 尖锐耳片，果期增大包围果实，直径 2～2.5cm；花冠钟状，浅蓝色，直径 2～4cm，檐部有折襞，5 浅裂，裂片钝。浆果球状，直径 1.5～2cm，黄色。种子淡褐色，直径约 1mm。花果期 7～9 月。

【生境】生于田边、荒地或住宅区。

【分布】原产于南美洲。辽宁沈阳、朝阳、庄河等地有栽培或逸为野生。

【经济价值】全草药用，有镇静、祛痰、清热解毒之效。亦可作观赏植物。

叶背面

果期萼增大

浆果

萼具尖锐耳片

酸浆属 *Alkekengi*

9. 挂金灯

Alkekengi officinarum var. *francheti* (Mast.) R. J. Wang

【特征】一年或多年生草本。根状茎长，横走。茎直立，有纵棱，节稍膨大。单叶

植株

互生，或在茎上部2叶双生，叶片长卵形至广卵形，或菱状卵形，边缘波状或具不规则粗齿，具缘毛。花单生于叶腋，花梗在花后向下弯曲；花萼钟状，被柔毛，萼齿三角形；花冠辐状，白色，5浅裂，裂片广三角形，外面被短柔毛，具缘毛；雄蕊与花柱短于花冠。果萼卵状，膨胀呈灯笼状，长2.5～4cm，直径2～3.5cm，橙色或橙红色，薄革质，网脉显著，具10纵肋，顶端萼齿闭合。浆果球形，包于膨胀的宿存萼内，直径10～15mm，熟时橙红色。种子多数，肾形，淡黄色。花期6～7月，果期8～10月。

【生境】生于林缘、山坡草地、路旁、田间及住宅附近。

【分布】辽宁沈阳、抚顺、本溪、鞍山、营口、丹东、大连、铁岭、北镇等市（县）。

【经济价值】果实可食。带宿萼的果实入药，具有清肺利咽、化痰利水之功效。

叶背面

花正面

花侧面

未成熟果实外的宿萼

成熟果实外的宿萼

成熟浆果

科 68 通泉草科

Mazaceae

通泉草属 *Mazus*

通泉草

Mazus pumilus **(Burm. f.) Steenis**

【特征】一年生草本。茎常自基部多分枝而披散。基生叶少或多数，具短柄，叶片倒卵状匙形或倒卵状披针形，基部楔形，下延成带翅的叶柄，边缘具不规则的粗齿；茎生叶少数，对生或互生，无柄或具短柄，叶片长椭圆形至披针形。总状花序顶生，花稀疏；花梗在果期长达 10mm，上部的较短；苞片披针状；花萼钟状，花期长约 6mm，果期多少增大，萼裂片与萼筒近等长；花冠粉紫色或蓝紫色，长约 10mm，二唇形；雄蕊 4，2 强；子房无毛。蒴果卵状球形，包于宿存萼内。种子小而多数，黄色，种皮具不规则的网纹。花果期 5～10 月。

【生境】生于湿润草地、沟边、路旁及林缘。

【分布】辽宁本溪、清原、宽甸、大连等市（县）。

【经济价值】全草入药。清热解毒、调经。

植株

花

科 69 紫葳科

Bignoniaceae

角蒿属 *Incarvillea*

角蒿

Incarvillea sinensis Lam.

植株

【特征】一年生直立草本。茎圆柱形，具条棱。叶互生或在茎基部近对生，叶柄长 1 ～ 3cm；叶片二至三回羽状深裂或全裂，下部的裂片再分裂，最终裂片线形或线状披针形。总状花序顶生，花梗基部具 1 苞片及 2 钻形小苞片，各长 0.5 ～ 1cm，被毛；花萼筒钟状，萼裂片钻形，被微柔毛，基部膨胀，球形，裂片间具膜质短齿，先端微 2 裂；花冠红色或淡红紫色，漏斗状，檐部 5 裂，略呈二唇形；雄蕊 4，腹面的 2 枚长，均与花冠裂片互生；子房上位，圆柱形，花柱红色，达花冠喉部，柱头 2 裂。蒴果圆柱形，有棱，先端渐尖，略向外弯曲，呈羊角状，果熟时 2 裂。种子多数，卵圆形，浅褐色，周围具白色膜质翅，翅宽 1 ～ 2mm。花期 6 ～ 8 月，果期 8 ～ 9 月。

【生境】生于荒地、路旁、河边、山沟等处向阳砂质土壤上。

【分布】辽宁新民、法库、彰武、凌源、绥中、盖州、岫岩、瓦房店等市（县）。

【经济价值】全草入药，可散风祛湿、解毒止痛。亦可作观赏植物。

蒴果内露出的种子

花

花蕾

成熟开裂蒴果

科 70 苦苣苔科

Gesneriaceae

旋蒴苣苔属 *Dorcoceras*

旋蒴苣苔

Dorcoceras hygrometricum **Bunge**

【特征】多年生草本，高约 10cm。叶基生，无柄，肉质，近圆形、卵形或倒卵形，长 2 ～ 5cm，宽 1.5 ～ 5cm，边缘有齿或波状小齿，表面被白色长伏毛，背面被白色或淡褐色绒毛。花葶 1 ～ 4，被短腺毛；聚伞花序有 2 ～ 5 花，密被短腺毛；苞片卵形；花萼长约 2mm，5 深裂至近基部，裂片披针形；花冠淡蓝紫色，长 1 ～ 1.5cm，筒部长 5 ～ 7mm，上唇 2 裂，下唇 3 裂；能育雄蕊 2；子房密生短毛，花柱伸出。蒴果长 3 ～ 4cm，螺旋状扭曲。花期 7 ～ 8 月，果期 9 月。

【生境】生于山阴坡石崖上。

【分布】辽宁凌源、绥中、喀左等市（县）。

【经济价值】全草药用，治中耳炎、跌打损伤等症。

植株

花

科 71 列当科

Orobanchaceae

大黄花属 *Cymbaria*

1. 大黄花

Cymbaria daurica L.

植株

【特征】多年生草本，密被灰白色绢毛。根状茎垂直向下或稍横走，皮红褐色、剥落。茎多数丛生，基部密被褐色鳞片。叶对生，无柄，线形至线状披针形，长 10 ～ 25mm，宽 1 ～ 5mm，顶端具 1 小刺尖，全缘。花通常 1 ～ 4，顶生或腋生；花梗 2 ～ 5mm，顶端于萼筒基部具 2 枚小苞片；花萼下部筒状，顶端 5 裂，裂片线形或锥形，有 1 小刺尖，各裂片间常有 1 ～ 2 枚小齿；花冠长 3.5 ～ 5(6)cm，黄色，二唇形；雄蕊 4，2 强，稍露出于花冠喉部；子房长圆形，花柱细长，外露，向前弯曲，柱头头状。蒴果卵形，先端尖、有喙；种子卵状三棱形，稍扁平，周围具一圈狭翅。花期 6 月，果期 7 ～ 9 月。

【生境】生于山坡或砂质草原上。

【分布】辽宁建平县等地。

【经济价值】入传统蒙药，具有止血、利尿、抗炎、抗氧化等功效。

茎叶

根状茎

花

果实

山罗花属 *Melampyrum*

2. 山罗花

Melampyrum roseum Maxim.

【特征】一年生草本，植株绿色或带紫红色，全体疏被鳞片状短毛。茎直立，近四棱形，通常多分枝。叶对生，叶柄长 1 ～ 5mm；叶片卵状披针形至披针形。总状花序顶生；苞片绿色，下部的与叶同形，向上渐小，基部具尖齿；花梗长约 2mm；花萼钟状，萼裂片三角形至钻状三角形；花冠紫红色至蓝紫色，长 15 ～ 20mm，筒部长为檐部长的 2 倍左右，上唇风帽状,2裂，裂片反卷，里面密被须毛，下唇3齿裂；雄蕊4,2强。蒴果卵状，长 8 ～ 10mm，顶端渐尖。种子 2 ～ 4 粒，黑色，长 3mm。花期 7 ～ 8 月，果期 9 月。

植株

叶

花序

【生境】生于疏林下、山坡灌丛及高草丛中。
【分布】辽宁凌源、喀左、沈阳、西丰、新宾等市（县）。
【经济价值】全草入药，清热解毒。

马先蒿属 *Pedicularis*

3. 返顾马先蒿

Pedicularis resupinata L.

【特征】多年生草本。茎直立，稍粗壮，有四棱。叶互生或有时近对生；叶柄短，上部叶近无柄；叶片披针形、卵状披针形至卵形，边缘具钝圆齿及小重锯齿，齿上有白色脉胝或刺尖，有时反卷。花单生于茎顶端的叶腋中，多花形成头状、总状或圆锥状；花萼绿色，长 6 ～ 8mm，一侧深裂，有 2 齿；花冠长 20 ～ 30mm，紫红色或淡紫红色，筒长约 15mm，里面有毛，上唇呈镰刀状弯曲，顶端具短喙，下唇比上唇稍长，倒卵圆形，3 浅裂；雄蕊花丝有毛；柱头自喙端伸出。蒴果长圆形，长 10 ～ 15mm，成熟时开裂；种子狭卵形，暗褐色。花期 7 ～ 9 月，果期 8 ～ 9 月。

植株　叶正面　叶背面　花

【生境】生于草地、林缘、湿草甸子、林下、山坡灌丛中。
【分布】辽宁西丰、鞍山、庄河等市（县）。
【经济价值】全草入药，祛风湿、利尿。

松蒿属 *Phtheirospermum*

4. 松蒿

Phtheirospermum japonicum **(Thunb.) Kanitz**

【特征】一年生草本，全株被多细胞腺毛。茎直立，多分枝。叶对生；叶柄边缘具狭

植株

翅；叶片长三角状卵形，下部羽状全裂，向上渐变为羽状深裂至浅裂，小裂片长卵形或长圆形，边缘具重锯齿或深裂。花具短梗；花萼钟状，长 5 ～ 7mm，果期增大，萼裂片 5，叶状，披针形，羽状深裂，裂片先端锐尖；花冠二唇形，紫红色至淡紫红色，长 8 ～ 20mm，外面被柔毛；花丝基部疏被长柔毛。蒴果卵状圆锥形，长 6 ～ 10mm，露于宿存萼外，有腺毛。种子多数，椭圆形，略扁，具数条窄翼及网状纹。花果期 7 ～ 9 月。

【生境】生于山坡草地及灌丛间。

【分布】辽宁彰武、朝阳、锦州等市（县）。

【经济价值】全草入药，清热利湿。

叶正面

叶背面

茎

花

地黄属 ***Rehmannia***

5. 地黄

Rehmannia glutinosa (Gaertn.) Libosch. ex Fisch. & C. A. Mey.

植株

【特征】多年生草本，全株密被灰白色多细胞长柔毛和腺毛。茎直立，带紫红色。叶多基生，莲座状，叶片倒卵形至长椭圆形，基部下延成柄，叶缘具不规则钝齿或尖齿，背面略带紫色或紫红色；茎生叶互生，向上渐小。总状花序；苞片下部的大，比花梗长，上部的较小；花稍下垂，花梗细弱；花萼坛状；萼齿 5，长圆状披针形或略呈三角状，背面 1 枚略长；花冠筒状，微弯，外面紫红色，里面黄紫色，檐部二唇形；雄蕊 4；花柱细长，顶端扩大成 2 片状柱头。蒴果卵形，长 1 ～ 1.5cm，先端尖，花柱宿存，外面包有宿存萼。种子卵形，淡棕色或黑褐色，表面具蜂窝状腺质网眼。花期 5 ～ 6 月，果期 7 月。

叶背面紫红色

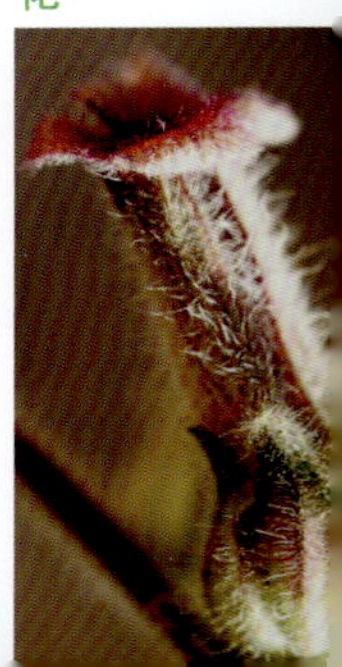
花

【生境】生于砂质壤土、荒山坡、山脚、墙边、路旁等处，野生或栽培。

【分布】辽宁凌源、建平、北镇、绥中等市（县）。

【经济价值】根状茎入药，生地黄能清热、生津、润燥、凉血、止血；熟地黄能滋阴补肾、补血调经。

阴行草属 *Siphonostegia*

6. 阴行草

Siphonostegia chinensis Benth.

【特征】一年生草本，植株密被短毛。茎直立。叶对生，具短柄，叶片三角状卵形，二回羽状深裂至羽状全裂，小裂片线状披针形，全缘。总状花序生于茎上部；花单生叶腋，一侧一个；苞片叶状，较萼短，羽状深裂或全裂；花梗短，有一对小苞片，线形；花萼长筒状，顶端5裂；花冠黄色，长20～30mm，花冠筒细长，顶端膨大，稍伸出于萼筒外，二唇形，上唇（盔瓣）近镰状弓曲；雄蕊二强，着生于花冠筒的中上部；子房长卵形，柱头头状，蒴果被宿存的萼筒包着，披针状长圆形，与萼筒近等长。种子多数，黑色，近卵形或椭圆形，具网状凸起的脉纹。花期7～8月，果期8～9月。

植株

【生境】生于干山坡、丘陵草原或湿草地。

【分布】辽宁阜新、凌源、海城等地。

【经济价值】全草入药，可治黄疸型肝炎、胆囊炎、蚕豆病、泌尿系统结实、小便不利、尿血、便血等。

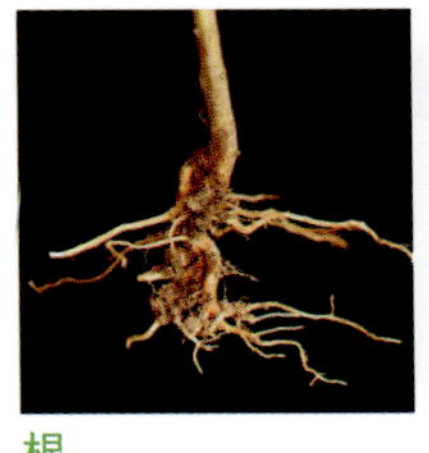
根

茎与叶

花序

花

列当属 *Orobanche*

7. 黑水列当

Orobanche pycnostachya var. *amurensis* Beck

【特征】多年生肉质寄生草本，被短腺毛。茎直立，具槽，带黄褐色，粗3～6mm。叶鳞片状，披针形或披针状长圆形，长约15mm。穗状花序圆柱状，长10～14cm，宽2.5～4.5cm；苞片披针形，长约1.5mm；花萼2中裂至深裂，裂片再分裂成线状披针形的细长尖的小裂片，与苞片近等长或稍长，被腺毛；花冠蓝色或蓝紫色，被腺毛，长20～30mm，筒部较细长，稍向前弯曲，下唇比上唇稍长；花丝基部被短毛，花药被长毛；花柱细长超出花冠外，柱头2浅裂。蒴果。花期5～7月，果期7～8月。

【生境】生于山坡、草甸，根寄生植物。

【分布】辽宁鞍山、大连、义县、铁岭等市（县）。

【经济价值】全草入药，补肾、强筋。

植株

花序

科 72 透骨草科

Phrymaceae

透骨草属 *Phryma*

透骨草

Phryma leptostachya **subsp.** ***asiatica*** **(Hara) Kitam.**

【特征】多年生草本。茎具 4 棱，被细柔毛，节部稍膨大。叶对生，叶柄长 0.5 ～ 6cm ；叶片卵形、广卵形或三角状卵形，基部楔形或近截形，下延，边缘具粗锯齿。总状花序细长如穗状；花小，疏生，花梗极短，长约 1mm ；花基部具 1 苞片，披针形，小苞片 2，钻形，具缘毛；花萼筒状，外面具纵棱，上唇 3 裂片刺芒状，先端向后钩曲，下唇 2 齿裂三角状，具缘毛；花冠白色，常带淡紫色，上唇 2 裂片齿状，钝尖，下唇长于上唇，3 裂片钝圆，中裂片较大；雄蕊 4，2 强；花柱稍短于雄蕊。瘦果包于宿存萼内，棒状，下垂，贴近花轴，长 6 ～ 8mm。种子 1，长椭圆形。花期 7 ～ 8 月，果期 8 ～ 9 月。

【生境】生于山坡林下、路旁及沟岸阴湿处。

【分布】辽宁凌源、绥中、沈阳、鞍山、大连、本溪、丹东、清原等市（县）。

【经济价值】全草入药，清热利湿、活血消肿。

植株

花序

果实

科 73 车前科

Plantaginaceae

兔尾苗属 *Pseudolysimachion*

1. 细叶水蔓菁

Pseudolysimachion linariifolium **(Pall. ex Link) Holub**

【特征】多年生草本。茎直立或斜生，单一不分枝，被白卷毛。叶对生或互生，线形或线状披针形，长 2～6.5cm，宽 2～7mm，两面被白卷毛或近无毛，下部全缘，中上部边缘疏生小锯齿。总状花序顶生，多花密集成长穗状，单生或分枝，长 6～20cm；苞片线形；花梗被白卷毛；花萼 4 深裂，裂片卵状披针形，边缘具纤毛；花冠蓝色、蓝紫色、淡红紫色或白色，长 6～8mm，花冠筒长约 2mm，裂片 4～5，其中 1 枚稍大；雄蕊比花冠长；花柱长约 7mm，柱头小、头状。蒴果椭圆形或近圆状肾形，顶端微凹，长约 3mm。种子多数，细小，近圆形或长卵形，径约 1mm。花期 7～8 月，果期 8～10 月。

【生境】生于山坡草地、林边、灌丛、草原等。

植株

花序

果实

【分布】辽宁阜新、凌源、西丰、大连等市（县）。

【经济价值】适合花坛地栽，并可作切花。

2. 东北穗花

Pseudolysimachion rotundum subsp. *subintegrum* (Nakai) D. Y. Hong

【特征】多年生草本。茎单生。叶对生，茎节上有一环连接叶基部，中下部的叶无柄，抱茎，叶披针形、广披针形或长圆形，长 5 ～ 14cm，宽 1.5 ～ 3cm。总状花序长 8 ～ 30cm，单生或分枝，花序轴密被白色短柔毛；花梗长 2 ～ 4mm，密被腺毛或短柔毛；苞片线形；花萼裂片 4，披针形；花冠蓝色或蓝紫色、淡紫色，稀白色，长 6 ～ 7mm，筒部为全长的 1/4，里面被长毛，裂片多少开展，卵形或长圆形；雄蕊伸出花冠外。蒴果倒心状椭圆形或近椭圆形，长 3 ～ 5mm。种子卵圆形或椭圆形，长约 1mm，褐色，扁平。花期 6 ～ 8 月，果期 8 ～ 9 月。

【生境】生于草甸、林缘草地、山坡或沼泽地。

【分布】辽宁本溪等地。

【经济价值】具有一定观赏性。

植株

3. 长毛穗花

Pseudolysimachion kiusianum (Furumi) T. Yamaz.

【特征】多年生草本。茎单生或丛生，上部常有短柔毛。叶对生，节上有一个环连接叶柄基部，茎下部叶的叶柄长 1 ～ 2.5cm，上部叶的叶柄较短，叶柄具宽翅，被柔毛；叶卵状披针形或三角状卵形，长 4 ～ 13cm，宽 2 ～ 4.5(6)cm，边缘具稍尖锯齿。总状花序，

植株

花序

长 10 ~ 45cm，单生或多分枝，多花密集，花序轴及花梗被柔毛；花梗长 3 ~ 5mm；苞叶披针形，比花梗短，被毛；花萼长 2 ~ 3mm，裂片披针形或卵状披针形，边缘有纤毛；花冠紫色、蓝色或淡蓝色，长 5 ~ 9mm，筒部占 1/3 长，裂片开展，卵圆形或长圆形，有时有 1 枚稍大；雄蕊伸出花冠外，花丝长约 10mm；花柱长约 7mm。蒴果长 3 ~ 6mm。花期 7 ~ 9 月，果期 8 ~ 9 月。

【生境】生于草甸及林缘草地。

【分布】辽宁本溪、丹东、庄河等地。

【经济价值】具观赏价值。

柳穿鱼属 *Linaria*

4. 柳穿鱼

Linaria vulgaris **subsp.** ***sinensis*** **(Debeaux)D. Y. Hong**

【特征】多年生草本。茎直立。叶常互生，稀下部叶轮生；叶线形。总状花序顶生，多花密集；苞片线形至狭披针形，比花梗长；花萼裂片披针形，里面稍密被腺毛；花冠黄色，上唇比下唇长。蒴果椭圆状球形或近球形；种子圆盘形，边缘有宽翅，成熟时中央常有瘤状突起。花期 6 ~ 9 月，果期 8 ~ 10 月。

根　叶

植株　花

【生境】生于山坡、河岸石砾地、草地、沙地草原、固定沙丘、田边及路边。

【分布】辽宁彰武、绥中、瓦房店等市（县）。

【经济价值】全草入药，用于治疗风湿性心脏病。

车前属 *Plantago*

5. 车前

Plantago asiatica L.

植株

【特征】多年生草本，无主根，须根发达。叶基生，叶片卵形、广卵形或椭圆状卵形；基部楔形或近圆形，渐狭，下延至叶柄。穗状花序圆柱形，基部花稀疏，上部紧密；花具短梗；花冠筒状，先端4裂；雄蕊4，伸出花冠外。蒴果。种子长圆形，成熟时黑色。花期6～7月，果期7～8月。

【生境】生于田间、路旁、草地、河岸、砂质地、水沟边等潮湿地。

【分布】辽宁各地。

【经济价值】幼苗可食。全株药用，利水、清热明目、祛痰。

根

花

果序

6. 平车前

Plantago depressa Willd.

【特征】多年生草本，主根圆柱形。叶基生，叶质较薄，弧形脉明显隆起，嫩叶毛较密。花茎数个，花序较长，上部花密，下部花疏；花冠筒状，顶部4裂，星角状，向外反卷；雄蕊4，伸出花冠外。蒴果卵状圆形。种子4～5，椭圆形，成熟时黑色。花期6月，果期7～8月。

【生境】生于田间路旁、草地沟边。

【分布】辽宁各地。

【经济价值】幼苗可食。全株入药，利水、清热明目、祛痰。

植株，示主根明显

花序

蒴果与种子（未完全成熟）

7. 大车前

Plantago major L.

【特征】多年生草本，着生多数须根，全株无毛。叶成丛基生，叶缘中下部通常疏生耳状锯齿，叶脉 5 或 7；叶柄长 6 ～ 25(33)cm，叶长 10 ～ 20(26)cm，宽 5 ～ 15(21)cm。花无梗。蒴果卵圆形。种子椭圆形、长卵形或不规则形，长0.8～1.2mm，成熟时黑色。花期 7 ～ 8 月。果期 8 ～ 9 月。

【生境】生于田间路旁、草地、水沟等潮湿地。

【分布】辽宁朝阳、彰武、沈阳、等市（县）。

【经济价值】同车前。

植株

须根

科 74 忍冬科

Caprifoliaceae

忍冬属 *Lonicera*

1. 忍冬

Lonicera japonica Thunb.

【特征】半常绿缠绕灌木，枝褐色至赤褐色，幼枝散生褐色毛或混生腺毛。叶柄长 3 ～ 15mm，有密毛；叶片卵状长圆形、椭圆状卵形、长圆形或广披针形，全缘，具纤毛。花梗单一，生于叶腋；苞叶状卵形，长 1 ～ 1.2cm，有缘毛，小苞离生；花冠长 3 ～ 4cm，二唇形，花冠外部有柔毛及腺点，初开放时白色，后变黄色，常带紫色斑纹，有香味，花冠筒与裂片近等长；花柱与雄蕊及花冠裂片等长，或伸出花冠外，花药黄色。浆果球形，黑色，离生，径7～8mm。花期5～6月，果期8～9月。

植株

【生境】生于山坡、林缘或栽培。

【分布】辽宁北镇、宽甸、大连等市（县）。

【经济价值】以花蕾或初开的花入药，解热、止泻痢、解毒。亦可栽培作观赏植物。

花侧面

花正面

果实

2. 金银忍冬 

Lonicera maackii **(Rupr.) Maxim.**

【特征】灌木。树皮灰褐色，小枝开展，有短柔毛。叶柄长3～5mm，有毛；叶片卵状椭圆形至卵状披针形，基部阔楔形，两面脉上有短柔毛，边缘全缘。花总梗短于叶柄，有短腺毛；苞片线形，相邻之二花的萼筒分离，长达子房之半；萼筒钟状，中裂，萼檐卵状披针形，边缘有长毛；花冠二唇形，先白色，后变黄色，有芳香味，花冠筒约为瓣片的1/3长；雄蕊、花柱均短于花冠。相邻二果离生，浆果红色。花期5～6月，果期9月。

【生境】生于山坡林缘。

【分布】辽宁西丰、北镇、彰武、岫岩、庄河、沈阳等市（县）。

【经济价值】观赏性强，园林绿化常用。种子可榨油。

植株

叶正面

叶背面

花

果实

锦带花属 *Weigela*

3. 早锦带花

Weigela praecox **L. H. Bailey**

【特征】灌木，树皮灰褐色。小枝赤褐色。单叶对生；叶柄极短或近无；叶片倒卵形，基部楔形，先端渐尖，边缘有锯齿，背面常被疏睫毛状的茸毛，中脉上被茸毛。聚伞花序，3～5朵花生于短的侧小枝上；花梗短，具2个膜质钻形的苞片；花萼筒长1～1.5cm，二唇形，外面有毛；花冠漏斗状钟形，长3～4cm，中部以下突然变窄，粉紫色、粉红色或带粉色，5浅裂，花喉部呈黄色；雄蕊5，生于花冠筒的中上部，不外露；子房下位，花柱细长，柱头头状。蒴果长1.5～2.5cm，有喙,2瓣裂，种子细小。花期5月，果期6～7月。

植株

枝

花

开裂蒴果

【生境】生于山坡石砬子上。

【分布】辽宁凌源、喀左、建平、北镇、岫岩、大连等市（县）。

【经济价值】可作园林观赏植物。

败酱属 *Patrinia*

4. 败酱

Patrinia scabiosifolia Fisch. ex Trevir.

植株

【特征】多年生草本。茎直立，粗壮。基生叶数枚，丛生，卵形或椭圆形，边缘具粗齿；茎生叶对生，近无柄或具短柄，羽状深裂至全裂，裂片1～3对，顶端裂片较大。聚伞花序组成开展的伞房状圆锥花序。花较小，花萼不明显；花冠钟形，直径3～4mm，黄白色，5裂；雄蕊4，花丝长，超出花冠；瘦果无翅状苞片。花期7～9月，果期8～10月。

【生境】生于山坡草地、河岸湿地、灌丛及林缘草地。

【分布】辽宁北镇、建平、凌源、建昌、绥中、西丰、沈阳等市（县）。

【经济价值】苗及嫩叶可食用。全草入药，主治阑尾炎、痢疾、肠炎、肝炎、眼结膜炎、产后瘀血、痈肿疔疮。

基生叶

茎生叶

茎

花序

5. 糙叶败酱

Patrinia scabra Bunge

【特征】多年生草本。基生叶丛生，具柄，长倒卵形，不裂或2～4羽状浅裂；茎生叶对生，1～3对羽状深裂至全裂，顶端裂片较大，全缘。花黄色，较大，直径5～7mm。瘦果具翅状苞片，近圆形，直径8～10mm，常带紫色。花期8月，果期9月。

植株

【生境】生于草原带、森林草原带的石质丘陵坡地石缝或较干燥的阳坡草丛中。

【分布】辽宁阜新、锦州、朝阳等地。

【经济价值】尚无记载。

叶正面

叶背面

花序

花侧面

果实

6. 岩败酱

Patrinia rupestris (Pall.) Juss.

【特征】多年生草本。茎单一或数条丛生，基部木质化。基生叶椭圆形或长圆形，边缘具缺刻状齿牙，具纤毛；茎生叶对生，具短柄或近无柄，卵状椭圆形或卵状长圆

植株

根

叶正面

花

形，羽状深裂至全裂，顶裂片较大。聚伞花序多花密集组成伞房状，花萼不明显，顶端5裂；花冠黄色，钟形，直径3～4mm；雄蕊4，与花冠近等长或稍长；花柱比雄蕊稍短，柱头头状。瘦果，果翅较小，长5～6mm，宽4～5mm，膜质，具明显脉纹。

【生境】生于石砾质山坡、柞林石坡、石砬子。

【分布】辽宁抚顺、开原、鞍山、大连等地。

【经济价值】全草入药，清热解毒、活血、排脓。

7. 墓头回

Patrinia heterophylla Bunge

【特征】多年生草本。根状茎横走或稍斜升。茎直立，被短毛。基生叶具长柄，卵形，边缘具圆齿，多毛；茎生叶对生，茎下部叶卵状长圆形，羽状深裂至全裂，裂片2～5对；茎中部叶裂片1～3对，卵形或卵状披针形，边缘具大圆齿或圆齿状缺刻；上部叶较狭。聚伞花序顶生或腋生，多花密集成伞房状；苞片线状披针形或披针形，全缘或具少数尖齿；总花梗与花梗均密被短腺毛或粗毛；花萼不明显；花冠黄色，筒状钟形，直径2.5～3mm，里面被白毛，5裂，裂片卵状椭圆形，长约1.5mm；雄蕊4，与花冠近等长；花柱1，柱头头状。瘦果长圆形或长倒卵形，苞片椭圆形或广椭圆形，膜质，具网状脉纹。花期7～8月，果期9月。

【生境】生于山坡草地或岩石缝上。

【分布】辽宁北镇、绥中、凌源、大连等市（县）。

【经济价值】根或全草入药，清热解毒、祛瘀排脓、活血化瘀、镇静安神。

植株

茎下部叶

茎上部叶背面

茎中部叶

基生叶

花序

蓝盆花属 *Scabiosa*

8. 窄叶蓝盆花

Scabiosa comosa **Fisch. ex Roem. & Schult.**

【特征】多年生草本。茎直立或斜生，中下部密被短卷毛，上部疏被短卷毛。基生叶与茎生叶均为羽状分裂，椭圆形，叶柄长 3 ～ 5cm，上部叶柄短，一至二回羽状深裂至全裂；裂片细线形，长 3 ～ 6cm，宽 1 ～ 3mm，先端渐尖，全缘，两面散生长柔毛及短卷毛，有 1 脉。头状花序顶生，直径 2.5 ～ 4.5cm；总苞片多数，线形，外面密被短毛；花萼 5 裂，长刺毛状；花冠淡蓝色或蓝紫色，边花较大，近唇形，筒部短，外面密被短毛，上唇较大，下唇短；中央花冠较小，5 裂，裂片近等长，筒形，长约 8mm；雄蕊 4；子房被包在小总苞内，花柱细长，柱头头状或微 2 裂。果序长椭圆形或近球形，外面被杯状小总苞包围，疏被长毛，萼裂片宿存，具刺毛。花期 8 ～ 9 月，果期 9 ～ 10 月。

【生境】生于干燥砂质地、沙丘、干山坡及草原上。

【分布】辽宁法库、抚顺、开原、西丰、鞍山、营口、本溪、凤城、彰武、北镇、朝阳、建昌等市（县）。

【经济价值】蒙药常用，具清热、清“协日”之功能。

植株

叶

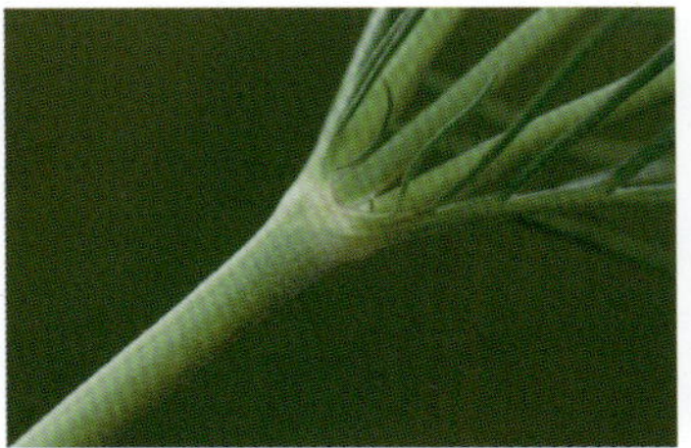

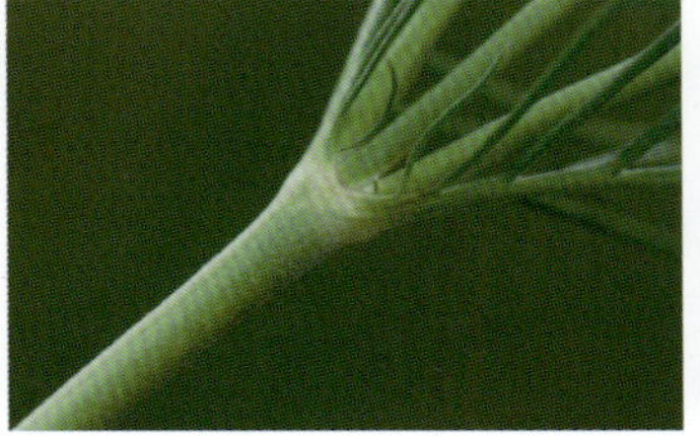

茎与节，示叶对生

花序的边花

头状花序

总苞

科 75 五福花科

Adoxaceae

接骨木属 *Sambucus*

接骨木

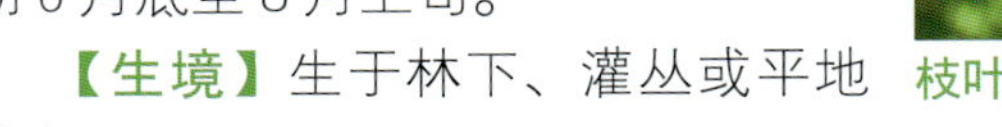

Sambucus williamsii Hance

【特征】小乔木或灌木，枝有纵棱，具皮孔；髓发达，淡黄褐色。奇数羽状复叶，对生，小叶5～7(11)，小叶无毛，常中上部最宽，基部楔形，先端渐尖，边缘具锯齿，锯齿不弯曲。顶生聚伞状圆锥花序，轮疏散，呈伞形，花小，白色至黄白色，萼筒杯状。浆果状核果，近球形，成熟的果实呈黑紫红色、红色或暗红色。花期5月中下旬至6月上旬，果期6月底至8月上旬。

枝叶

【生境】生于林下、灌丛或平地路旁。

【分布】辽宁凌源、彰武、义县、沈阳、丹东、抚顺、鞍山、本溪、盖州、大连等市（县）。

【经济价值】具观赏价值。干燥的根及根皮入药，具有接骨续筋、活血止痛、祛风利湿之功效。

枝

花序

未成熟果实

成熟果实

科 76 桔梗科

Campanulaceae

沙参属 *Adenophora*

1. 细叶沙参

Adenophora capillaris subsp. *paniculata* (Nannf.) D. Y. Hong & S. Ge

【特征】多年生草本。茎直立。基生叶心形，边缘具不规则锯齿；茎生叶互生，通常无柄，卵状椭圆形、长圆状披针形、线状披针形或线形。花序圆锥形，顶生，大而多分枝；花下垂，辐射对称，花冠钟形、蓝紫色或淡蓝紫色，口部稍缢缩，5浅裂，裂片反卷；雄蕊5，离生，多少露出花冠；花柱明显伸出花冠，长近于花冠之倍。蒴果卵形或卵状长圆形。花期7～9月，果期9～10月。

【生境】生于较干旱的山坡草地、灌丛及林缘。

【分布】辽宁大连等地。

【经济价值】可作观赏植物。

植株

叶

花

2. 石沙参

Adenophora polyantha Nakai

【特征】多年生草本。茎生叶互生，无柄，多为长卵形或卵状披针形，边缘具疏而尖的牙齿状锯齿或刺状齿；茎、叶及花萼有不同程度的被毛；假总状花序或狭圆锥花序；萼裂片狭披针形，花期萼裂片反折；花鲜蓝色，钟形花冠长 1.5 ～ 2cm；雄蕊 5；花柱稍伸出花冠，柱头 3 裂。蒴果卵状椭圆形。花期 (7)8 ～ 9 月，果期 9 ～ 10 月。

【生境】生于山沟丘陵地及山野较干燥的阳坡。

【分布】辽宁铁岭、凌源、丹东、大连、营口、鞍山等市（县）。

【经济价值】具一定药用价值。

植株

花

3. 缢花沙参 

Adenophora contracta (Kitag.) J. Z. Qiu & D. Y. Hong

【特征】本变种与原变种的主要区别为：花冠口部缢缩呈坛状钟形。

【生境】生于草地及林缘。

【分布】辽宁沈阳、昌图、庄河等市（县）。

【经济价值】可供观赏。

花序

花

植株

叶片

雌雄蕊

4. 荠苨

Adenophora trachelioides Maxim.

植株

【特征】多年生草本，根肥大，长圆柱形或纺锤状圆柱形。茎直立，较刚硬，稍呈“之”字形弯曲。基生叶心状肾形，宽大于长；茎生叶互生，有长柄，叶片心状广卵形或心状卵形，边缘具牙齿状锐锯齿或不整齐锐尖重锯齿。圆锥花序顶生，花序大而疏散；花萼无毛，萼筒倒三角状圆锥形，裂片5，全缘；花冠鲜蓝或淡蓝紫色，广钟形，5浅裂，裂片广三角状；

雄蕊 5，花丝下部加宽，密生白色柔毛；花柱与花冠近等长。蒴果卵状圆锥形。种子黄棕色，两端黑色，长圆形，稍扁，有一条棱，棱外绿黄白色。花期 7～8(9) 月，果期 9～10 月。

【生境】生于林间草地、山坡及路旁。

【分布】辽宁各地均有分布。

【经济价值】根富含淀粉，可食用或酿酒。幼苗可食。

根

花序

花

5. 多歧沙参

Adenophora potaninii **subsp.** ***wawreana*** **(Zahlbr.) S. Ge & D. Y. Hong**

【特征】多年生草本。茎直立，常被倒短硬毛或近无毛。基生叶心形，早枯；茎生叶互生，叶柄长达 2.5cm，叶片广卵形、菱状卵形或狭卵形，边缘具不整齐的牙齿状锐锯齿。圆锥花序大，长可达 45cm；花萼无毛，裂片 5，线状锥形，平展或反曲，边缘每侧常具 1～2 狭长齿，稀为疣状齿；花冠蓝紫色，长 1.2～1.4（2）cm，钟形，顶端 5 浅裂；雄蕊 5，花丝下部加宽，边缘密被柔毛；花柱伸出花冠。蒴果广椭圆形。种子棕黄色，长圆形，有一条宽棱。花期 7～9 月，果期 9～10 月。

【生境】生于山坡草地、林缘或较干旱的沟谷。

【分布】辽宁建平、凌源、建昌、锦州等市（县）。

【经济价值】尚无记载。

植株

茎下部叶正面

茎下部叶背面

花蕾，示花萼边缘有狭长齿

6. 轮叶沙参 

Adenophora tetraphylla **(Thunb.) Fisch.**

植株

【特征】多年生草本。根粗长，倒圆锥形，灰黄褐色，具横纹。茎直立不分枝。叶 3 ～ 6 枚轮生，无柄或近无柄；叶质较厚，通常椭圆形、长椭圆状披针形、狭倒卵形或倒披针形，边缘具粗锐锯齿，近基部全缘。圆锥花序较狭，大型，花序分枝轮生；苞片细线形；萼筒倒圆锥形，裂片 5，短针状或丝状锥形，长 1 ～ 2cm，全缘；花冠蓝色或蓝紫色，筒状钟形，口部常缢缩，先端 5 浅裂；雄蕊 5，常稍伸出，花丝下部加宽，边缘密生白色柔毛；花柱显著超出花冠，柱头三歧；花盘筒状，长 2.5 ～ 3mm。蒴果广倒卵状球形，成熟时侧面自基部开裂成孔。种子多数，黄棕色，长圆状圆锥形，稍扁，有一条棱。花期 7 ～ 8 月，果期 8 ～ 9 月。

根

花

【生境】生于山地林缘、山坡草地以及河滩草甸等处。

【分布】辽宁凌源、建昌、绥中、义县、北镇、彰武、沈阳、抚顺、丹东、大连等市（县）。

【经济价值】具观赏价值。

7. 狭叶沙参

Adenophora gmelinii (Spreng.) Fisch.

【特征】多年生草本。根圆柱形。茎直立，成丛生状，较纤细。基生叶具长柄，形状多变，通常浅心形、卵形或菱状卵形，具粗圆齿，早枯；茎生叶互生，下部叶披针形或狭披针形，边缘具稀疏牙齿或全缘，中部叶密集，无柄，线形，全缘或具疏齿。花通常1～10朵排列成总状或花序下部稍有分枝形成狭圆锥形花序；萼筒倒卵状长圆形，萼裂片5，披针形、狭三角状披针形或丝状披针形，长4～6(10)mm，宽1.5～2mm，直立，全缘；花冠蓝紫色或淡紫色，漏斗状钟形，长1.5～2.3(2.8)cm，花冠裂片广卵形；花丝下部加宽，密被白色柔毛，花柱比花冠短；花盘筒状，长(1.3)2～3.5mm。蒴果椭圆形，种子黄棕色，椭圆形，具一条翅状棱，长约1.8mm。花期7～8月，果期9月。

植株

【生境】生于山坡草原或灌丛下。

【分布】辽宁彰武、沈阳、本溪等市（县）。

【经济价值】药用，养阴清热、润肺化痰、益胃生津。

叶背面

根

花侧面

花

8. 长白沙参

Adenophora pereskiifolia (Fisch. ex Roem. & Schult.) G. Don

【特征】多年生草本。主根肉质粗壮，黄褐色，具横皱纹。茎直立，单一。基生叶早枯；茎生叶 3 ～ 5 枚轮生，稀互生或对生，无柄或近无柄，叶较薄，通常为椭圆形、菱状倒卵形或狭倒卵形，茎上部叶有时长椭圆形或线状披针形，长 (3.5)7 ～ 9(12)cm，宽 2 ～ 4(5)cm，边缘具粗锐锯齿，基部常无齿。圆锥花序较窄，花序分枝互生，斜上，花疏生，有时数朵形成假总状花序；苞线状披针形；萼筒广倒卵状球形，裂片披针形或

植株

叶

花

线状披针形；花冠蓝紫色或淡蓝紫色，漏斗状钟形，长 1.3 ～ 1.8cm，5 浅裂，裂片广卵状三角形，锐尖头；雄蕊 5，花丝基部扩展，边缘密生绒毛；花柱有毛，上部膨大，柱头 3 裂，超出花冠；花盘环状或短筒状，长 0.5 ～ 1.5mm。蒴果。种子棕色，椭圆形，稍扁，具一条棱。花期 7 ～ 8 月，果期 8 ～ 9 月。

【生境】生于山坡、林缘、森林灌丛或林间草地。

【分布】辽宁凌源、建昌、义县、北镇、鞍山、本溪、新宾、宽甸、庄河等市（县）。

【经济价值】具观赏价值。

9. 长柱沙参

Adenophora stenanthina (Ledeb.) Kitag.

【特征】多年生草本。茎直立，高达 1.2m，呈丛生状，常被极短或倒生的糙毛。基生叶心形，边缘具不规则的深齿，早落；茎生叶互生，中部较密，通常线形，常全缘，叶两面被糙毛，无柄。花序假总状或圆锥状，花常下垂；花萼裂片 5，狭披针形、钻形或钻状狭三角形，长 1.5 ～ 2cm，全缘；花冠蓝紫色，筒状或筒状坛形，5 浅裂；雄蕊与花冠近等长或稍稍露出；花盘长筒状；花柱明显伸出花冠，伸出花冠 0.7 ～ 1cm，柱头 3 裂。蒴果椭圆状。花期 8 ～ 9 月，果期 9 ～ 10 月。

【生境】生于山地草甸草原。

【分布】辽宁朝阳、新宾等市（县）。

【经济价值】具观赏价值。

植株

10. 扫帚沙参

Adenophora stenophylla Hemsl.

【特征】多年生草本。茎丛生状。基生叶卵圆形；茎生叶密集互生，无柄，叶片狭线形至长椭圆状线形，长 1.5 ～ 4(6)cm，宽 1 ～ 2(5)mm，全缘或具疏牙齿。花生于茎端及茎上部苞叶腋部，呈总状花序样或有纤细分枝组成狭圆锥花序；花萼裂片线状披针形或钻状，长 2 ～ 4mm，全缘或有 1 ～ 2 对小齿；花冠蓝紫色或蓝色，钟形，长 0.7 ～ 1(1.3) cm，5 浅裂，裂片广卵状三角形；雄蕊 5，长约 5mm；花柱稍短于花冠；花盘短筒状，长 1 ～ 1.5mm。蒴果椭圆状。花期 7 ～ 9 月，果期 9 月。

【生境】生于较干旱的草甸草原及山坡草地。
【分布】辽宁彰武县等地。
【经济价值】具观赏价值。

植株

茎叶

花

牧根草属 *Asyneuma*

11. 牧根草

Asyneuma japonicum **(Miq.) Briq.**

植株

【特征】多年生草本。根胡萝卜状。茎单一，直立。叶互生，茎下部叶柄较长，长约 8cm，茎上部叶柄短或无柄；叶卵形、卵状椭圆形、狭椭圆形或广披针形，长 5～10cm，宽 2.5～3.5(4.4)cm，边缘具稍不整齐的牙齿状锐锯齿。花序狭长，顶生，呈中断的穗状，或花轴下部稍有分枝呈狭圆锥形，下部的苞片狭披针形，上部的线形；萼裂片 5，细线形；花冠蓝紫色，长约 1.2cm，5 深裂，裂片线形；雄蕊 5，花丝下部扩展，有毛，花药线形；子房下位，花柱与花冠多近等长，柱头 3 裂。蒴果扁卵形，熟时于侧面上部孔裂，果具宿存萼。种子卵状椭圆形，棕褐色，长近 1mm，花期 7～8 月，果期 9 月。

【生境】生于山地阔叶林下、杂木林下或林缘草地。

【分布】辽宁省大部分地区都有分布。

【经济价值】具一定观赏价值。

根

花序

叶背面

叶正面

果实

风铃草属 *Campanula*

12. 聚花风铃草

Campanula glomerata **subsp.** ***speciosa*** **(Hornem. ex Spreng.) Domin**

【特征】多年生草本，植株毛变化很大，一般密被白色硬毛或绒毛。茎直立，单一。基生叶丛生，有长柄，叶片卵形，基部截形、广楔形或浅心形，先端钝尖；茎生叶无柄，披针形、卵状披针形或狭披针形，长 6 ～ 8cm，宽 1.5 ～ 2(3)cm，基部圆形、浅心形或楔形下延成半抱茎状，边缘具稍不整齐的圆形细锯齿。花无梗或近无梗，直立，多数集生于茎端及上部叶腋；萼 5 裂，裂片线状披针形；花冠蓝紫色，钟形，长 1.5 ～ 2.3cm，径 0.8 ～ 1.8cm；雄蕊 5，花丝基部加宽；花柱有微毛，柱头 3 裂。蒴果倒卵状圆锥形，成熟时侧面开裂。种子扁长圆状，长 1 ～ 1.5mm。花期 7 ～ 9 月，果期 9 ～ 10 月。

植株

茎叶

花

【生境】生于山坡、路边草地、林缘或林间草地。

【分布】辽宁北镇、西丰、宽甸、鞍山、凤城、大连等市（县）。

【经济价值】可作观赏花卉。全草入药，清热解毒、止痛。

党参属 *Codonopsis*

13. 羊乳

Codonopsis lanceolata (Siebold & Zucc.) Trautv.

【特征】多年生草本，具白色乳汁及特殊气味。根肉质肥大，纺锤状圆锥形，具横纹。茎细弱，缠绕。分枝上的叶常 2 ～ 4 枚集生于枝端，对生或轮生；叶柄长 1 ～ 5mm；叶片卵形、菱状卵形或椭圆形，全缘或具微波状齿。花单生或 2 ～ 3 朵生于分枝顶端，具短梗；萼筒长约 5mm，贴生至子房中部，花萼裂片 5，卵状三角形，全缘；花冠广钟形，长 2 ～ 3(4)cm，宽 2 ～ 2.5(3.5)cm，5 浅裂，裂片三角形，反卷，黄绿或乳白色，内有紫色斑点或带紫色；雄蕊 5；子房半下位，花柱短，柱头漏斗状三歧。蒴果扁圆锥形，具宿存花萼，果熟时上部 3 瓣裂。种子多数，卵形，淡褐色，先端有膜质翅。花期 7 ～ 8 月，果期 8 ～ 9(10) 月。

【生境】生于山地灌木林下沟边阴湿地区或阔叶林内。

【分布】辽宁建昌、朝阳、阜新等市（县）。

【经济价值】根入药，补虚通乳、排脓解毒。根可提取淀粉和酿酒。

植株

根

花

桔梗属 *Platycodon*

14. 桔梗

Platycodon grandiflorus (Jacq.) A. DC.

【特征】多年生草本，有白色乳汁。茎直立，单一或上部分枝。叶轮生或茎下部叶轮生、中部和上部叶对生和互生；叶片卵形或卵状披针形，边缘具稍不整齐的细小锐锯齿。花单生或数朵集成假总状花序或圆锥形花序；花萼广钟形，萼筒圆球状或圆球状倒圆锥形，被白粉，萼裂片5，三角形至狭三角形，长3～6(7)mm；花冠鲜蓝色或紫色，广钟形，径3～5(6.5)cm，先端5浅裂或中裂，裂片三角或稍长，先端尖；雄蕊5；子房下半部与萼筒合生，半球形，花柱高于雄蕊，柱头5裂，裂片线形。蒴果椭圆状倒卵形，长1～2.5cm，径约1cm，果熟时顶端5瓣裂。种子多数，狭卵形，扁平，有三棱，黑褐色，有光泽。花期7～9月，果期8～10月。

【生境】生于阳处草丛、灌丛中，少生于林下。

【分布】辽宁各地。

【经济价值】药食两用，入药可祛痰、利咽、排脓；种子可榨取工业用油；根富含淀粉和糖，可用于酿酒及制作酱菜。具观赏价值。

植株　叶　花与果

叶背面　种子

科 77 菊科

Asteraceae

泽兰属 *Eupatorium*

1. 林泽兰

Eupatorium lindleyanum **DC.**

植株

【特征】多年生草本。茎直立，通常单一，密被短柔毛。叶对生，无柄或具短柄；叶片不裂或3全裂，披针形或线状披针形，边缘具疏齿，表面散生粗伏毛，背面沿脉密被柔毛，并有腺点，基出三脉。头状花序密集成复伞房状或半球形；总苞圆柱状，总苞片3层，外层小，带紫色，内层长圆状披针形，膜质；花冠管状，长4mm，紫色。瘦果黑褐色，长2mm，具5棱，密生腺点；冠毛1层，白色，与花冠近等长。花果期7～9月。

【生境】生于山坡、林缘、湿草地、沟边。

【分布】辽宁西丰、凌源、开原、彰武、本溪、丹东、营口、大连、抚顺等市（县）。

【经济价值】尚无记载。

叶背面

花序

花

飞蓬属 *Erigeron*

2. 一年蓬

Erigeron annuus (L.) Pers.

植株

【特征】一年生草本。茎直立，叶片长圆形或广卵形，基部下延至柄成翼，先端尖或钝，边缘具齿。头状花序半球形，总苞片 3 层，背面密被具节长毛，有时有腺毛；花二型，有明显舌状花和管状花；舌状花长 8mm，白色或淡蓝色；中央花两性，多数，管状。瘦果，冠毛异型，舌状花冠毛极短，联结成膜质环，管状花冠毛 1 层，糙毛状，长 2mm，易脱落。花期 7～8 月，果期 8～9 月。

【生境】生于林下、林缘、路旁及山坡耕地旁等处。

【分布】辽宁西丰、抚顺、新民、本溪等市（县）。

【经济价值】全草入药，具一定治疗疟疾的作用。

叶

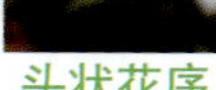
头状花序

总苞

3. 小蓬草

Erigeron canadensis L.

植株

【特征】一年生草本。茎直立，叶互生，密集，茎下部叶倒披针形。头状花序多数，总苞圆筒状，总苞片 2～3 层，线状披针形，边缘白色膜质；舌状花长 2.5mm，白色；管状花黄色，与舌状花近等长。瘦果，冠毛 1 层，白色，刚毛状，长 2.5mm。花果期 6～10 月。

【生境】本种为一种常见的杂草，生于荒地、田边、路旁等处。

【分布】原产于北美洲，现广布于我国，辽宁各地普遍生长。

【经济价值】可提取精油。

花序

头状花序

果实

紫菀属 *Aster*

4. 紫菀

Aster tataricus L. f.

植株

【特征】多年生草本。茎直立，粗壮，有条棱。中下部叶有长柄，叶片匙状长圆形或匙状披针形，网状脉，边缘具粗大锯齿，具缘毛。总苞片 3 层，覆瓦状排列，上部或外层草质，先端尖，密被毛；边花舌状，淡紫色至蓝紫色，管状花黄色，花柱分枝先端附片披针形。瘦果倒卵形。冠毛污白色，与管状花近等长，糙毛状。花期 7～9 月，果期 9～10 月。

【生境】生于河岸草地、草甸、山坡及林间。

【分布】辽宁彰武、喀左、葫芦岛、北镇、西丰、沈阳、抚顺、宽甸等市（县）。

【经济价值】常用中药，润肺下气、止咳祛痰。

叶

花序

5. 东风菜

Aster scaber Thunb. in Murray

【特征】多年生草本，高达 1.5m。叶片心形，基部下延至柄成翼，先端锐尖，边缘

植株

具粗锯齿状锐齿，两面被糙毛。头状花序多数，排列成开展的复伞房花序；总苞半球形，总苞片3层，覆瓦状排列；舌状花7～10，白色，管状花黄色。瘦果圆柱形，冠毛1层，污白色。花期7～9月，果期9～10月。

【生境】生于山坡草地、林间、路旁等处。

【分布】辽宁西丰、鞍山、营口、绥中、北镇、桓仁等市（县）。

【经济价值】根或全草入药，清热解毒、明目、利咽。

叶背面

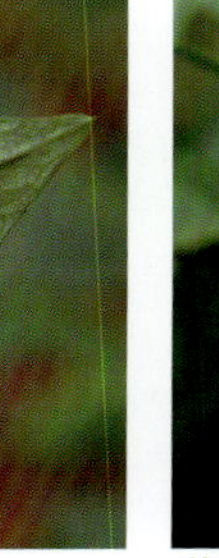
花序

6. 阿尔泰狗娃花 

Aster altaicus Willd.

【特征】多年生草本，全株被硬弯毛。叶线形或线状倒披针形，基部楔形，先端钝，全缘，两面密被糙毛。头状花序多数，径1.2～2.5(3)cm；总苞片2层，直立，近等长，边缘白色膜质，背部密被短毛；舌状花淡紫色，长1cm，瘦果倒卵形，冠毛糙毛状，污白色或红褐色。花期7～9月，果期9～10月。

【生境】生于山坡草地、干草坡或路旁草地等处。

【分布】辽宁建昌、建平、凌源、彰武、葫芦岛、抚顺、西丰等市（县）。

【经济价值】干燥头状花序入药，清热解毒。

茎叶

头状花序

总苞

7. 阿尔泰狗娃花千叶变种 

Heteropappus altaicus **(Willd.) Novopokr. var. *millefolius* (Vant.) Wang**

植株

【特征】茎直立或斜升，被上曲的短贴毛及腺毛，有多数近等长而开展的分枝，叶条形或条状披针形，长 1 ～ 2cm，宽 1 ～ 2.5mm，开展；花序多分枝，有密生的叶，总苞径 0.5 ～ 0.8cm；总苞片边缘狭或宽膜质，外层有时草质，被毛或近无毛，有腺；舌片长 5 ～ 6mm。

【生境】生于石质或黄土山坡及台地。

【分布】辽宁绥中、凌源、建平、建昌、彰武、锦州、抚顺、本溪、宽甸、法库、新民等市（县）。

【经济价值】尚无记载。

茎叶

头状花序

总苞

8. 狗娃花 

Aster hispidus **Thunb.**

【特征】两年生、稀多年生草本，全株被毛或近无毛。茎上部分枝。叶倒披针

植株

根

果序及总苞

形、线形或线状披针形。头状花序，直径 3 ～ 5cm，总苞片 2 层，线状披针形，草质，近等长；舌状花淡紫色，舌状花冠毛为膜片状冠环，白色或稍淡褐红色；管状花冠毛糙毛褐红色，长 3 ～ 4mm。瘦果扁倒卵形，被伏毛。花期 8 ～ 9 月，果期 9 ～ 10 月。

【生境】生于山坡草地、河岸草地、海边石质地、林下等处。

【分布】辽宁建平、彰武、葫芦岛、抚顺、西丰等市（县）。

【经济价值】根入药，解毒消肿。

9. 全叶马兰

Aster pekinensis **(Hance) F. H. Chen**

【特征】多年生草本，全株密被灰绿色短绒毛。茎直立，茎中部叶无柄，多数，密集，线状倒披针形或长圆形，全缘。头状花序单生枝端排列成疏伞房花序；总苞半球形，总苞片 3 层，覆瓦状排列，外被粗毛和腺点；舌状花 1 层，蓝紫色，冠毛很短；管状花黄色，冠毛短刚毛状，长 0.3mm，污白色。瘦果扁倒卵形，稍偏斜，无毛。花期 7 ～ 8 月，果期 9 月。

植株

【生境】生于山坡多石质地、干草原、河岸、砂质草地及固定沙丘上。

【分布】辽宁凌源、阜新、葫芦岛、锦州、抚顺、辽阳、庄河等地。

【经济价值】有较好的饲用价值。全草有明显的镇咳及中枢抑制作用。

叶背面

叶正面

总苞

头状花序

10. 山马兰

Aster lautureanus **(Debeaux) Franch.**

【特征】多年生草本。茎直立，坚硬，具细沟，上部分枝贴附呈扫帚状。叶有齿，质厚，近革质，边缘具齿或全缘。头状花序单生枝端，径 3.5 ～ 4cm，排成伞房状，花

植株

叶

头状花序

序枝密被短糙毛；总苞片 3 层，覆瓦状排列，坚硬有光泽；边花舌状，1 层，淡紫色，瘦果扁倒卵形，冠毛膜片状，不等长。花期 8 ~ 10 月，果期 9 ~ 10 月。

【生境】生于山阳坡、半湿草地、湿草甸子、林边、沟边、荒地等处。

【分布】辽宁西丰、抚顺、岫岩、凌源、彰武、喀左、葫芦岛、锦州等市（县）。

【经济价值】尚无记载。

女菀属 *Turczaninovia*

11. 女菀

Turczaninovia fastigiata (Fisch.) DC.

【特征】多年生草本。茎直立，坚硬，有条棱，密生短柔毛。叶互生，无柄，线

植株

叶片正面

叶片背面

花序

总苞

舌状花与管状花

状披针形，粗糙，反卷，背面密被短柔毛，具 1 ～ 3 脉，于背面凸起。头状花序直径 5 ～ 8mm，多数，密集成伞房状；总苞筒状钟形，总苞片 4 层，密被毛。边花雌性，舌状，白色；中央花两性，管状钟形。瘦果长圆形，冠毛 1 层，糙毛状，长 2.5 ～ 3mm。花期 8 ～ 9 月，果期 9 ～ 10 月。

【生境】生于河岸、山坡低湿地、盐碱地及草原。

【分布】辽宁法库、西丰、辽阳、彰武、葫芦岛、丹东等市（县）。

【经济价值】尚无记载。

和尚菜属 *Adenocaulon*

12. 和尚菜

Adenocaulon himalaicum **Edgew.**

【特征】多年生草本，根状茎匍匐，节部密生须根。茎直立，粗壮，有沟槽，上部被灰白色蛛丝状绒毛，花序枝密被腺毛及绒毛。叶互生，叶片肾形、卵状心形或三角状心形，基部下延至柄成宽翼，翼宽 1.5cm，边缘具波状浅裂或有缺刻状不整齐的突尖齿，背面密被灰白色蛛丝状绒毛。头状花序半球形，径 5mm，排列成疏狭圆锥状；总苞片 1 层，5 ～ 7 枚，广卵形或长椭圆状卵形；边花雌性，白色，长约 1.5mm，结实；中央花两性，不结实，管状花带白色。瘦果棒状倒卵形或长椭圆状倒卵形，长 6 ～ 7mm，无纵肋，中部以上被黑褐色腺毛，成熟时呈星芒状开展，无冠毛。花期 7 ～ 8 月，果期 8 ～ 10 月。

【生境】生于林缘路旁、林下、灌丛中、河谷湿地。在干燥山坡亦有生长。

【分布】辽宁西丰、新宾、鞍山、本溪、沈阳等市（县）。

【经济价值】地上部分在韩国用于治疗脓肿、出血和炎症。

植株

叶

花序

旋覆花属 *Inula*

13. 柳叶旋覆花

Inula salicina L.

【特征】多年生草本。茎直立，下部疏或密被毛，密生叶。茎下部叶花期凋落，长圆状匙形；茎中部叶较大，近革质，有光泽，长圆状披针形或披针形，具圆形小耳，半抱茎，先端钝尖，边缘具小尖头细齿及缘毛，背面脉凸出；茎上部叶渐小，线状披针形。头状花序单生或数个生于枝端，常为苞叶围绕，花期直立，径 2 ～ 2.5cm；总苞片 4 ～ 5 层，外层稍短，长圆状披针形，边缘及先端常带暗紫色，密生纤毛，中层先端暗紫色，具三角形附属物，内层先端撕裂状；边花舌状，1 层，雌性，花冠黄色，先端 3 齿裂；中央花管状，两性，先端 5 裂。瘦果圆柱形，长 1.5 ～ 2mm，先端截形，暗褐色，具 10 条纵肋；冠毛刚毛状，长 8mm，污白色。花期 7 ～ 8 月，果期 8 ～ 9 月。

【生境】生于寒温带及温带山顶、山坡草地、半温润和湿润草地。

【分布】辽宁彰武、抚顺、大连等市（县）。

【经济价值】尚无记载。

植株

花序

14. 线叶旋覆花

Inula linariifolia Turcz.

【特征】多年生草本。茎直立，常带紫红色，被短伏毛。叶线状披针形，稍密生，基生叶及茎下部长 15 ～ 17cm，宽 8 ～ 12mm，基部渐狭呈柄状，半抱茎，边缘反卷，具小锯齿，背面疏或密被蛛丝状毛及腺点；茎中部叶无柄，半抱茎；茎上部叶向上渐小，锐尖。头状花序小，径 1 ～ 2.5cm，排列成伞房状聚伞花序；花序梗被毛及腺点；

植株

聚伞花序

头状花序

总苞半球形，总苞片 4 层，覆瓦状排列，直立，外层较短，长圆状披针形，中层、内层近等长，线状披针形，长 4 ～ 5mm；边花舌状，雌性，长 7 ～ 12mm，先端具 3 齿，外面散生黄色腺点；中央花管状，两性，黄色，先端 5 齿裂。瘦果圆筒形，长约 1mm，棕褐色，被伏毛，具 10 条纵肋；冠毛长约 3mm，1 层，白色，糙毛状。花期 7 ～ 8 月，果期 8 ～ 9 月。

【生境】生于沟边湿地、低湿草地、林缘湿地、草甸、路旁及山沟等处。

【分布】辽宁西丰、葫芦岛、本溪、北镇、沈阳、鞍山、抚顺、丹东等市（县）。

【经济价值】尚无记载。

15. 欧亚旋覆花 

Inula britannica L.

【特征】多年生草本。茎直立，单生，被伏柔毛，上部分枝。叶长圆形或长圆状披针形或广披针形，茎下部叶较小；茎中上部叶长 4 ～ 9cm，宽 1.5 ～ 2.5cm，基部宽大，截形或近心形，有耳，半抱茎，先端渐尖或锐尖，边缘平展，全缘或边缘疏具不明显小齿，背面被长柔毛，密生腺点。头状花序 1 ～ 5，生于茎顶枝端；苞叶线形或长圆状线形；总苞半球形，径 1.5 ～ 2cm，总苞片 4 ～ 5 层，近等长，边缘具纤毛；边花 1 层，雌性，舌状，先端 3 齿，黄色；中央花两性，管状，先端 5 齿裂。瘦果圆柱形，长 1 ～ 1.5mm；冠毛糙毛状，1 层，白色。花期 8 ～ 9 月，果期 9 ～ 10 月。

【生境】生于山沟旁湿地、湿草甸子、河滩、田边、路旁湿地以及林缘或盐碱地上。

【分布】辽宁新民、岫岩、普兰店、本溪等地。

【经济价值】入药，具有降气、消痰、行水、止呕的功效。

植株

头状花序

16. 旋覆花

Inula japonica Thunb.

植株

【特征】多年生草本。茎单一，直立，密被伏毛。茎下部叶较小，花期枯萎；茎中部叶无柄，披针形或线状披针形，长 5 ～ 11cm，宽 1 ～ 2cm，基部有小耳，半抱茎，背面密被长伏毛及腺点；茎上部叶渐小。头状花序少数或多数，排列成疏散的伞房花序；总苞半球形，径 1.5 ～ 2cm，总苞片 5 层，线状披针形，近等长，有缘毛；舌状花黄色，长 10 ～ 15mm，宽 1mm，先端 3 齿裂；管状花黄色，长 4mm，先端 5 裂。瘦果圆柱形，长 1 ～ 1.2mm，有纵肋；冠毛 1 层，刚毛状，白色，与管状花近等长。花果期 7 ～ 10 月。

【生境】生于路旁、河边湿地、林缘、河岸、沼泽边湿地。

【分布】辽宁法库、新宾、普兰店、凌源、彰武、本溪等地。

【经济价值】根与叶治刀伤、疔毒，煎服可平喘镇咳。花为健胃祛痰药。全草称金沸草，有小毒，化痰止咳。

火绒草属 *Leontopodium*

17. 火绒草

Leontopodium leontopodioides **(Willd.) Beauverd**

【特征】多年生草本，全株密被灰白色绵毛。茎丛生，直立，稍弯曲，下部常木质化，细而坚韧。叶密生，基生叶及茎下部叶花期枯萎；茎中部叶线形或线状披针形，长 2～4.5cm，宽 3～5mm，基部无柄，半抱茎，边缘反卷，背面脉凸起。头状花序 3～4(7) 紧密团集成团伞状或单生，通常雌雄异株；苞叶 1～4，线形或狭披针形，与花序等长或比花序长 1.5～2 倍；雄株苞叶多少开展成苞叶群，雌株苞叶多少直立，不成明显的苞叶群；总苞半球形，径 7～10mm，总苞片 3～4 层，披针形，膜质，白色或带褐色；雌花花冠丝状，花后伸长，长 4.5～5.5mm；雄花管状漏斗形。瘦果长椭圆形，长 1.5mm，密被粗毛；冠毛白色或污白色，基部结合成环状，雄花冠毛先端稍增厚。花期 6～8 月，果期 8～9 月。

植株

【生境】生于干旱草原、黄土坡地、石砾地、山区草地，稀生于湿润地，极常见。

【分布】辽宁凌源、建平、彰武、北镇、西丰、沈阳等市（县）。

【经济价值】地上全草入药。清热凉血、利尿，用于治疗急性肾炎。

茎与叶

根

总苞片（果后）

花序

豚草属 *Ambrosia*

18. 三裂叶豚草

Ambrosia trifida L.

【特征】一年生草本。茎直立，粗壮。叶对生或近对生，具柄，基部膨大抱茎，具狭翼，被白色长睫毛；茎下部叶 3 ～ 5 深裂或不分裂，边缘具锐锯齿，基生三出脉明显，两面被短伏糙毛。雄头状花序多数，在枝端排列成总状；总苞浅碟状，径约 5mm，总苞片 1 层，合生，背部具 3 ～ 4 暗褐色肋，边缘具圆齿；花多数，花冠钟状，5 浅裂，淡黄色，具 5 条褐色脉，花柱先端扩大呈画笔状，不结实。雌头状花序聚生于雄花序下部叶腋，总苞结合成陀螺状倒卵形，径 5mm，先端收缩成喙，具 5 ～ 7 肋，花单一，无花冠，花柱分枝线状披针形，超出总苞。瘦果倒卵形，黑色或暗灰色，无毛，藏于坚硬的总苞内。花期 8 月，果期 9 ～ 10 月。

【生境】常见于山坡、田园、宅旁、路边或铁路边及沟渠沿岸成簇、成片生长。

植株

【分布】辽宁铁岭、沈阳、抚顺、本溪等地。原产于北美。

【经济价值】尚无记载。

雄花序

雌花序

雄花序部分放大

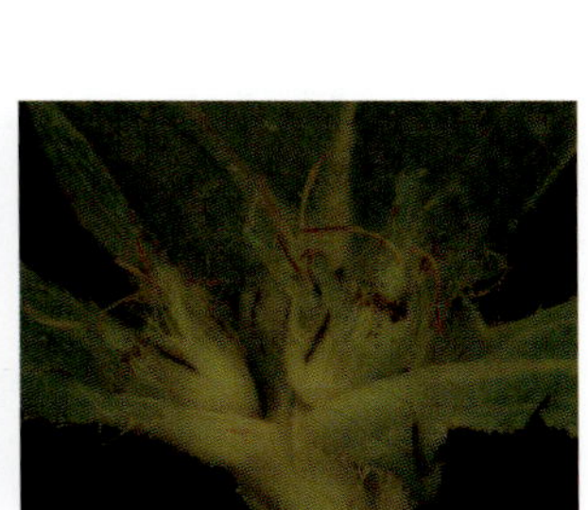
雌花放大

19. 豚草

Ambrosia artemisiifolia L.

【特征】一年生草本。茎直立，细弱，被卷曲短柔毛。茎下部叶对生，短柄具狭翼；叶片一至二回羽状分裂，裂片狭小，长圆形至倒披针形，背面密被短糙毛；茎上部叶互生，无柄，羽状分裂；最上部叶线形，不分裂。雄头状花序顶生，半球形或卵形，集生成总状；总苞浅碟形，径2～3mm，总苞片全部结合，边缘具波状齿；雄花10～30，花冠淡黄色，花柱不分枝，顶端膨大呈画笔状。雌头状花序在雄花序下或茎下部叶腋单生或2～3个簇生；总苞闭合，具4～6个刺，先端具喙；雌花1，无花冠，花柱2深裂，丝状，伸出总苞。瘦果倒卵形，藏于总苞中。花期8～9月，果期9～10月。

【生境】生于路旁、河岸湿草地。

【分布】辽宁西丰、昌图、开原、沈阳等市（县）。

【经济价值】尚无记载。

植株

幼株

花序

鬼针草属 *Bidens*

20. 金盏银盘

Bidens biternata (Lour.) Merr. & Sherff

【特征】一年生草本。茎直立，近四棱形。基生叶及茎下部叶花期枯萎；茎中部叶对生，叶柄基部扩展半抱茎；叶片为二回三出羽状复叶，边缘具整齐的锯齿及缘毛；茎上部叶渐小。头状花序，直径约10mm，总苞片8～10，外层线状披针形，密被短柔毛，内层长圆形，背部具褐色条纹，边缘膜质；边花舌状，3～5，花冠长3mm，具4条脉，中央花管状，两性。瘦果线状四棱形，长2cm，多少被小疣状突起或短刚毛，先端具2～3刺芒，长3～4mm，具倒生刺毛。花期7～8月，果期9～10月。

植株

【生境】生于山坡路旁、沟边、荒地。
【分布】辽宁建昌、北镇、桓仁、鞍山、丹东、大连等市（县）。
【经济价值】对重金属铜和镉有一定富集能力。

花序

头状花序

果实

21. 小花鬼针草

Bidens parviflora Willd.

【特征】一年生草本。茎直立，近四棱形，具条棱。基生叶及茎下部叶花期枯萎；茎中部叶对生，叶柄无翼，基部宽展，半抱茎；叶片二至三回羽状全裂，裂片线状披针形，边缘疏具短睫毛；茎上部叶二回羽状全裂，最上部叶线形，不分裂。头状花序近圆柱形，具长梗；总苞片外层线形，内层长圆状披针形，边缘白色透明膜质；无舌状花，管状花两性，花冠 4 裂。瘦果线状四棱形，长约 15mm，宽 1mm，稍扁，微向内弯，黑褐色或带黄斑点，具肋，肋具向上刺毛，先端具 2 刺芒，具倒生刺毛。花期 6 ～ 8 月，果期 9 ～ 10 月。
【生境】生于山坡湿地、多石质山坡、沟旁、耕地旁、荒地及盐碱地。
【分布】辽宁建平、北镇、西丰、抚顺、大连、丹东、本溪等市（县）。
【经济价值】入药，清热解毒、活血散瘀。

植株

根

叶背面

果实

22. 狼杷草

Bidens tripartita L.

植株

【特征】一年生草本，茎直立，近四棱形。茎中部叶对生，常3～5羽状深裂，裂片披针形，顶裂片基部楔形，先端长渐尖，边缘具齿；叶柄长0.8～2.5cm，有窄翅。头状花序单生于茎顶或枝端，总苞盘状或近钟形，外层叶状，长圆状披针形、匙形或倒披针形，无舌状花；管状花两性，花冠高脚杯状，先端4齿裂。瘦果倒卵状楔形，具2刺芒，沿瘦果两侧和刺芒具倒生刺毛。花期7～8月，果期9～10月。

【生境】生于湿草地、沟旁、稻田边等地。

【分布】辽宁凌源、建平、喀左、葫芦岛、锦州、新民、西丰等市（县）。

【经济价值】药用，清热解毒、养阴敛汗。

叶

花序

管状花

23. 大狼杷草

Bidens frondosa L.

植株

叶背面

【特征】一年生草本。茎直立，常带紫色。叶对生，具柄，一回羽状复叶，小叶3～5枚，披针形，边缘有粗锯齿，至少顶生者具明显的柄。头状花序单生茎端和枝端，连同总苞片直径12～25mm。总苞钟状或半球形，外层苞片5～10枚，常8枚，披针形或匙状倒披针形，叶状，边缘有缘毛，内层苞片长圆形，长5～9mm，膜质，具淡黄色边缘；无舌状花或舌状花不发育；筒状花两性，花冠长约3mm，冠檐5裂；瘦果扁平，狭楔形，长5～10mm，顶端芒刺2枚，长约2.5mm，有倒刺毛。

【生境】湿润、浅水域条件均能生长。

【分布】辽宁各地普遍生长。

【经济价值】幼苗有剧毒。种子可榨油，做工业用油的原料。果实及全草入药，可发汗通窍、散风祛湿、消炎镇痛。

27. 蒙古苍耳

Xanthium mongolicum Kitag.

【特征】一年生草本。茎直立，粗壮，被短糙毛。叶互生，有长柄，广卵状三角形，边缘 3 ～ 5 浅裂，具不整齐粗锯齿，基出三脉，两面密被糙伏毛。具瘦果的总苞成熟时椭圆形，长约 2cm，宽 1 ～ 1.5cm，被短柔毛，先端具 1 ～ 2 刺尖状缘，外面具钩状刺，长 4mm，较粗，直立，基部增粗，向上部渐狭。瘦果2，倒卵形，花期7～8月，果期8～9月。

【生境】生于干旱山坡及砂质地。

【分布】辽宁彰武县等地。

【经济价值】果实入药，有较强的抗炎镇痛作用。

植株

叶

花序

蓍属 *Achillea*

28. 短瓣蓍

Achillea ptarmicoides Maxim.

【特征】多年生草本。茎单一，直立。基生叶及茎下部叶花期枯萎；茎中部叶无柄，线状披针形，长 6 ～ 10cm，宽 0.7 ～ 1.2cm，一至二回羽状深裂，两面具腺点。头状花序，直径 4.5mm，多数，排列成伞房状或密集成头状；总苞片 3 层，覆瓦状排列，外层长为内层之半，广卵形至长圆形，具龙骨状突起，有棕色或褐色狭边；边花 5 ～ 8，雌性，舌状，白色，舌片稍超出总苞或与总苞近等长，常扭折或稍反卷，舌片长不及 1mm，宽 0.8 ～ 1.2mm，3 浅裂或 3 深裂，具腺毛；中央花多数，两性，管状，长 1.5 ～ 2mm，白色，先端 5 齿裂，被腺毛。瘦果长圆形或倒披针状长圆形，扁平，具厚翼。花期 7 ～ 9 月，果期 9 ～ 10 月。

植株

叶

花序

【生境】生于山坡、河谷草甸、林缘及山脚下。

【分布】辽宁各地普遍生长。

【经济价值】尚无记载。

29. 高山蓍

Achillea alpina L.

【特征】多年生草本。茎直立，上部披长柔毛。基生叶及茎下部叶花期枯萎；茎中部叶无柄，半抱茎，一至二回羽状浅裂至深裂，裂片边缘具不整齐锐尖锯齿或小裂片，齿端具软骨质尖，两面具凹陷腺点。头状花序多数，径 7 ～ 9mm，密集成伞房状；总苞球状钟形，径 5mm，总苞片 2 ～ 3 层，覆瓦状排列；边花 5 ～ 8，雌性，舌状，长 3.5 ～ 4.5mm，白色，舌片长 2 ～ 3mm，宽 2.5 ～ 3.5mm，先端具 3 不明显的钝齿，显著超出总苞；中央管状花多数，两性，花冠长 2 ～ 3mm。瘦果倒卵形，扁压，长 2 ～ 3mm，宽 1 ～ 1.2mm，有浅色边肋。花期 7 ～ 9 月，果期 8 ～ 10 月。

【生境】生于山坡灌丛、林缘、山坡草地、河岸湿地及山涧河谷湿地。

【分布】辽宁西丰、沈阳、彰武、鞍山、桓仁等市（县）。

【经济价值】全草入药，有小毒，可解毒消肿、止血、止痛。

植株　叶片　根　花序

蒿属 *Artemisia*

30. 大籽蒿

Artemisia sieversiana Ehrhart ex Willd.

【特征】两年生草本。茎粗壮，直立，具条棱，被白色短柔毛。叶具长柄；叶片广卵状三角形，二至三回羽状分裂，裂片边缘撕裂状或具缺刻状大牙齿，背面密被灰白色伏毛，两面密被小腺点；茎最上部叶三出或不分裂，线形或披针形。头状花序大，半球形，径 5 ～ 7mm，下垂，多数，形成大圆锥状；苞叶线形；总苞片 2 ～ 3 层，近等长，外层叶状，线形，内层广倒卵形或长圆形，干膜质，边缘疏生长睫毛；边花雌性，花冠先端 2 裂；中央花两性，花冠先端 5 齿裂。瘦果长圆状倒卵形，长 1 ～ 2mm，宽 0.5 ～ 1mm，褐色。花期 7 ～ 8 月，果期 8 ～ 9 月。

【生境】生于砂质草地、山坡草地及住宅附近。

【分布】辽宁各地普遍生长。

【经济价值】可作饲料。民间入药，消炎止痛。

叶

植株

花序

31. 冷蒿 

Artemisia frigida Willd.

【特征】多年生草本，全株密被灰白色蛛丝状绢毛。茎具条棱。不育枝叶密生；茎生叶无柄，下部叶二至三回羽状细裂，花期常凋萎，茎上部叶3～5羽状或掌状分裂，裂片线形或长圆状线形。头状花序小，多数，排列成圆锥状，花期下垂；苞叶线形，两面密被灰白色绢毛；总苞半球形，径3～5mm，总苞片2～3层，近等长，透明膜质，背部中央灰绿色，密被灰白色绢毛；边花4～5，雌性，细管状，长1.5mm，先端2裂；中央管状花多数；子房长倒卵形；花托有毛。瘦果长圆形，长约1mm。花期8～9月，果期9～10月。

植株

花枝

枝叶

【生境】生于草原、沙丘、盐碱地及干山坡。

【分布】辽宁彰武县等地。

【经济价值】可作牧草。

32. 黄花蒿

Artemisia annua L.

植株

叶背面

【特征】一年或两年生草本，有香味。茎粗壮，直立，具深沟，多分枝。叶有柄，茎下部叶三回羽状分裂，裂片长圆状线形或线形，具栉齿状牙齿或缺刻，锐尖。头状花序近球形，径 1 ～ 2mm，有短梗，下垂，密集，形成大圆锥状；总苞片 3 层，覆瓦状排列；花黄色，边花雌性，先端 2 浅裂，外面被黄色腺点；中央花两性，管状钟形；花全部结实。瘦果长圆形，红褐色。花期 8 ～ 9 月，果期 9 ～ 10 月。

【生境】生于路旁草地、杂草地及荒地。

【分布】辽宁各地普遍生长。

【经济价值】入药，清热、解暑、截疟、凉血。

33. 山蒿

Artemisia brachyloba Franch.

【特征】半灌木。茎自基部多分歧，常数条紧贴扭曲，分枝坚硬，具条棱，被灰白色短绒毛，老时脱落。茎生叶有长柄，长卵形或卵形，二回羽状全裂，茎上部叶羽状全裂，裂片丝状线形，宽 0.3 ～ 0.4mm，背面密被灰白色蛛丝状绒毛。头状花序多数，排列成疏松总状或圆锥状；总苞密被蛛丝状毡毛及腺点，总苞片 4 层，覆瓦状排列；边花 8 ～ 12，雌性，先端 3 齿裂，具腺点，花柱分枝先端截形，反卷；中央管状花 18 ～ 22，两性，先端 5 齿裂，具腺点。瘦果长圆状倒卵形，黑褐色，有条纹，表面被白色胶质层，水湿时成黏液状膜。花期 8 ～ 9 月，果期 9 ～ 10 月。

植株与生境

【生境】生于岩石缝隙或石砬子上。

【分布】辽宁凌源、建平、建昌等市（县）。

【经济价值】水土保持、生态修复先锋植物。可入药，清热燥湿、杀虫排脓。

叶背面

花枝

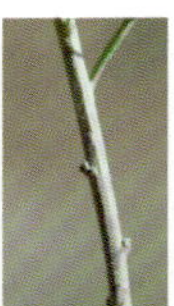
幼茎被毛

花序

花序侧面，示总苞

34. 白莲蒿 

Artemisia stechmanniana **Besser**

【特征】多年生草本，半灌木状。茎基部木质，直立，具条棱，暗紫红色。基生叶花期枯萎；茎生叶柄具翼，基部具托叶状小叶片；叶片卵形或长圆状卵形，二回羽状深裂，小裂片长圆形或广披针形，全缘或具锯齿，表面具腺点，背面苍绿色，多少被灰白色绵毛或无毛，叶轴栉齿状。头状花序球形或圆筒状半球形，长宽约3mm，具短梗，下垂，多数，排列成直立开展的圆锥花序，总苞片3层，覆瓦状排列；边花5～8，雌性；中央花16～21，两性；花全部结实；花托凸起，裸露。瘦果长圆形，具纵肋。花期8～9月，果期9～10月。

植株

叶背面

花序（蕾期）

【生境】生于草原、多石质山坡、空旷地或杂木林灌丛中。

【分布】辽宁大连、鞍山、抚顺、彰武、西丰、朝阳等市（县）。

【经济价值】全草入药，具清热解毒、凉血止血功效。

35. 密毛白莲蒿 

Artemisia gmelinii* var. *messerschmidiana **(Besser) Poljakov**

【特征】与原变种区别在于本变种叶两面密被灰白色或淡灰黄色短柔毛。

【生境】生于低海拔地区的山坡、路旁等。

【分布】辽宁各地。

【经济价值】可作为重金属铅污染的修复植物。

植株

叶正面

叶背面

花序

36. 毛莲蒿

Artemisia vestita Wall. ex Besser

【特征】多年生半灌木状草本。根状茎疙瘩状。茎紫褐色，微具条棱，向上部毛渐增多。基生叶花期枯萎；茎生叶有短柄，基部有羽状分裂的托叶状裂片；叶片卵圆形或长卵形，二回羽状深裂，裂片披针状楔形或长圆状线形，具羽状半裂锯齿，表面灰绿色，被绵毛，背面灰白色，密被白绒毛；茎上部叶羽状深裂、浅裂至不裂。头状花序半球形，径 2 ～ 3.5mm，花梗较长，下垂，多数，形成紧密的穗状或总状圆锥花序；总苞片密被灰白色绒毛，中肋绿色，2 ～ 3 层，覆瓦状排列；边花 4 ～ 5，管状锥形，中央管状花 7 ～ 11，两性，花全部结实。瘦果椭圆状卵形，淡褐色或棕褐色，有光泽。花果期 9 ～ 10 月。

植株

茎

叶

花序

【生境】生于干山坡、多砂石山坡、山岗、干燥丘陵地或草地。
【分布】辽宁凌源、建平、阜新、锦州、法库等市（县）。
【经济价值】可作为水土流失生态修复植物。茎叶入药，清虚热、健胃、祛风止痒。

37. 柳叶蒿

Artemisia integrifolia L.

【特征】多年生草本。茎通常单生，紫褐色，具纵棱，被蛛丝状毛。叶无柄；叶背面除叶脉外密被灰白色密绒毛；基生叶与茎下部叶狭卵形或椭圆状卵形，边缘有少数深裂齿或锯齿，花期叶萎谢；中部叶长椭圆形、椭圆状披针形或线状披针形，每边缘具1～3枚深或浅裂齿或锯齿，基部楔形，渐狭呈柄状，常有小型的假托叶；上部叶小，椭圆形或披针形，全缘。头状花序多数，直径(2.5)3～4mm，有小型披针形的小苞叶，在各分枝中部以上排成密集的穗状花序式的总状花序，并在茎上半部组成狭窄的圆锥花序；总苞片3～4层，覆瓦状排列；雌花10～15朵，花冠檐部具2裂齿，花柱长，伸出花冠外；两性花20～30朵，花冠管状。瘦果倒卵形或长圆形。

植株

花序

【生境】多生于路旁、河边、草地、草甸、森林草原、灌丛及沼泽地的边缘。
【分布】辽宁铁岭、抚顺等地。
【经济价值】可食用。全草入药，清热解毒。

38. 蒌蒿

Artemisia selengensis Turcz. ex Besser

【特征】多年生草本，具清香气味。茎少数或单一，有明显纵棱，下部通常半木质化，紫红色。叶背面密被灰白色蛛丝状平贴的绵毛，茎下部叶宽卵形或卵形，5或3全裂或深裂，中部叶近呈掌状，不分裂叶的先端通常锐尖，叶缘或裂片边缘有锯齿，基部楔形，渐狭呈柄状；上部叶与苞片叶指状3深裂，2裂或不分裂。头状花序多数，在茎上组成狭而伸长的圆锥花序。瘦果卵形，略扁。花果期 7 ～ 10 月。

【生境】生于沼泽化草甸地区，也见于湿润的疏林中、山坡、路旁、荒地等。

【分布】辽宁庄河、岫岩、铁岭等市（县）。

【经济价值】入药，有止血、消炎、镇痛、化瘀之效。能作为镉污染土地生物修复植物。

植株

叶背面被灰白色蛛丝

茎上部叶

39. 矮蒿

Artemisia lancea Vaniot

植株

【特征】多年生草本。茎多数，具细棱，褐色或紫红色。叶背面密被灰白色或灰黄色蛛丝状毛；基生叶与茎下部叶卵圆形，二回羽状全裂，中部裂片再次羽状深裂，小裂片线状披针形或线形；中部叶长卵形或椭圆状卵形，一至二回羽状全裂，裂片披针形或线状披针形，边外卷；上部叶与苞片叶 5 或 3 全裂或不分裂。头状花序多数，卵形或长卵形，无梗，直径 1 ～ 1.5mm，在分枝上端或小枝上排成穗状花序或复穗状花序，在茎上端组成狭长或稍开展的圆锥花序；总苞片 3 层，覆瓦状排列。雌花 1 ～ 3 朵，檐部具 2 裂齿或无裂齿，紫红色，花柱细长，伸出花冠外，先端 2 叉；两性花 2 ～ 5 朵，花冠长管状，檐部紫红色。瘦果小，长圆形。花果期 7 ～ 10 月。

【生境】生于低海拔至中海拔地区的林缘、路旁、荒坡及疏林下。

【分布】辽宁锦州、营口、铁岭、抚顺、鞍山、大连等地。

【经济价值】可作饲草。

枝叶

花序

40. 野艾蒿 

Artemisia lavandulifolia DC.

植株

【特征】多年生草本。茎直立，具条棱。茎下部叶花期枯萎；茎中部叶有柄，叶柄基部有2对托叶状小裂片，叶片一至二回羽状深裂至全裂，裂片线状披针形，长达5cm，宽2～4(7)mm，背面密被灰白色蛛丝状绵毛；茎上部叶3～5裂。头状花序狭筒形或狭筒状钟形，长3mm，径1mm，直立，多数密集，排列成狭圆锥花序；总苞片3～4层，覆瓦状排列，疏生蛛丝状毛；边花5～6，雌性，先端2齿裂，中央花5～6，两性，先端5齿裂，花全部结实。瘦果长圆形，长1～1.2mm，宽0.5mm。花期7～8月，果期9月。

【生境】生于林缘、山坡。

【分布】辽宁凌源、建平、彰武、锦州、营口、沈阳、庄河、凤城、桓仁等市（县）。

【经济价值】可作为重金属铜、镉、锌污染修复植物。具有一定药用价值。

花序

根

叶背面

41. 艾 

Artemisia argyi H. Lév. & Vaniot

植株

【特征】多年生草本。茎单一，直立，密被白色蛛丝状毛，通常上部分枝。茎下部叶花期凋落；茎中部叶有柄，卵状三角形，羽状深裂，基部有托叶状小裂片，裂片边缘有粗大锯齿或钝齿，表面密生白色腺点，背面密被蛛丝状绵毛；茎上部叶渐小，3～5裂或不裂，无柄。头状花序钟形或长圆状钟形，长 3 ~ 4mm，径 2 ~ 2.5mm，下垂，排列成穗状狭圆锥花序，总苞片 3 ~ 4 层，覆瓦状排列，背面密被蛛丝状灰白或带褐色绵毛；边花 8 ~ 13，雌性，先端 2 齿裂，中央花 9 ~ 11，两性，先端 5 齿裂，花全部结实。瘦果长圆形，长 1mm，宽 0.5mm。花期 8 ~ 9 月，果期 9 ~ 10 月。

【生境】生于山坡草地、路旁、耕地旁及林缘沟边等地。

【分布】辽宁各地。

【经济价值】全草入药，具有温经止血、散寒止痛、调经、除湿止痒、通经活络等功效。

茎上部叶背面

茎下部叶

花序

头状花序放大

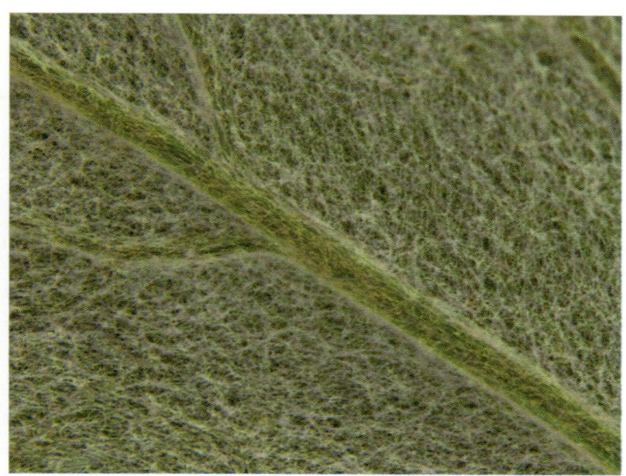
叶背面放大

42. 猪毛蒿 

Artemisia scoparia Waldst. & Kit.

【特征】一年、两年或多年生草本。茎直立，多分枝。基生叶丛生，有长柄，具翼，叶片二至三回羽状分裂，裂片线状披针形，花期枯萎；茎中部以上叶柄短，有翼，基部半抱茎，有 2 ~ 3 对托叶状小裂片，叶片一至二回羽状分裂，裂片毛发状，长 1 ~ 2cm。头状花序小，球形或卵状球形，径 0.5 ~ 1mm，下垂或斜生，多

植株

数，形成大圆锥状；总苞片2～3层；边花6，雌性，花冠细管状，先端2裂，具黄色腺点，结实；中央花6，两性，漏斗状钟形，先端5裂，不结实。瘦果长圆形或倒卵状长圆形，长0.5mm。花期7～8月，果期9～10月。

【生境】生于田边、山坡、休耕地、林缘及庭院、砂质草地。

【分布】辽宁各地普遍生长。

【经济价值】可作饲草。

花序

根

未全伸展枝叶

花序一部分

43. 牡蒿 

Artemisia japonica Thunb.

不育枝

植株

【特征】多年生草本。茎直立，常与不育枝数条丛生，微具条棱，中部以上分枝；不育枝密生叶。基生叶及不育枝叶莲座状，无柄，匙形或长圆状楔形，长3.5～7cm，宽1～1.5cm，有不整齐牙齿；茎中部叶无柄，楔状匙形或长圆状楔形，先端齿裂，具1～2对狭披针状线形的托叶状裂片；茎上部叶狭楔形，3齿裂或不裂。头状花序卵形或长圆状卵形，长2(2.5)mm，宽1mm，俯垂，多数，排列成狭圆锥状；苞片小，线形；总苞片4层，覆瓦状排列；边花5～9，雌性，管状锥形，结实，中央花5～7，两性，不结实。瘦果长圆状偏倒卵形，长1mm，暗褐色，光滑，具细肋。花果期8～10月。

【生境】生于河岸沙地、山坡砾石地、山坡灌丛或杂木林间。

【分布】辽宁葫芦岛、西丰、桓仁、抚顺、大连、沈阳等市（县）。

【经济价值】入药，具有清热、凉血、解毒之功效。

44. 茵陈蒿

Artemisia capillaris Thunb.

【特征】半灌木状草本。茎多条，光滑，有条纹，分枝多数，开展，有不育枝。叶质较厚硬，基生叶及茎下部叶有柄，抱茎；茎中部叶集生，开展，无柄或近无柄，基部抱茎，具 2～3 对托叶状裂片，叶片一至二回羽状全裂，裂片丝状线形，钝头，具小突尖，边缘反卷，背面中脉凸起；茎上部叶渐向上渐小，羽状全裂至 3～7 全裂，无毛。头状花序卵形或长卵形，长 2～2.5mm，宽约 1mm，常向一侧俯垂，多数，排列成圆锥状；花序梗基部具苞片 1～2；总苞近革质，总苞片 3～4 层，覆瓦状排列；边花 3～6(10)，雌性，花冠锥状，淡黄色，结实；中央花 2～5(7)，两性，花冠管状，淡黄色，中部以上常带粉紫色，不结实。瘦果长圆状倒卵形，长约 1mm，先端圆，光滑，暗褐色。花期 8～9 月，果期 9～10 月。

【生境】生于砂质的河、湖、海岸，干燥丘陵地、草原、山坡、灌丛。

【分布】辽宁凌源、建平、葫芦岛、营口、西丰、开原等市（县）。

【经济价值】早春嫩苗与幼叶入药，清热利湿、利胆退黄。

植株

苗期植株

叶

基生叶

花序部分放大

花序

45. 红足蒿 

Artemisia rubripes Nakai

【特征】多年生草本，植株常带紫红色。茎直立，单一或上部分枝，有条棱，常无毛。基生叶及茎生叶具长柄，基部突然扩大，具托叶状裂片，叶片广卵状三角形，二回羽状分裂，裂片线状披针形或长圆状披针形，全缘或具 1 ～ 2 锯齿，背面密被蛛丝状白绒毛；茎上部叶柄渐短至无柄，羽状分裂至不分裂，全缘。头状花序多数，直立，较密集，形成狭圆锥花序；总苞狭钟形，径 1.5mm，总苞片 3 层，覆瓦状排列；边花 5 ～ 8(10)，雌性，中央花 9 ～ 15，两性，花全部结实；瘦果长卵形，淡褐色。花期 8 月，果期 9 ～ 10 月。

【生境】生于林缘、灌丛及撂荒地。

【分布】辽宁凌源、建平、彰武、葫芦岛、锦州、营口、沈阳、庄河、宽甸等市（县）。

【经济价值】入药作“艾”，为家艾的代用品。

花序

茎

植株

石胡荽属 *Centipeda*

46. 石胡荽 

Centipeda minima (L.) A. Braun & Asch.

【特征】一年生小草本，高达 20cm。茎从基部分枝，有条纹，小枝匍匐，生根，或稍斜升，无毛或上部被绢丝状短柔毛。茎生叶互生，无柄，匙状楔形，长 7 ～ 20mm，边缘有少数锯齿。头状花序小，近无梗，半球形，径 3 ～ 4mm，单生于叶腋，总苞片 2 层；

边花雌性，多层，结实，长 0.2mm，中央花两性，长 0.5mm，淡紫红色。瘦果圆柱形，长约 1mm，具 3～4 棱，棱上有长毛，先端截形；无冠毛。花期 7～8 月，果期 9～10 月。

【生境】生于路旁、杂草地、耕地及阴湿地。

【分布】辽宁本溪等地。

【经济价值】本种即中草药“鹅不食草”，散寒通窍、止咳化痰、解毒消肿、止痛。

植株

花序与叶

菊属 *Chrysanthemum*

47. 甘菊

Chrysanthemum lavandulifolium (Fisch. ex Trautv.) Makino

【特征】多年生草本。茎直立，有细条棱，多分枝。茎下部叶花期凋落；茎中部叶有柄，基部具羽状分裂的托叶状小裂片；叶片一至二回羽状深裂至全裂，侧裂片 1～2 对，羽轴栉齿状，稍反卷，背面密被腺点，疏生伏柔毛及叉状毛，沿脉毛较密；茎上部叶较小，羽状深裂或全裂。头状花序半球形，径 1～1.5cm，多数，排列成复伞房花序；苞叶线形或羽状 3 裂；总苞片 4 层；边花雌性，1 层，舌状，黄色，先端 2～3 裂，中央管状花多数，花冠先端 5 齿裂；花柱超出花冠；花托凸起。瘦果倒卵形，褐色；无冠状冠毛。

【生境】生于山坡、岩石上、河谷、河岸、荒地及黄土丘陵地。

【分布】辽宁朝阳、阜新、锦州、抚顺、鞍山等地。

【经济价值】具观赏价值。

植株

茎叶

植株

48. 野菊

Chrysanthemum indicum L.

【特征】多年生草本。根状茎匍匐。茎直立，中部以上多分枝。叶互生，基生叶及茎下部叶花期凋落；茎中部叶有柄，叶柄基部有耳；叶片卵形或广卵形，羽状浅裂，半裂或深裂，基部截形，稍心形或广楔形，侧裂片 1 ～ 2 对，长圆形，边缘有浅锯齿，背面疏被短柔毛。头状花序半球形，径 2 ～ 2.5(3)cm，少数排列成复伞房花序；总苞片 4 层，覆瓦状排列；边花 1 层，雌性，黄色，舌片长 1 ～ 1.6cm，先端具 2 ～ 3 齿，中央管状花多数，花冠先端 5 裂，黄色；花托半球形，蜂窝状。瘦果长圆状倒卵形，长 1.5mm，宽 0.5mm，深褐色；无冠毛。花果期 9 ～ 10 月。

【生境】生于山坡、灌丛、河边、山坡石质地。

【分布】辽宁兴城、北镇、普兰店、抚顺、凤城等地。

【经济价值】入药，性微寒，具疏散风热、散瘀、明目、降血压之功效。

叶正面

叶背面

花序，示总苞

头状花序

49. 小红菊

Chrysanthemum chanetii H. Lév.

【特征】多年生草本。茎直立，基部或中部以上分枝，有不育枝。不育枝叶有长柄，近圆形或肾形，羽状浅裂，边缘具缺刻状牙齿；茎下部叶花期凋落；茎中部叶广卵形至近圆形，基部截形或微心形，有时下延至柄，掌状或羽状浅裂至半裂，裂片边缘具不整齐小尖齿或钝齿，两面绿色，密生腺点；上部茎叶椭圆形或长椭圆形，接花序下部的叶长椭圆形或宽线形，羽裂、齿裂或不裂。头状花序 3 ～ 6(7)cm，单生于枝端，排列成疏伞房花序；总苞片 4 层，覆瓦状排列；边花 1 层，雌性，舌状，白色、淡粉色或紫红色，舌片长 1 ～ 2.5cm，宽 4 ～ 5(7)mm，先端 3 裂，有时不结实；中央花管状钟形，先端 5 裂。瘦果长圆形，长 1.5mm，宽 0.5mm，有 4 ～ 5 条纵肋，褐色。花果期 9 ～ 10 月。

植株

不育枝的叶

【生境】生于草原、山坡林缘、灌丛及河滩与沟边。

【分布】辽宁凌源、建平、建昌、鞍山、大连等市（县）。

【经济价值】可作绿化观赏植物。

线叶菊属 *Filifolium*

50. 线叶菊

Filifolium sibiricum **(L.) Kitam.**

【特征】多年生草本。茎丛生，密集，有条纹。基生叶有长柄，倒卵形或矩圆形，茎生叶较小，互生，全部叶二至三回羽状全裂；末次裂片丝形，有白色乳头状小凸起。头状花序在茎枝顶端排成伞房花序；总苞球形或半球形，直径 4 ～ 5mm ；总苞片 3 层，黄褐色。边花约 6 朵，花冠筒状，具 2 ～ 4 齿；盘花多数，花冠管状，黄色，长约 2.5mm，顶端 5 裂齿。瘦果倒卵形或椭圆形稍压扁，黑色。花果期 6 ～ 9 月。

【生境】生于山坡、草地、固定沙丘等。

【分布】辽宁法库、西丰、凌源、建平、阜新等市（县）。

【经济价值】为中等或劣等饲用植物。全草入药，清热解毒、抗菌消炎。

植株

茎与叶

花序

疆千里光属 *Jacobaea*

51. 琥珀千里光

Jacobaea ambracea **(Turcz. ex DC.) B. Nord.**

【特征】多年生草本。基生叶花期枯萎；下部茎生叶羽状深裂，顶裂片不明显，侧裂片 5 ～ 8 对，具齿或细裂，具柄；中部茎生叶羽状深裂或羽状全裂，侧裂片长圆状线形，具齿或深细裂，基部常有撕裂状耳，无柄；上部叶羽状裂或有粗齿，线形，近全缘。头状花序排成顶生伞房花序；总苞宽钟状或半球状；舌状花黄色，管状花多数。瘦果圆柱形，冠毛淡白色。花期8～9月，果期9～10月。

【生境】生于低湿地、山坡草地、海滨、林缘、沙地等。

植株

叶

花序侧面

花序

【分布】辽宁法库、千山、桓仁、朝阳等地。

【经济价值】中等饲用植物。

兔儿伞属 *Syneilesis*

52. 兔儿伞

Syneilesis aconitifolia **(Bunge) Maxim.**

【特征】多年生草本。茎单一，直立，有沟槽。基生叶通常1枚，具长柄，盾状圆形，径8～10cm，掌状近7～9全裂，裂片再1～3次叉状深裂，小裂片边缘具不整齐锯齿，背面疏被白色短毛；茎生叶有短柄，形状同基生叶，较小；最上部叶线状披针形，近无柄，全缘。头状花序多数，排列成密伞房状；苞叶线形；总苞长9～12mm，径6～7mm，紫褐色，总苞片1层，5枚；花8～10，细管状钟形，长1cm，白色，先端粉红色。瘦果长圆状筒形，长5mm，褐色，有条肋；冠毛淡褐色或污白色，与花近等长，花期7～8月，果期8～9月。

植株

花序

【生境】生于干山坡、灌丛、草地、林缘、山坡林间。

【分布】辽宁各地普遍生长。

【经济价值】全草入药，祛风除湿、舒筋活血、止痛。

狗舌草属 *Tephroseris*

53. 狗舌草

Tephroseris kirilowii **(Turcz. ex DC.) Holub**

【特征】多年生草本，全株密被蛛丝状白色绵毛。茎单一，直立。基生叶莲座状，

植株

茎、叶

花序

具柄，倒卵状长圆形或匙形，基部下延至柄呈翼状；茎生叶无柄，中下部叶椭圆状披针形或披针形，基部半抱茎；茎上部叶线形。头状花序 3 ～ 12(20)，排列成伞房状；总苞筒状，无小苞片，总苞片 1 层，线状披针形；边花 10 ～ 12，舌状，黄色、淡黄色或橙黄色，舌片长 6 ～ 10mm，宽 3mm，中央花管状，多数。瘦果狭卵形，长 5mm，有纵肋，密被毛；冠毛糙毛状，白色，与管状花近等长。花期 5 ～ 6 月，果期 6 ～ 7 月。

【生境】生于河岸湿草地、沟边、林下。

【分布】辽宁各地普遍生长。

【经济价值】全草入药，清热解毒、利尿。

牛蒡属 *Arctium*

54. 牛蒡

Arctium lappa L.

【特征】两年生草本。根肉质。茎直立，粗壮，带紫色，上部多分枝。基生叶丛生，有长柄，叶片三角状卵形，长 16 ～ 50cm，宽 12 ～ 40cm，基部心形，先端具小刺尖，背面密被白色绵毛；茎生叶有柄，广卵形，向上渐小。头状花序簇生或呈伞房状，径 3.5 ～ 4cm；总苞球形，总苞片多层，披针形，长 1 ～ 2cm，先端具钩刺；花冠红色管状，先端 5 裂。瘦果长圆形或倒卵形，长 5 ～ 6.5mm，宽 3mm，灰黑色；冠毛糙毛状，淡黄棕色。花期 7 ～ 9 月，果期 9 ～ 10 月。

【生境】生于林下、林缘、山坡、村落、路旁，常有栽培。

【分布】辽宁各地普遍生长。

【经济价值】可食用。根、茎、叶及种子入药，有利尿功效。

植株

花序

茎生叶

营养期植株，示基生叶

苍术属 *Atractylodes*

55. 苍术

Atractylodes lancea (Thunb.) DC.

植株

叶

花序（蕾期）

【特征】多年生草本。根状茎平卧或斜升，粗长或通常呈疙瘩状。茎直立，下部或中部以下常紫红色。基部叶花期脱落；中下部 3 ～ 5(7 ～ 9) 羽状深裂或半裂，几无柄，扩大半抱茎，或基部渐狭成长达 3.5cm 的叶柄，有时中下部茎叶不分裂；中部以上或仅上部茎叶不分裂。全部叶质地硬，两面无毛，边缘或裂片边缘有针刺状缘毛或三角形刺齿或重锯齿。头状花序单生茎枝顶端，植株有多数或少数（2 ～ 5 个）头状花序。总苞钟状，直径 1 ～ 1.5cm，苞叶针刺状羽状全裂或深裂。总苞片 5 ～ 7 层，覆瓦状排列。小花白色，长 9mm。瘦果倒卵圆状，被稠密的顺向贴伏的白色长直毛。冠毛刚毛褐色或污白色，长 7 ～ 8mm，羽毛状，基部连合成环。花果期 6 ～ 10 月。

【生境】生于野生山坡草地、林下、灌丛及岩缝隙中。

【分布】辽宁建平、凌源、喀左、义县、葫芦岛、北镇、大连等市（县）。

【经济价值】根状茎入药，燥湿健脾、祛风散寒、明目。

56. 朝鲜苍术

Atractylodes koreana (Nakai) Kitam.

植株

花序的总苞

叶

【特征】多年生草本。根状茎横走，节结状。茎不分枝或上部分枝。叶近革质，广卵形、卵形、长圆状卵形或长圆状披针形，长 4 ～ 11cm，宽 3 ～ 7cm，基部圆形，抱茎，边缘密生刺状细尖锯齿。头状花序生于茎或枝端，径 4 ～ 7mm；叶状苞短于头状花序，有长栉齿状刺；总苞钟形，总苞片 7 ～ 8 层；花管状，长约

1cm，白色。瘦果长圆形，密被灰色柔毛，长 5 ～ 6mm；冠毛羽毛状，长 7 ～ 8mm。花果期 8 ～ 10 月。

【生境】生于林缘、林下或干山坡。

【分布】辽宁鞍山、盖州、普兰店等地。

【经济价值】参考苍术。

57. 关苍术

Atractylodes japonica Koidz. ex Kitam.

【特征】多年生草本。根状茎横走，肥大呈结节状。茎单一，上部分枝。叶柄长 2.5 ～ 3cm；茎下部叶 3 ～ 5 羽状全裂，边缘具细刺状齿；茎上部叶 3 全裂或不分裂。头状花序生于分枝顶端，长 1.5 ～ 2cm，径 1 ～ 1.5cm，基部叶状苞 2 层，与头状花序近等长，羽状深裂，裂片针刺状；总苞钟形，总苞片 7 ～ 8 层，最内层先端具淡紫色狭边；花冠管状，白色，长约 1cm，两性或雌性，异株。瘦果圆柱形，长 4mm，宽 1.5mm，密被白色长伏毛；冠毛羽毛状，淡褐色。花期 8 ～ 9 月，果期 9 ～ 10 月。

植株

花序

根状茎

【生境】生于干柞林下、干山坡、林缘。

【分布】辽宁抚顺、铁岭等地。

【经济价值】入药，有燥热健脾、祛风散寒、明目功效，民间经常把关苍术作为治疗胃溃疡、慢性胃炎等消化系统疾病的药物。

飞廉属 *Carduus*

58. 丝毛飞廉

Carduus crispus L.

【特征】两年生草本。茎直立，具条棱及绿色翼，翼具刺齿。茎下部叶椭圆状披针形，羽状深裂，裂片边缘具刺；茎上部叶渐小。头状花序 2 ~ 3，生于分枝顶端；总苞钟形，总苞片多层，外层较短，中层先端具长刺尖，内层线形，稍带紫色；花冠管状，紫红色。瘦果椭圆形，长 4mm；冠毛刺毛状，长 15mm，白色。花果期 5 ~ 9 月。

【生境】生于路旁草地、田边、山脚下及河岸。

【分布】辽宁各地。

【经济价值】全草入药，主治风热感冒、头风眩晕、风热痹痛、风邪咳嗽等。优良的蜜源植物。

植株

茎叶

花序

蓟属 *Cirsium*

59. 刺儿菜

Cirsium arvense **var.** ***integrifolium*** **Wimm. & Grab.**

植株

【特征】多年生草本。茎细，有条棱，被蛛丝状绵毛。基生叶莲座状，披针形或长圆状披针形，花期枯萎；茎生叶互生，无柄，基部楔形或钝圆，先端具 1 小刺尖，边缘有刺，两面被蛛丝状绵毛，茎上部叶向上渐小。雌雄异株，头状花序 1 至数个，单生于茎或枝端；总苞片多层，外层短，先端有刺尖，内层较长，带黑紫色，具刺；雄头状花序较小，总苞长 1.8cm，花冠长 2cm，紫红色，下筒部长为上筒部的 2 倍；雌头状花序较大，总苞和花冠各长 2.5cm，紫红色，下筒部为上筒部的 3 ~ 4 倍。瘦果椭圆形或卵形，冠毛白色或淡褐色，花后长于花冠。花果期 7 ~ 9 月。

叶背面　花序　果序　瘦果

【生境】生于田间、荒地、路旁等处，为常见的田间杂草。
【分布】辽宁各地普遍生长。
【经济价值】嫩苗可食。全草或根茎入药，凉血止血、祛瘀消肿。

60. 大刺儿菜

Cirsium arvense var. *setosum* (Willd.) Ledeb.

【特征】多年生草本，高可达 2m。茎粗壮，具条棱，上部多分枝。基生叶莲座状，花期枯萎；茎生叶具短柄或无，叶片长圆状披针形或披针形，长 6 ～ 11cm，宽 2 ～ 3cm，先端有刺尖，边缘具羽状缺刻状牙齿或羽状浅裂；叶向上渐小，微有齿或全缘。头状花序多数，密集，排列成伞房状。雌雄异株；总苞钟形，总苞片多层，外层短，先端有刺尖，内层较长，先端带紫色；花冠紫红色；雄头状花序较小，总苞长 1.5cm；雌头状花序总苞长 1.6 ～ 2cm，花冠长约 2cm，下筒部长为上筒部的 4 ～ 5 倍。瘦果倒卵形或长圆形，长 2.5 ～ 3.5mm；冠毛白色，长 7 ～ 9mm，花后伸长，长达 3cm。花果期 7 ～ 9 月。

植株

【生境】生于林下、林缘、河岸、荒地、田间及路旁。
【分布】辽宁各地均有分布。
【经济价值】全草入药，功效参考刺儿菜。

叶

伞房花序

头状花序

果序

61. 烟管蓟

Cirsium pendulum Fisch. ex DC.

【特征】多年生草本，高 1 ～ 2m。茎粗壮，直立，具明显条棱，上部被白色蛛丝状毛。叶羽状分裂，顶裂片长渐尖，侧裂片 5 ～ 6 对，边缘具不规则牙齿和刺及刺状缘毛；基生

植株

叶

花序

叶及茎下部叶有柄，叶基部下延至柄呈翼状，翼边缘有刺；茎上部叶渐小，无柄，半抱茎。头状花序多数，排列成总状或圆锥状，下垂；总苞卵形，总苞片8层，覆瓦状排列，线形，外层短，外层、中层常反卷，内层先端紫红色，与花冠近等长；花冠紫红色，下筒部比上筒部长2～3倍。瘦果长圆状倒卵形，淡褐色；冠毛花后伸长。花期6～7月，果期8～9月。

【生境】生于山谷、山坡草地、林缘、林下、岩石缝隙、溪旁及村旁。

【分布】辽宁西丰、葫芦岛、彰武、宽甸等市（县）。

【经济价值】入药，具有解毒、止血、补虚之功效。

漏芦属 *Rhaponticum*

62. 漏芦

Rhaponticum uniflorum (L.) DC.

植株

【特征】多年生草本。茎直立，单一，不分枝，有条棱，密被灰白色绒毛。叶互生，叶柄被绵毛；叶片羽状深裂至浅裂，裂片6～10对，有锯齿或二回羽状分裂，两面被白色长柔毛；茎上部叶向上渐小。头状花序单生茎顶，花期直立，径6～7cm；总苞半球形，总苞片多层，覆瓦状排列，先端具干膜质附属物；花淡紫色，长3cm。瘦果倒圆锥形，具4棱，淡褐色；冠毛多层，棕黄色，刚毛状，带羽状短毛。花期5～6月，果期6～7月。

【生境】生于草原、林下、山坡、山坡砾石地、砂质地等处。

【分布】辽宁省各地普遍生长。
【经济价值】根入药，排脓消肿、通乳、驱虫。

叶

花序

果序

风毛菊属 *Saussurea*

63. 草地风毛菊

Saussurea amara (L.) DC.

【特征】多年生草本。茎直立，具沟槽。基生叶及茎下部叶有柄，叶片长圆状披针形，基部楔形，全缘，稀有钝齿，花期常枯萎；茎中部叶全缘，茎上部叶向上渐小，狭披针形至线形，无柄。头状花序多数，排列成伞房状圆锥花序；总苞狭筒形或筒状钟形，长 1.5 ~ 2cm，总苞片 4 ~ 5 层，覆瓦状排列，外层卵形，中脉紫色，中层、内层先端具紫色附属物及紫色膜质边；花淡紫红色。瘦果长圆形，褐色，具细棱；冠毛 2 层，外层糙毛状，极短，内层羽毛状，长 1cm。花期 7 ~ 8 月，果期 9 月。
【生境】生于荒地、路边、森林草地、山坡、草原、盐碱地。
【分布】辽宁凌源、建平、沈阳、大连等市（县）。
【经济价值】内蒙古传统药用植物，治疗肝、胆疾病。

植株

叶

头状花序，示总苞

64. 风毛菊

Saussurea japonica (Thunb.) DC.

植株

基生叶与茎中部叶

花序

【特征】两年生草本。茎直立，粗壮，具条棱，被短毛，上部分枝。基生叶及茎下部叶柄长4～20cm，叶片长椭圆形或椭圆形，羽状浅裂至深裂，两面密被短柔毛及腺点；茎中部叶柄短，叶片羽状深裂，基部下延至柄；茎上部叶向上渐小，羽状分裂或全缘，狭披针形至线形。头状花序多数，密集成聚伞状伞房花序，花序梗密被短柔毛；总苞狭筒形，长1～1.5cm、宽0.5cm，被长柔毛；总苞片5～6层，覆瓦状排列，先端附属物紫红色；花冠淡紫红色，长10～15mm，下筒部较上筒部长或近等长。瘦果圆柱状，灰褐色；冠毛2层，外层短，糙毛状，内层长，羽毛状。花期8～9月，果期9～10月。

【生境】生于山坡灌丛间、林下、砂质地。

【分布】辽宁凌源、建平、建昌、北镇等市（县）。

【经济价值】具一定药用价值。

65. 折苞风毛菊

Saussurea recurvata (Maxim.) Lipsch.

【特征】多年生草本。茎直立，单生，有棱，不分枝。基生叶及下部茎叶有长叶柄，叶柄有狭翼，叶片长三角状卵形、长三角状戟形或长卵形，羽状深裂或半裂，边缘具大小不等的缺刻状锯齿或小裂片；中部茎叶与下部茎叶类似，但较小；上部茎叶渐小，无柄，叶片披针形或线状披针形，边缘全缘或不规则锯齿，全部叶质地较厚，两面同色。头状花序数个（3～4个），在茎端密集成伞房花序，花序梗短。总苞钟状，直径10～15mm；总苞片5～7层，外层宽卵形，顶端长渐尖，通常反折，中层卵状披针形，顶端急尖，有小尖头，内层线形，顶端急尖或钝，常紫色。小花紫色。瘦果圆柱

植株

花序与总苞

叶背面

状，长 5mm。冠毛 2 层，淡褐色，长 1cm。花果期 7～9 月。

【生境】生于林缘、灌丛或山坡草地。

【分布】辽宁凤城、建平等市（县）。

【经济价值】尚无记载。

66. 蒙古风毛菊

Saussurea mongolica (Franch.) Franch.

植株

花序，示总苞

【特征】多年生草本。茎直立，单一，有条棱，上部分枝。基生叶花期枯萎；茎下部及中部叶有柄，叶片卵状三角形或卵形，下半部羽状深裂，上半部边缘具粗齿，两面被糙短毛；茎上部叶向上渐小，柄短或近无柄，边缘具粗齿。头状花序密集成复伞房状，花序梗密被短柔毛；总苞狭筒状钟形，总苞片 5 层，覆瓦状排列，披针形；花紫红色，长 10～12mm。瘦果稍扁，三棱形；冠毛 2 层，外层糙毛状，内层羽毛状，淡褐色。花期 7～8 月，果期 8～9 月。

【生境】生于山坡。

【分布】辽宁建昌县等地。

【经济价值】尚无记载。

麻花头属 *Klasea*

67. 多花麻花头

Klasea centauroides subsp. *polycephala* (IIjin) L. Martins

【特征】多年生草本。茎直立，圆柱形，有条棱，上部分枝。基生叶长椭圆形，羽状深裂、羽状浅裂、缺刻状羽裂或全缘，两面被糙毛，边缘齿端具刺尖；茎生叶羽状全裂或深裂，侧裂片 2～10 对，卵状线形或长圆状线形，全缘，最上部叶全缘或稍具齿。头状花序多数，直立，生于分枝顶端；总苞狭筒状钟形或狭筒形，长 2～2.5cm，宽 0.5～1cm，上部稍缢缩，基部稍膨大；总苞片 7 层，外层最短，先端具刺尖，内层线形，先端为具白色膜质附属物；花冠紫色，两性，管状，先端 5 裂。瘦果倒圆锥形；冠毛糙毛状，多层，带褐色。

植株

叶

头状花序

【生境】生于山坡、路旁或农田中。

【分布】辽宁法库、朝阳等市（县）。

【经济价值】尚无记载。

山牛蒡属 ***Synurus***

68. 山牛蒡 

Synurus deltoides **(Aiton) Nakai**

【特征】多年生草本。茎直立，单一，带紫色，具条纹，多少被蛛丝状毛，少分枝。基生叶及茎下部叶柄长 10～25cm，叶片卵形、卵状长圆形或三角形，边缘有三角形或斜三角形粗齿，常半裂或深裂，背面密被灰白色绵毛；茎上部叶渐向上渐小。头状花序大，单生于茎顶或枝端，花期下垂；总苞片钟状或球状，长 3～4.5cm，宽 3.5～7cm，被蛛丝状毛；花冠管状，红紫色。瘦果长圆形；冠毛粗糙，淡褐色，不等长，基部连合成环。花果期 8～10 月。

【生境】生于山坡林缘、林下或草甸。

【分布】辽宁各地。

【经济价值】药用，祛风散寒、止痛。

植株，示基生叶

茎叶

花序，示总苞

大丁草属 *Leibnitzia*

69. 大丁草

Leibnitzia anandria (L.) Turcz.

【特征】多年生草本，植株有春、秋二型。春型植株矮小，高 5 ~ 15cm，全株被白色绵毛；茎直立；基生叶莲座状，有长柄，密被白色绵毛，叶片长圆状卵形、卵形或近圆形，边缘具波状齿，齿端有小刺尖；茎生叶少数，膜质，线形；头状花序单生茎顶；总苞狭钟形，总苞片 3 层，覆瓦状排列，带紫色；边花 1 层，花冠近二唇形，淡紫色；中央花两性，二唇形，下唇 2 裂，线形，上唇 3 深裂；瘦果纺锤形，长 5 ~ 8mm，紫褐色，微被毛；冠毛糙毛状，淡褐色，与花冠近等长；花果期 5 ~ 7 月。秋型植株较高大，高 30 ~ 80cm；基生叶大头羽裂；头状花序较大，花同型，花冠管状，二唇形，为闭锁花。瘦果纺锤形，先端渐狭，呈喙状；冠毛比花冠长。花果期 8 ~ 10 月。

【生境】生于山坡、林缘、水沟边，适应性较强。

【分布】辽宁各地普遍生长。

【经济价值】药用，清热利湿、解毒消肿、止咳、止血。

秋型植株

春型植株

果序

总苞

猫儿菊属 *Hypochaeris*

70. 猫儿菊

Hypochaeris ciliata (Thunb.) Makino

【特征】多年生草本。茎直立，不分枝，被长毛及硬刺毛。基生叶簇生，有柄；叶片长圆状匙形，基部下延至柄呈翼状，边缘具不整齐锐尖牙齿及齿毛状睫毛，背面被刺毛；中上部叶抱茎，向上渐小。头状花序单生茎顶；总苞半球形或钟形，径 2.5～3cm，总苞片 3～4 层；花橙黄色，舌状，先端 5 齿裂。瘦果圆柱状，有纵沟；冠毛 1 层，羽状，长约 10mm。花期 7 月，果期 7～8 月。

【生境】生于干山坡灌丛间及干草甸子。

【分布】辽宁西丰、凌源、阜新、义县、葫芦岛、岫岩等市（县）。

【经济价值】可供观赏。

植株

叶

花序

山柳菊属 *Hieracium*

71. 山柳菊

Hieracium umbellatum L.

【特征】多年生草本。茎直立，被短粗毛或无毛。基生叶花期枯萎；茎生叶互生，密集，无柄，长圆状披针形、披针形或线状披针形，边缘疏具牙齿，边缘及背面被短毛。

植株

总苞

花序

头状花序排列成伞房状，花序梗密被短毛；总苞钟形，总苞片 3 层；舌状花黄色，先端 5 齿裂，筒部外面被白色软毛。瘦果稍扁，圆柱形，紫褐色，具 10 条纵肋，冠毛淡褐色，长约 7mm。花期 7～8 月，果期 8～9 月。

【生境】生于林下、林缘、路旁、山坡等处。

【分布】辽宁西丰、鞍山、丹东、本溪等市（县）。

【经济价值】全草入药，清热解毒、利湿消积。

苦荬菜属 *Ixeris*

72. 丝叶山苦菜

Ixeris chinensis var.*graminifolia* (Ledeb.) H. C. Fu

【特征】多年生草本。茎直立或斜升，多数。基生叶线形或丝形，全缘，稀具疏齿。头状花序多数，排列成伞房状圆锥花序；总苞圆柱状钟形，总苞片 2 层。舌状花黄色、白色或淡紫色。瘦果圆柱形，长 3～4mm，赤褐色，具 10条被刺毛的纵肋，先端渐狭成长喙，喙与果近等长；冠毛 1 层，白色，宿存。花果期 5～9 月。

【生境】生于山坡草地、平地或砂质地。

【分布】辽宁彰武、新民等市（县）。

【经济价值】尚无记载。

植株

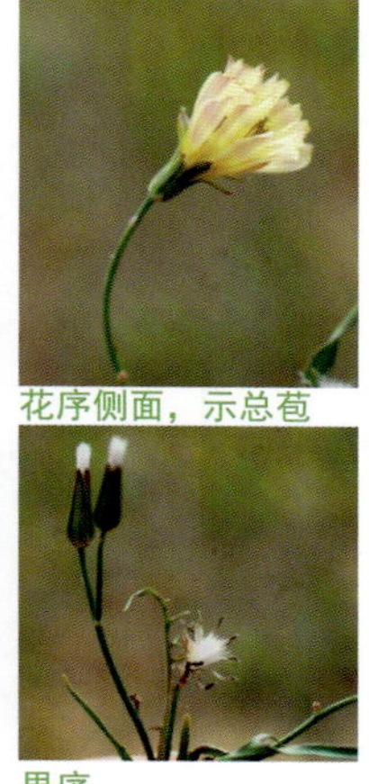

花序侧面，示总苞

果序

73. 中华苦荬菜

Ixeris chinensis (Thunb.) Nakai

【特征】多年生草本。茎直立或斜升，多数。基生叶丛生，异型，羽状复叶，或单叶、分裂或不裂；茎生叶少数，无柄，长圆状披针形、线状披针形，全缘或多少具细小牙齿。头状花序多数，排列成伞房状圆锥花序；总苞圆柱状钟形，总苞片 2 层；舌状花黄色、白

植株

色或淡紫色。瘦果圆柱形，赤褐色，具 10 条被刺毛的纵肋，先端渐狭成长喙，喙与果近等长；冠毛 1 层，白色，宿存。花果期 5 ～ 9 月。

【生境】生于山坡路旁、干草地、田边、河滩砂质地、沙丘等处。

【分布】辽宁各地普遍生长。

【经济价值】嫩苗可食。具一定药用价值。

叶

花序正面

花序背面，示总苞

果实

假还阳参属 *Crepidiastrum*

74. 尖裂假还阳参

Crepidiastrum sonchifolium **(Bunge) Pak & Kawano**

植株

【特征】多年生草本。茎直立，有时带紫红色。基生叶莲座状，花期宿存，倒匙形或长圆状倒披针形，基部下延成翼状柄，边缘具波状尖齿、缺刻状牙齿、大头羽裂或不规则深裂，裂片具不整齐牙齿；茎生叶无柄，卵状披针形，基部耳状抱茎，先端长尾状尖，全缘，具波状尖齿或羽状深裂，裂片线形；茎上部叶向上渐小。头状花序多数，排列成伞房状圆锥花序；总苞圆筒状，总苞片 2 层，外层长 1mm，内层长 5 ～ 7mm，具白色膜质边；舌状花黄色。瘦果黑色，纺锤形，具 10 条纵肋，沿肋具短刺，先端具短喙；冠毛白色，略粗糙，长约 3mm，脱落。花果期 5 ～ 7 月。

叶背面

头状花序

花序侧面，示总苞

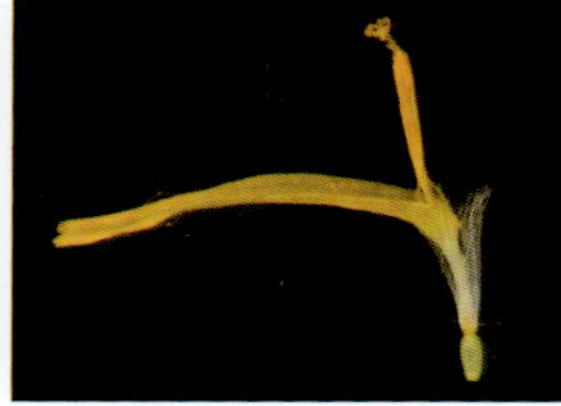
舌状花

【生境】生于山坡路旁、撂荒地等。

【分布】辽宁各地普遍生长。

【经济价值】可作饲料。全草入药，清热解毒、排毒、止痛。

菊苣属 *Cichorium*

75. 菊苣

Cichorium intybus L.

花序

【特征】多年生草本，植株带灰白色。茎直立，有条棱，分枝叉状开展。基生叶及茎下部叶倒披针形，全缘，有时倒向羽裂；茎生叶少数，无柄，长圆状披针形至披针形，长5～11cm，宽1～2cm，基部具圆形或箭形有牙齿的叶耳，抱茎，边缘疏具不整齐浅齿及硬毛，中脉密被粗毛。头状花序多数，单生或2～3聚生分枝或侧枝先端或茎中部叶腋；总苞圆筒形，总苞片2层；花冠蓝色，舌状，长15～25mm，先端5浅裂；花药蓝色。瘦果倒卵形，长2～3.5mm，稍扁，先端截形，具短喙。花期7～8月，果期9月。

【生境】生于山脚湿地、滨海荒山。

【分布】辽宁沈阳、大连等地。

【经济价值】可作园林绿地观赏植物。入药，根中苦味物质可提高消化器官的活动能力。

莴苣属 *Lactuca*

76. 山莴苣

Lactuca sibirica (L.) Benth. ex Maxim.

植株

【特征】多年生草本。茎直立，单生，常淡红紫色。中下部茎叶披针形，长10～26cm，宽2～3cm，无柄，半抱茎，全缘，有微齿或小尖头，向上的叶渐小。头状花序含舌状小花约20枚，多数在茎枝顶端排成伞房花序

花序，示总苞片

茎与叶

或伞房圆锥花序；总苞片3～4层，通常淡紫红色；舌状小花蓝色或蓝紫色。瘦果长椭圆形或椭圆形，褐色或橄榄色，压扁，长约4mm，宽约1mm，中部有4～7条小肋，边缘加宽加厚成翅；冠毛白色，2层。花果期7～9月。

【生境】生于林缘、林下、草甸、河岸、湖边等水湿地。

【分布】辽宁大连、辽阳等地。

【经济价值】在食用、观赏等方面具有一定的价值。

77. 翅果菊 

Lactuca indica L.

【特征】一年或两年生草本。茎直立，粗壮，具沟棱，上部分枝。叶形多变异，全缘至羽状或倒向羽状深裂或全裂，基生叶有柄，花期枯萎；茎生叶无柄，基部扩大成戟形抱茎；茎上部叶线形或线状披针形，全缘；头状花序排列成圆锥状；总苞圆柱形，总苞片3～4层，覆瓦状排列，背面微被短柔毛，先端带紫色；舌状花黄白色。瘦果压扁，椭圆形，长5mm，宽2mm，具宽边，两面各具1条纵肋，具短喙，喙长约1mm；冠毛白色，毛状，脱落。花果期7～9月。

植株

叶

花

【生境】生于山沟路旁、林边、撂荒地及山坡路旁。

【分布】辽宁沈阳、大连、抚顺、锦州、彰武、西丰等市（县）。

【经济价值】可作猪、羊、兔及家禽的青饲料。

毛连菜属 *Picris*

78. 日本毛连菜

Picris japonica Thunb.

植株

【特征】两年生草本。茎直立、单一，上部分枝，密被钩状分叉硬毛。基部叶花期枯萎；茎生叶互生，无柄，披针形或长圆状披针形，边缘有疏齿，两面密被钩状分叉硬毛；茎中上部叶向上渐小，稍抱茎。头状花序排列成聚伞状；花序梗密被钩状分叉硬毛；苞叶狭披针形，密被硬毛；总苞筒状，密被或疏被长硬毛及白色疏柔毛；舌状花黄色，长 1.5cm，先端 5 齿裂。瘦果稍弯曲，纺锤形，长 5mm，红褐色，具纵沟及横皱纹，冠毛 2 层，外层较短，糙毛状，内层长，羽毛状。花期 7 ～ 9 月，果期 8 ～ 10 月。

【生境】生于林缘、山坡草地、沟边、灌丛等处。

【分布】辽宁西丰、新宾、凌源、建平、彰武、葫芦岛、新民等市（县）。

【经济价值】铅污染土壤的修复植物。

花序

总苞

果序

鸦葱属 *Takhtajaniantha*

79. 蒙古鸦葱

Takhtajaniantha mongolica (Maxim.) Zaika, Sukhor. & N. Kilian

【特征】多年生草本。茎基部被棕褐色残叶鞘，茎多数，平卧或匍匐上升，上部不

植株

叶

果序

总苞

分枝或少分枝。基生叶线状披针形或披针形，基部渐狭呈柄状，叶柄基部扩大成鞘；茎生叶无柄，互生或对生，线状披针形或长圆状披针形，向上渐小。头状花序1至数个生于茎顶或分枝顶端；总苞狭圆筒形，总苞片3～4层，覆瓦状排列；舌状花黄色，干后带紫色，稀白色。瘦果圆柱形，长约7mm，具纵肋；冠毛带淡黄色，羽毛状，果期长达3cm。花期5～6月，果期6～7月。

【生境】生于盐碱地、海滨草地及砂质地。

【分布】辽宁营口、大连等地。

【经济价值】营养价值高，幼嫩茎叶是优质饲料。抗盐性强，可在盐碱地种植。

80. 鸦葱

Takhtajaniantha austriaca (Willd.) Zaika, Sukhor. & N. Kilian

【特征】多年生草本。根垂直直伸，黑褐色。茎多数，簇生，不分枝，直立，茎基被稠密的棕褐色纤维状撕裂的鞘状残遗物。基生叶线形或长椭圆形，长3～35cm，宽0.2～2.5cm，下部渐狭成具翼的长柄，柄基鞘状扩大，3～7出脉；茎生叶少数，2～

3 枚，鳞片状，基部心形，半抱茎。头状花序单生茎端。总苞圆柱状，直径 1 ～ 2cm；总苞片约 5 层；舌状小花黄色。瘦果圆柱状，长 1.3cm，有多数纵肋；冠毛淡黄色，长 1.7cm，与瘦果连接处有蛛丝状毛环，大部为羽毛状。花果期 4 ～ 7 月。

【生境】生于山坡、草滩及河滩地。

【分布】辽宁各地普遍生长。

【经济价值】根入药，具有清热解毒、消肿散结之功效。

植株

花序

总苞

果序

蛇鸦葱属 *Scorzonera*

81. 华北鸦葱

Scorzonera albicaulis Bunge

【特征】多年生草本，全株密被蛛丝状绵毛，后渐无毛。茎直立，具沟槽，上部分枝。基生叶线形，长可达 30cm，宽 0.5 ～ 1(2)cm，柄基部扩大成鞘，淡褐色，具 5 ～ 7 条平行脉；茎生叶与基生叶同形，较小，无柄、抱茎，向上渐小。头状花序数个，排成伞房状；总苞狭筒形，总苞片 5 层，覆瓦状排列；舌状花黄色，背面稍带淡紫色，先端 5 齿裂。瘦果圆柱形，长 2cm，具纵肋，先端渐狭成喙，稍弯；冠毛黄褐色，长 2cm，花期 5 ～ 7 月，果期 6 ～ 9 月。

【生境】生于山谷或山坡杂木林下或林缘、灌丛中，或荒地、火烧迹地或田间及固定沙丘、砂质地。

【分布】辽宁抚顺、沈阳、盖州、大连、丹东等地。

【经济价值】具一定药用价值，清热解毒、祛风除湿、平喘。

植株

叶

头状花序

总苞

果序

82. 桃叶鸦葱

Scorzonera sinensis **Lipsch. & Krasch. ex Lipsch.**

【特征】多年生草本。根粗壮，垂直，颈部密被纤维状残叶。茎直立，1 至数个。基生叶披针形，基部下延呈翼状柄，叶柄基部扩大成鞘，边缘波状皱曲，叶具白粉，呈灰绿色；茎生叶小，鳞片状，披针形至卵形。头状花序生于茎顶；总苞圆筒形，总苞片 4 ～ 5 层，覆瓦状排列；舌状花黄色，具紫色条纹，长 3 ～ 4cm，先端 4 ～ 5 裂。瘦果圆柱形，长 1.2cm，宽 1mm，具纵肋，无毛，无喙；冠毛白色，长 2.5cm，羽毛状。花果期 4 ～ 7 月。

【生境】生于山坡、丘陵地、沙丘、荒地或灌木林下。

【分布】辽宁凌源、建平、建昌、绥中等市（县）。

【经济价值】嫩叶可食。具一定药用价值。

植株

叶

根

花序与总苞

果序

苦苣菜属 *Sonchus*

83. 长裂苦苣菜

Sonchus brachyotus DC.

【特征】多年生草本。茎直立，单一。基生叶及茎最下部叶花期常枯萎；茎中下叶倒披针形或长圆状倒披针形，长 10 ～ 20cm，宽 2 ～ 5cm，基部半抱茎，先端有小刺尖，全缘，具睫状刺毛或边缘波状弯缺至羽状浅裂；茎上部叶渐小。头状花序数个，排列成聚伞状；总苞钟状，径 1 ～ 2cm；总苞片 3 ～ 4 层；花多数，黄色，舌状，长 1.5 ～ 2.5cm。瘦果稍扁，长圆形，两面具 3 ～ 5 条纵肋，肋上具横皱纹；冠毛白色，长达 15mm。花果期 6 ～ 9 月。

【生境】生于田间、撂荒地、路旁、河滩、湿草甸及山坡。

【分布】辽宁西丰、抚顺、庄河、岫岩、建平、锦州等市（县）。

【经济价值】全草入药，清热解毒、凉血利湿、清肺止咳、保肝利尿。嫩叶可作野菜食用。

植株

茎上部叶基部抱茎，叶缘具刺尖

头状花序

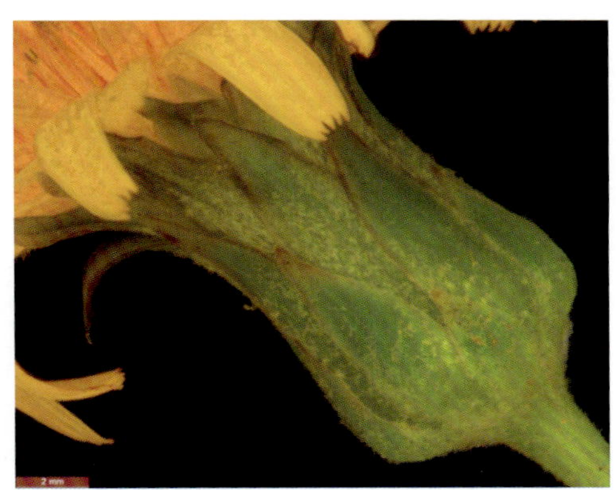

总苞

84. 苦苣菜

Sonchus oleraceus L.

植株

【特征】一年生草本，高达 1m。茎单一或上部分枝。基生叶及茎下部叶小，倒卵形至倒披针形，基部下延呈翼状柄，先端圆形，边缘具尖齿状刺尖；茎中部叶大头羽裂，无柄，基部扩展成戟状抱茎，先端锐尖或钝尖，边缘具不整齐齿状刺尖。头状花序排列成聚伞状；总苞钟状，背部被腺毛及微毛，总苞片 3 层；舌状花黄色。瘦果长椭圆状倒卵形，扁平，两面具 3 条纵肋，肋间有横皱；冠毛白色，柔软。花果期 5～8 月。

【生境】生于耕地、砂质地及空地上。

【分布】辽宁各地。

【经济价值】可食用。具一定药用价值。

叶

总苞

果序

花序

蒲公英属 *Taraxacum*

85. 白花蒲公英

Taraxacum albiflos Kirschner & Štěpánek

【特征】多年生草本。叶基生，倒披针形或线状披针形，具翼状柄，大头羽裂或倒向羽状深裂，顶裂片三角形或三角状戟形，侧裂片三角形或狭三角形，疏生或密生或裂片间夹生小裂片，边缘疏具尖齿。花葶稍超出叶或短于叶；头状花序下密被蛛丝状绵毛；总苞广钟形，总苞片背部具角状突起；舌状花白色，具淡紫色条纹，长 1.5～3cm，先端 5 齿裂。

植株

瘦果长圆状，长 6mm，宽 1mm，具肋，中下部以上密被刺瘤状突起，靠近顶端瘤状突起较大，喙先端具冠毛，冠毛带黄色。花果期 4 ～ 5 月。

【生境】生于林缘、向阳地。

【分布】辽宁西丰、建昌、北镇、庄河、丹东等市（县）。

【经济价值】可作野菜食用。

叶

总苞

花序

86. 丹东蒲公英

Taraxacum antungense **Kitag.**

【特征】多年生草本。叶上升或直立开展，有翼状短柄；叶片琴状羽状深裂或羽状分裂。花葶细，花期与叶近等长，后伸长，长达 40cm；总苞花期长 13cm，外层花期反卷，边缘宽膜质，先端具缘毛，背部近尖端有短角状突起；舌状花黄色，舌片宽 1.5mm。瘦果压扁，长 3mm，全部具瘤状突起，中上部突起针刺状，向基部渐小，且疏，具 2 边肋，中间龙骨状突起，长约 1mm，喙长 8 ～ 9mm；冠毛白色，长 6mm。

植株

【生境】生于草地。

【分布】辽宁丹东、大连等地。

【经济价值】可作野菜食用。

根木质、单一

总苞

头状花序

果实

87. 白缘蒲公英

Taraxacum platypecidum Diels

植株

【特征】多年生草本。叶基生，倒披针形或广倒披针形，长 7 ～ 20cm，宽 1 ～ 3cm，常外层叶近全缘，向内层逐渐羽状分裂，边缘疏具小尖齿，羽状分裂者顶裂片三角形，侧裂片狭三角形，互相靠近，边缘疏具小尖齿或全缘。花葶超出叶或与叶近等长；头状花序下密被蛛丝状绒毛；总苞钟形，总苞片 3 层，外层广卵形，边缘宽膜质，粉红色，被疏睫毛，内层线形或披针状线形；舌状花黄色，外层舌片具紫色条纹。瘦果倒卵状长圆形，稍压扁，具纵肋，上部具刺状疣状突起，喙长 2cm；冠毛白色。花果期 5 ～ 6 月。

【生境】生于山坡草地或路旁。

【分布】辽宁沈阳、北镇、丹东等地。

【经济价值】可作为野菜食用。

总苞

花序

88. 蒲公英

Taraxacum mongolicum Hand.-Mazz.

【特征】多年生草本。叶倒卵状披针形、倒披针形或长圆状披针形，边缘有时具波状齿或羽状深裂，有时倒向羽状深裂或大头羽状深裂，顶端裂片较大，三角形或三角状戟形，叶柄及主脉常带红紫色。花葶 1 至数个，与叶等长或稍长，上部紫红色，密被蛛丝状白色长柔毛；头状花序直径 30 ～ 40mm；总苞钟状；总苞片 2 ～ 3 层，外层总苞片边缘宽膜质，上部紫红色，先端增厚或具小到中等的角状突起；内层总苞片线状披针形，先端紫红色，具小角状突起。舌状花黄色，边缘花舌片的背面具紫红色条纹。瘦果倒卵状披针形，暗褐色，上部具小刺，下部具成行排列的小瘤，顶端逐渐收缩为长约 1mm 的圆锥至圆柱形喙基，喙长 6 ～ 10mm，纤细；冠毛白色，长约 6mm。

植株

果序

花序

【生境】生于山坡、路旁、湿草地。

【分布】辽宁各地普遍生长。

【经济价值】可作为野菜食用。

89. 辽东蒲公英 

Taraxacum liaotungense Kitag.

植株

【特征】多年生草本。叶线状倒披针形，基部具翼状柄，羽状分裂至不裂，羽状分裂者，顶裂片三角状戟形，侧裂片 3 ～ 5 对，下向，狭三角形，全缘，两面疏被蛛丝状毛；叶不分裂者，边缘具不规则倒向尖齿。花葶密被白色蛛丝状绵毛；头状花序；总苞片 3 层，外、中层卵状披针形，背部带粉紫色，先端密被白色蛛丝状绵毛，具短角状突起，内层宽线形，边缘狭膜质；舌状花黄色，外层背部黑紫色。瘦果狭倒卵形，深褐色，全部密具刺状瘤状突起。花果期 4 ～ 5 月，8 ～ 9 月。

【生境】生于山坡草地、路旁。

【分布】辽宁鞍山、盖州、大连等地。

【经济价值】可作野菜食用。

花序

叶背面

总苞

90. 异苞蒲公英

Taraxacum multisectum Kitag.

【特征】多年生草本。叶倒披针形至线形，不规则羽状深裂，顶裂片三角形，先端锐尖，侧裂片开展或稍向下，向基部渐小，三角形至线形，边缘具疏齿或全缘，裂片间夹生小裂片或细齿。花葶疏被白色蛛丝状绵毛；头状花序下密被白色绵毛；总苞钟形，总苞片3层，外层短，直立，披针形，边缘宽膜质，背部先端具短角状突起；内层线形，边缘膜质，具短角状突起；舌状花黄色。瘦果倒披针形，稍压扁，两面具2深沟，上部具刺状突起，先端尖塔形。花果期4～6月。

【生境】生于山坡、路旁及水湿地。

【分布】辽宁西丰、抚顺、鞍山、建昌、本溪、凤城等市（县）。

【经济价值】可作野菜食用。

植株

总苞

花序

婆罗门参属 *Tragopogon*

91. 黄花婆罗门参

Tragopogon orientalis L.

【特征】两年生草本。茎直立。基生叶狭线形；茎生叶线状披针形，长10～30cm，

茎叶 果序 总苞

植株

宽 7 ～ 15(20)mm，基部扩展抱茎；茎中部、上部叶向上渐小。花序梗于头状花序下稍被褐色柔毛；头状花序较小，头状花序单生茎顶或植株含少数头状花序；总苞片 8 ～ 10 枚，披针形或线状披针形，长 1.5 ～ 3.5cm，宽 5 ～ 10mm ；花舌状，黄色。瘦果圆柱状，长 1.5cm，具棱，密具鳞片状小疣，喙较短；冠毛淡黄色，长1.5cm。花期5～6月，果期6月。

【生境】生于山地林缘及草地。

【分布】辽宁沈阳等地。

【经济价值】具一定观赏价值。

翠菊属 *Callistephus*

92. 翠菊

Callistephus chinensis (L.) Nees

【特征】一年生草本，全株被白色短毛。茎直立，具条棱，有分枝。叶互生，叶柄有窄翼；叶片卵状菱形、卵形或长圆状卵形，边缘具粗大牙齿和缘毛；茎上部叶向上渐小，近无柄。头状花序单生于茎及分枝顶端，径 2 ～ 6cm；总苞半球形，总苞片 2 层，外层叶状，边缘被白色缘毛，内层先端带粉红色；边花雌性，舌状，蓝色、红色、白色等，1 至多层；中央花管状钟形，先端 5 齿裂，黄色。瘦果倒卵形，被白色伏毛，冠毛 2 层，外层短，易脱落，内层长，糙毛状。花期 8 ～ 9 月，果期 9 ～ 10 月。

【生境】生于山坡草地、沟边、撂荒地或疏林阴处。亦常有栽培。

【分布】辽宁凌源、北镇、营口、庄河、西丰等市（县）。

【经济价值】花色美丽，可栽培观赏。

优势种群　植株

花　总苞　舌状花与管状花　果实

牛膝菊属 *Galinsoga*

93. 牛膝菊

Galinsoga parviflora **Cav.**

【特征】一年生草本。茎直立，下部疏被开展或稍伏生长毛并混生腺毛，上部毛较密。叶对生，有柄，卵形或长圆状卵形，长 1.5 ～ 3.5cm，宽 1 ～ 2cm，边缘具钝齿，基出 3 脉，两面疏被白色长毛。头状花序多数排列成疏散的聚伞花序；总苞半球形，径 3 ～ 5mm，总苞片 2 层，覆瓦状排列；边花 5，雌性，舌状，白色，先端 3 齿裂，外面密被柔毛；中央花多数，管状，黄色。瘦果倒卵状锥形，黑色，先端截形；边花冠毛毛状，较短，中央花冠毛膜片状，披针形，具纤毛。花期 7 ～ 8 月，果期 8 ～ 9 月。

【生境】生于杂草地、荒坡、路旁、海港。

【分布】原产于南美，在我国已归化。辽宁沈阳、丹东、本溪等地有分布。
【经济价值】全株可入药，有止血、消炎之功效。

植株

叶正面　叶背面

花　总苞

中央花所结果实　管状花与舌状花及苞片

科 78 泽泻科

Alismataceae

泽泻属 *Alisma*

1. 泽泻

Alisma plantago-aquatica L.

【特征】多年生水生或沼生草本。叶多数，沉水叶条形或披针形，挺水叶宽披针形、椭圆形至卵形，长 2 ～ 11cm，宽 1.3 ～ 7cm，叶脉通常 5 条，叶柄长 1.5 ～ 30cm，边缘膜质。花序具 3 ～ 8 轮分枝。花两性，花梗长 1 ～ 3.5cm；外轮花被片广卵形，通常具 7 脉，边缘膜质，内轮花被片近圆形，大于外轮，边缘具不规则粗齿，白色，粉红色或浅紫色；心皮排列整齐，花柱直立，长于心皮，柱头短。瘦果椭圆形或近矩圆形，长约 2.5mm，宽约 1.5mm，果喙自腹侧伸出，喙基部凸起，膜质。种子紫褐色。花果期 5～10 月。

植株

花序

花与果实

【生境】生于水沟、浅水边及沼泽中。

【分布】辽宁各地。

【经济价值】块茎药用，清热、渗湿、利尿。

2. 草泽泻

Alisma gramineum Lej.

【特征】多年生草本。叶基生，有长柄，叶片长圆状披针形或披针形，长 4 ～ 15cm，宽

1～2.5cm，长期伸不出水面的叶片线形，长可达20cm以上。花葶直立或斜生，比叶长；花序长3～15cm，3～4个轮生呈伞形状，再集成圆锥花序，花梗长短不一；花被片6，外轮3，萼片状，内轮3，白色，花瓣状；雄蕊6，心皮多数；花柱比子房短，弯曲。瘦果侧扁，背部有1～2浅沟。花期8月，果期9月。

【生境】生于水沟、水边及沼泽中。

【分布】辽宁康平、铁岭等市（县）。

【经济价值】尚无记载。

植株

花

慈姑属 *Sagittaria*

3. 野慈姑

Sagittaria trifolia L.

植株

花

【特征】多年生水生或沼生草本，挺水叶箭形，叶片长短、宽窄变异很大，通常顶裂片短于侧裂片；叶柄基部渐宽，鞘状，边缘膜质。花葶直立，高(15)20～70cm；花序总状或圆锥状，长5～20cm，具分枝1～2枚，具花多轮，每轮2～3花；苞片3枚；花被片反折，外轮花被片椭圆形或广卵形，内轮花被片白色或淡黄色；花单性：雌花通常1～3轮，心皮多数，两侧压扁，花柱自腹侧斜上；雄花多轮，花梗长0.5～1.5cm，雄蕊多数，通常外轮短，向里渐长。瘦果两侧压扁，长约4mm，宽约3mm，倒卵形，具翅，果喙短，种子褐色。花果期5～10月。

【生境】生于水泡子、沟渠、河流边或沼泽中。

【分布】辽宁北票、沈阳等地。

【经济价值】尚无记载。

科 79 石蒜科

Amaryllidaceae

葱属 *Allium*

1. 韭

Allium tuberosum **Rottler ex Spreng.**

植株

【特征】多年生草本。鳞茎圆柱形簇生，外皮暗黄色至黄褐色，破裂成网状或近网状。叶基生，线形，长 15 ～ 30cm，宽通常 3 ～ 7mm，肉质扁平，实心。花葶圆柱形，常具 2 纵棱，总苞膜质，白色，单侧开裂或 2 ～ 3 裂；伞形花序半球形或近球形，多花；花梗近等长；花白色或微红色，花被片 6，2 轮排列，常具绿色或黄绿色的中脉；雄蕊 6，花丝等长，略短于花被片；柱头头状。蒴果倒卵形，有3棱，顶端内凹。花期7～8月，果期8～9月。

【生境】农田、庭院、路边、草地。

【分布】辽宁各地广泛栽培作蔬菜，有逸生。

【经济价值】作蔬菜食用；种子入药。全草具有健胃、提神、止汗、固涩之功效。

鳞茎与根

花序

果实

2. 野韭

Allium ramosum L.

【特征】多年生草本，鳞茎圆柱形，外皮暗黄色至黄褐色，破裂成纤维状、网状或近网状。叶三棱状线形，宽 1 ～ 6mm，背面有龙骨状突起的纵棱，中空。总苞白色，单侧开裂至 2 裂，宿存；伞形花序半球形或近球形，花较多，花梗近等长，比花被片长 2～4 倍，基部具小苞片，在数枚花梗的基部又具 1 枚共同的苞片；花白色，稀淡红色，花被片 6，常具红色中脉；雄蕊 6，为花被片长的 1/2 ～ 3/4 ；子房倒卵形，具 3 棱，花柱钻形，短于花被。花期 8 ～ 9 月。

【生境】生于向阳山坡、草地上。

【分布】辽宁彰武、凌源、沈阳、丹东等市（县）。

【经济价值】可食用。

植株

根与鳞茎

花序

3. 球序韭

Allium thunbergii G. Don

【特征】多年生草本。鳞茎长卵形或卵形，鳞茎外皮深褐色或黑褐色，内皮白色。叶 3 ～ 5 枚，散生，背面有 1 纵棱、突起。花葶圆柱形，总苞白色，伞形花序球形，具多而密集的花，花梗近等长；花被片 6，2 轮排列，花紫红色到蓝紫色；雄蕊 6，花丝为花被片长的 1.5 倍，内轮花丝基部近等宽；子房近球形，腹缝线基部具有凹陷蜜穴，花柱伸出花被外。花期 8 ～ 9 月，果期 9 ～ 10 月。

【生境】生于山坡、草地、湿地、林下。

【分布】辽宁绥中、北镇、建平、凌源、西丰、庄河等市（县）。

【经济价值】可作观赏花卉。

叶

根与鳞茎

花序

花序背面

4. 细叶韭

Allium tenuissimum L.

植株

【特征】多年生草本。鳞茎近圆柱形，粗 0.5～1mm，外皮紫褐色至黑褐色，膜质，不规则破裂。叶基生，丝状，半圆柱形，粗约 1mm。花葶圆柱状，粗 1～2mm，具纵棱，下部具叶鞘；总苞白色，膜质，单侧开裂，宿存。伞形花序半球形或近扫帚状，松散；花梗近等长；花白色或淡红色，内轮花被片顶端平截；雄蕊 6，比花被片短，内轮花丝基部扩大为卵形；子房卵球形，花柱与子房近等长，不伸出花被外。花期 6～7 月，果期 8～9 月。

【生境】生于山坡、草地或沙丘上。

【分布】辽宁铁岭、彰武、大连等市（县）。

【经济价值】可食用。

叶

根与鳞茎

花序

总苞

果实

5. 山韭

Allium senescens L.

【特征】多年生草本，鳞茎圆锥形，粗 0.8～2cm，外皮黑色或灰白色，不破裂。叶线形，宽 2～10mm，肥厚，基部近半圆柱形，上部扁平，常呈镰状弯曲，叶缘有时具细糙齿。花葶圆柱形，总苞白色，膜质；伞

植株

花序

形花序半球形至球形，多花，花梗近等长，花梗基部具小苞片；花淡红色至紫红色，花被片 6；花丝等长，比花被片略长或为其长的 1.5 倍，花柱常伸出花被。花期 7～8 月，果期 8～9 月。

【生境】生于草原、草甸或山坡上。

【分布】辽宁彰武、北镇、大连等市（县）。

【经济价值】可作野菜食用。

6. 黄花葱

Allium condensatum Turcz.

【特征】多年生草本。鳞茎柱状圆锥形，粗 1～2cm，外皮红褐色，常具光泽。叶 4～7 枚，圆柱形，比花葶短，宽 1～5mm，中空。花葶圆柱形，具纵棱。总苞白色，膜质，2 裂，与花序近等长，宿存；伞形花序球形，花多而密集；花梗近等长，基部有小苞片；花淡黄色，花被片 6，2 轮排列；花柱伸出花被；雄蕊 6，花丝等长，比花被片长 1/4～1/2。花期 7～8 月，果期 10 月。

【生境】生于山坡、草地。

【分布】辽宁北镇、法库、建平、大连等市（县）。

【经济价值】尚无记载。

植株

茎叶

根与鳞茎

总苞

花序

7. 长梗韭

Allium neriniflorum (Herb.) Baker

【特征】多年生草本，植株无葱蒜气味。鳞茎球形，粗 1～2cm，单生，鳞茎外皮灰黑色，膜质，不破裂。叶基生，中空的圆柱形。花葶圆柱形，具纵棱，沿纵棱具细糙

植株

茎

叶 花 果实

齿；总苞白色，膜质，远比花梗短，单侧开裂，宿存；伞形花序疏散，花梗不等长，长4.5～11cm，基部具小苞片；花红色或淡紫色，花被片6，基部2～3mm处互相靠合呈管状；雄蕊6，花丝长为花被片的1/2；子房球形，花柱与子房近等长，柱头3裂，不伸出花被外。花期7～8月，果期9～10月。

【生境】生于山坡、草地、沙地。

【分布】辽宁北镇、兴城、盖州、大连等地。

【经济价值】尚无记载。

8. 薤白

Allium macrostemon Bunge

【特征】多年生草本。鳞茎肥厚近球形，不分瓣，外皮灰黑色，纸质或膜质，不破裂，内皮白色。伞形花序多少具暗紫色珠芽，花淡紫色或淡红色，花被片6，2轮排列；雄蕊6，花丝等长，比花被片长1/3～1/4，花丝基部比外轮略宽或宽1.5倍；花柱细长，线形，伸出花被外。蒴果卵圆形，具3棱。花期5～6月，果期8～9月。

【生境】生于田野间、草地和山坡上。

【分布】辽宁沈阳、鞍山、昌图、西丰、新宾、本溪等市（县）。

【经济价值】鳞茎供食用，健胃理肠、理气宽胸、散结、祛痰。

茎叶

鳞茎与根

花与珠芽

植株

科 80 天门冬科

Asparagaceae

知母属 *Anemarrhena*

1. 知母

Anemarrhena asphodeloides Bunge

植株

根茎

果序

【特征】多年生草本，根状茎横走、粗壮，其上残留许多黄褐色纤维状的叶鞘，下部生有多数肉质须根。叶基生，成丛，线形。花葶从叶丛中生出，总状花序，每 2 ～ 6 朵花成 1 簇较稀疏地生在花序轴上，每簇花下具 1 苞片；花淡紫色或淡黄白色，有香气，多夜间开放，花被片 6，2 轮；雄蕊 3，比花被片短，花丝与内轮花被片贴生，仅顶端分离；蒴果长卵形，顶端有短喙，室背开裂。花期5～6月，果期8～9月。

【生境】生于山坡、草地，通常在较干燥或向阳的地方。

【分布】辽宁北镇、彰武、葫芦岛、盖州、大连等市（县）。

【经济价值】抗旱，耐瘠薄，可作绿化山区和荒原植物。干燥根茎入药，滋阴降火、润燥滑肠、利大小便。

天门冬属 *Asparagus*

2. 兴安天门冬

Asparagus dauricus Link

【特征】草本。根绳索状，稍肉质，粗约 2mm。茎直立，小枝棱上通常具软骨质齿。叶状枝针状，通常单生或 2 ～ 3 枚簇生，与分枝交成锐角，近扁圆柱形，长

植株

叶状枝

花

未成熟果实

成熟果实

1～5cm，粗0.3～0.7mm；叶退化为鳞片状。雌雄异株，花通常2朵腋生，花黄绿色，雄花长3～4mm，雌花长1.5mm，花被片6，花梗长3～5(7)mm；浆果球形，直径6～7mm。花期5～6月，果期7～8月。

【生境】生于沙丘、多沙坡地和干燥山坡上。

【分布】辽宁大连、锦州、彰武、建昌、凌源、盖州等市（县）。

【经济价值】尚无记载。

3. 南玉带

Asparagus oligoclonos Maxim.

【特征】多年生草本。根稍肉质，粗2～3mm。茎直立，平滑或稍具条纹，坚挺，叶状枝长而直，针状，长(10)15～30mm，粗约0.5mm，表面具3棱，棱上有时具软骨质齿，通常(3)5～12枚一簇；叶鳞片状。雌雄异株，花1～2朵腋生，黄绿色，花梗长1.5～2.5cm。雄花长7～9mm，花被片6，披针形，雄蕊6，花丝大部分贴生于花被片上；雌花长约3mm。浆果球形，直径8～10mm，熟时红色渐变黑色。花期5～6月，果期7～8月。

植株

根

枝与果实

果背面，示萼片

【生境】生于海拔较低的林下、山沟、草原或潮湿地上。
【分布】辽宁西丰、北镇、建平、沈阳、本溪、大连等市（县）。
【经济价值】尚无记载。

4. 龙须菜

Asparagus schoberioides Kunth

【特征】草本，根稍肉质，粗2～3mm。茎直立，圆柱形，上部和分枝具纵棱。叶状枝通常3～5(7)枚一簇，狭线形，镰刀状，长1～4cm，宽0.5～1.0mm，上部扁平，下部或基部近锐三棱或压扁；叶鳞片状，近披针形。花2～4朵腋生，单性，雌雄异株，黄绿色，花梗长0.5～1.0mm；雄花：花被片6，长2～2.5mm，先端具齿，雄蕊6，3长3短，稍短于花被片，退化雌蕊无花柱；雌花与雄花大小相似，具6枚退化雄蕊。浆果球形，直径约6mm，成熟时红色，后转为黑色，果柄不显著，具1～2粒种子。种子黑色。花期5～6月，果期8～9月。

植株

枝条

果实

【生境】生于林下或草坡上。
【分布】辽宁沈阳、鞍山、本溪、清原、北镇、凤城、大连等市（县）。
【经济价值】尚无记载。

绵枣儿属 *Barnardia*

5. 绵枣儿

Barnardia japonica (Thunb.) Schult. & Schult. f.

【特征】多年生草本。鳞茎卵圆状球形，长2～5cm，宽1～3cm，外被黑褐色鳞茎皮。叶基生，线形，长15～30cm，宽2～10mm。顶生总状花序；花小，多数，紫红色或粉红色，花梗基部有1～2枚小而披针形苞片；花被片6，长圆形；雄蕊6，着生于花

植株

根与鳞茎

花

被片基部，花丝基部加宽；子房近球形，3室，花柱长为子房的一半至2/3。蒴果倒卵形，长3～6mm，宽2～4mm，直立，室背开裂。花期7～8月，果期9～10月。

【生境】生于山坡、草地、林缘。

【分布】辽宁丹东、大连等地。

【经济价值】鳞茎或全草药用，活血解毒、消肿止痛。

黄精属 *Polygonatum*

6. 黄精

Polygonatum sibiricum Redouté

【特征】多年生草本。根状茎横走，圆柱形，肥大肉质，节间膨大，一端粗，一端细，在粗的一端有分枝及少数须根。茎直立，单一，光滑。叶无柄，通常4～6枚轮生，披针形或线状披针形，先端细丝状，卷曲呈钩状，背面有白粉，全缘。花2～4朵，有短花梗，生于腋出的总花梗顶端，近呈伞形；苞片1或2，位于花梗基部，白色，膜质，长钻形或线状披针形；花被片6，下部合生成

植株

叶尖与叶背面

根状茎

筒，白色，中部稍缢缩，先端 6 裂；雄蕊 6，插生于花被片的中部；子房椭圆形，花柱细长，光滑。浆果球形，熟时黑色，具 4 ～ 7 枚种子。花期 5 ～ 6 月，果期 7 ～ 9 月。

【生境】生于向阳草地、山坡、灌丛附近及林下。

【分布】辽宁大连、鞍山、本溪、彰武等市（县）。

【经济价值】药用，具有补脾、润肺、益气养阴的作用。

7. 热河黄精

Polygonatum macropodum **Turcz.**

【特征】多年生草本。根状茎圆柱形，粗壮，直径 1 ～ 2cm，节处肥大。茎直立或稍倾斜，单一，不分枝，高 40 ～ 100cm。叶互生，多数，叶柄很短或无，叶片长圆形、卵形或长卵形，全缘。花 (3)5 ～ 12(17) 朵生于腋出的总花梗上排列成近伞房状花序，总花梗弯曲，长 3 ～ 7cm，花梗长 0.7 ～ 1.5cm；苞片近线形，位于花梗中部以下；花被片 6，下部合生成筒，白色，长 1.5 ～ 2.0cm，裂片长 4 ～ 5mm，花筒内无毛；雄蕊 6，花丝具 3 狭翅，插生于花被片的中部；子房长 3 ～ 4mm，花柱长 10 ～ 13mm。浆果球形，直径 7 ～ 11mm，熟时黑色。花期 5 ～ 6 月，果期 8 ～ 9 月。

【生境】生于阴坡或林下。

【分布】辽宁大连、鞍山、阜新、建昌、凌源、建平、绥中、义县等市（县）。

【经济价值】根状茎具药用价值。

植株

花序

叶背面

根状茎

果实

科 81 阿福花科

Asphodelaceae

萱草属 *Hemerocallis*

萱草

Hemerocallis fulva (L.) L.

【特征】多年生草本，具短的根状茎，根近肉质，中下部呈纺锤状膨大。叶基生，宽线形，长 40 ～ 80cm，宽 1.5 ～ 3cm，排成 2 列，背面带白粉。花葶由叶丛中抽出，粗壮，着生 6 ～ 12 朵花或更多；苞片卵状披针形；花橘红色或橘黄色，具短梗；花被片 6，下部结合成花被管，长 2 ～ 3cm，上部 6 裂，外轮裂片长圆状披针形，内轮裂片长圆形，中部有 Λ 形斑纹，边缘波状皱褶，盛开时花被裂片反卷；雄蕊 6，上部弯曲，比花被裂片短；花柱比雄蕊长。蒴果长圆形。

【生境】山坡、草地、灌丛、庭院。

【分布】辽宁多地有栽培。

【经济价值】根状茎入药，有小毒，利尿消肿。

植株

花序

科 82 百合科

Liliaceae

百合属 *Lilium*

1. 山丹

Lilium pumilum **Redouté**

【特征】多年生草本。地下鳞茎圆锥形或长圆形，直径 1.5 ～ 3.5cm。茎直立，下部有时带紫色条纹。叶互生，多生于茎中部，线形或丝状，长 3 ～ 7(9)cm，宽 0.5 ～ 1.5(3)mm，基部无柄，先端尖，有 1 明显的中脉，具乳头状突起。花 1 至数朵排成总状花序，花梗上升，顶端下弯，长 2 ～ 5cm；苞片 1 ～ 2 枚，叶状；花冠鲜红色，无斑点或有时有少数斑点，下垂；花被片 6，2 轮排列，长圆状披针形或披针形，内轮花被片稍宽，反卷，蜜腺两边具乳头状突起；雄蕊 6；子房圆柱形，柱头膨大，稍 3 裂。蒴果椭圆形或近球形，长 2 ～ 3cm，宽 1.5 ～ 2cm，具钝棱。

【生境】生于山坡草地、草甸、草甸草原及林缘。

【分布】辽宁建平县等地。

【经济价值】观赏植物。鳞茎为滋养强壮、镇咳祛痰药，并有镇静、利尿作用。

植株

花

成熟果实

2. 有斑百合

Lilium concolor var. *pulchellum* (Fisch.) Regel

【特征】多年生草本。地下鳞茎卵球形，鳞片卵形或卵状披针形。茎直立，有小乳头状突起。叶散生，线形或线状披针形，基部无柄，边缘有小乳头状突起，具 3 ～ 7 脉。花 1 ～ 7 朵排成总状花序或近伞形花序；花梗直立，长 1.7 ～ 5.0cm；苞片 2 ～ 3 枚，线形；花冠深红色或橘红色，有紫色斑点，有光泽，星状开展，直立；花被片 6，2 轮排列，长 2.5 ～ 4.0cm，蜜腺两边具乳头状突起；雄蕊 6，向中心靠拢；子房圆柱形，花柱比子房短或近等长，柱头稍膨大。蒴果长圆形，顶端凹，基部具柄。花期 6 ～ 7 月，果期 8 ～ 9 月。

【生境】生于草甸、山坡、湿草地、灌丛间及疏林下。

【分布】辽宁沈阳、鞍山、西丰、清原、庄河、凌源、建平、北镇等市（县）。

【经济价值】具观赏价值。

植株

叶背面

鳞茎

花序

花

果实

科 83 菝葜科

Smilacaceae

菝葜属 *Smilax*

牛尾菜

***Smilax riparia* A. DC.**

植株

【特征】多年生草质藤本。茎草质，攀援，中空，具纵沟。叶互生，有时幼枝上叶近对生，常为卵形、椭圆形至长圆状披针形，长 7 ~ 15cm，宽 2.5 ~ 11cm，具 3 ~ 5 条弧形脉；叶柄通常在下部或基部扩大，每侧各具 1 线状卷须。单性异株，花多朵排成伞形花序，生于叶腋，总花梗长 3 ~ 5(10)cm，小苞片披针形；花小，淡绿色；雄花花被片 6，披针形，长 4 ~ 5mm，宽 2 ~ 2.5mm，雄蕊 6，花丝长 2 ~ 3mm，花药线形，多少弯曲；雌花比雄花小，花被片 6，长约 3mm，子房近球形，无花柱，柱头 3 裂，下弯。浆果球形，直径 7 ~ 9mm，成熟时黑色。花期 5 ~ 6 月，果期 8 ~ 9 月。

【生境】生于林下、灌丛或草丛中。

【分布】辽宁沈阳、辽阳、鞍山、本溪、丹东、清原等市（县）。

【经济价值】以根及根状茎入药，祛痰止咳、活血散瘀。

叶与卷须

雌花序

雄花序

果实

科 84 雨久花科

Pontederiaceae

凤眼莲属 *Eichhornia*

1. 凤眼莲

Eichhornia crassipes (Mart.) Solms

【特征】多年生浮水草本或泥沼植物。叶基生，莲座状，叶柄长短不一，中下部膨大成气囊；叶片倒卵状圆形或肾圆形，有光泽。花茎由叶间抽出，直立，单一，近中部有鞘状苞片；短穗状花序，具多花；花被片 6，蓝紫色，基部稍连合，略呈短管状，外轮 3 片较窄，上部正面的 1 片较宽大，为淡紫色，其中央具黄色斑点；雄蕊 6，不等长，其中 3 枚长的伸出于花被管外，具腺毛；雌蕊 1 枚，子房上位，3 室，卵形；花柱丝状。蒴果卵形。花期 7～9 月，果期 8～9 月。

【生境】喜高温，适应性较强。多生于池塘、沟渠中。

【分布】辽宁各地有栽培。

【经济价值】可作猪饲料，净化污水植物。生物入侵植物，谨慎应用。

植株

雨久花属 *Monochoria*

2. 雨久花

Monochoria korsakowii **Regel & Maack**

花

【特征】一年生草本植物，直立于水中。主茎短。叶广卵形或卵状心形，质肥厚，有光泽，基生叶柄较长，可达 20 余厘米，茎生叶柄较短，长 5 ～ 12cm，叶柄基部呈鞘状，有紫色斑。总状花序生于茎顶，超出叶；花蓝紫色，直径 2 ～ 3cm，花被片 6，稍平展，顶端钝圆；雄蕊 6，短于花被，其中 1 枚较长，花丝一面具齿；花柱细长弯曲。蒴果长卵形，长 8 ～ 9mm，包于宿存花被内。花果期 8 ～ 9 月。

【生境】生于稻田、池塘或浅水处。

【分布】辽宁西丰、开原、康平、彰武、新民、辽中、凤城等地。

【经济价值】水生观赏植物。全草药用，清热解毒、止咳平喘、祛湿消肿。亦可作饲料。

植株

科 85 鸢尾科

Iridaceae

射干属 ***Belamcanda***

1. 射干

Belamcanda chinensis **(L.) Redouté**

植株

花

花序

【特征】多年生草本。茎直立，单一。叶剑形，扁平，套折状于茎上互生，长 20 ～ 50cm，宽 1.5 ～ 4cm，具平行脉。伞房花序顶生，二歧分枝，有 3 ～ 10 朵花；苞卵形至披针形，基部抱茎；花橙红色，带黄色，有暗紫色斑点，径 3 ～ 4.5cm；花被片 6，2 轮排列，基部合生成短筒，外轮 3 片开展，内轮 3 片稍小；雄蕊 3，着生于外花被片基部；子房下位，倒卵形，花柱棒状，向上渐宽扁，顶端 3 裂，裂片边缘略反卷，有短柔毛。蒴果倒卵形，成熟时沿缝线开裂成 3 瓣裂，裂片外翻，中央有直立的果轴。种子多数，近球形，径约 5mm，黑色，有光泽。花期 7 ～ 9 月，果期 8 ～ 10 月。

【生境】生于林缘、山坡、干草地。

【分布】辽宁桓仁、丹东、大连等市（县）。

【经济价值】适用于做花径植物。根状茎供药用，利尿、泻下、退热、散火、消炎解毒。

鸢尾属 *Iris*

2. 马蔺

Iris lactea Pall.

【特征】多年生密丛草本。叶基生，宽线形，长可达 40cm，宽 4 ～ 6mm，呈灰绿色。花茎具 2 ～ 4 朵花；苞片 3 ～ 5，狭披针形；花浅蓝色、蓝色或蓝紫色，花被上有较深的条纹；花被管短，长约 3mm；花被片 6，2 轮排列；雄蕊花丝黄色，花药白色；花柱分枝 3，扁平，花瓣状，顶端 2 裂。蒴果长椭圆状柱形，长 4 ～ 6cm，直径 1 ～ 1.4cm，具 6 条肋，先端有短喙。花期 5 ～ 6 月，果期 6 ～ 9 月。

【生境】生于林缘及路旁草地、山坡灌丛、河边及海滨砂质地。

【分布】辽宁凌源、阜新、锦州、沈阳、凤城、宽甸、桓仁、鞍山、大连等市（县）。

【经济价值】绿化观赏植物，也可作饲料。花、种子、根均可入药。作为纤维植物可以代替麻生产纸、绳，叶是编制工艺品的原料。

植株

花

果实

马蔺优势种群

3. 单花鸢尾

Iris uniflora Pall. ex Link

【特征】多年生草本。根状茎细长，斜伸，节处生多数须根。基生叶线状披针形，果期伸长，基部鞘状。花茎细，高 5～8cm，具 1 枚茎生叶，膜质，披针形。苞片 2，披针形，宽约 1cm，干膜质；具 1 朵花，蓝紫色，径约 4cm；具短梗，花被管细，上部渐膨大呈喇叭形，花被片 6，2 轮排列；雄蕊花丝细长；花柱分枝扁平，花瓣状，顶端裂片近半圆形，边缘有疏齿。蒴果球形，径约 1cm，具 6 条肋。花期 5～6 月，果期 7～8 月。

【生境】生于山坡、林缘、路旁及林下，多成片生长。

【分布】辽宁西丰、开原、阜新、北镇等市（县）。

【经济价值】观赏价值高。

植株

花

4. 长白鸢尾

Iris mandshurica Maxim.

【特征】多年生草本。叶剑形，宽约 1cm，基部鞘状，无明显的中脉。花茎高 15～20cm，具 1～2 朵花，苞片倒卵形或披针形，绿色膜质；花黄色，直径 4～5cm；花

植株

花侧面

花正面

被片 6 枚，2 轮排列，外轮 3 裂片倒卵形，有紫褐色网纹，中脉上有黄色须毛状附属物，内轮花被裂片向外斜伸，狭椭圆形或倒披针形，半圆形，有疏牙齿；雄蕊 3，花药黄色；花柱分枝 3，扁平、花瓣状。蒴果纺锤形，长约 6cm，直径约 1.5cm，有 6 条明显的纵肋，先端渐尖呈长喙。花期 5 月，果期 6～8 月。

【生境】生于向阳坡地及疏林灌丛间。

【分布】辽宁铁岭、义县、清原等市（县）。

【经济价值】具园林观赏价值。

5. 粗根鸢尾

Iris tigridia **Bunge ex Ledeb.**

【特征】多年生草本。根状茎短小，具多数肉质须根，表面有皱缩横纹，呈黄白色或黄褐色。基生叶线形，基部鞘状，先端长渐尖，有光泽，具多数平行脉，无明显中脉。花茎长 2～4cm，不伸出或略伸出地面；苞片 2 枚，狭披针形，先端短渐尖，黄绿色，膜质；具 1 朵花，花鲜紫色或蓝紫色，直径 3.5～3.6cm；花被片 6 枚，2 轮排列，外轮 3 裂片倒卵形，开展，有紫色斑纹，基部有爪，中脉上有黄色须毛状附属物，边缘稍呈波状，内轮 3 裂片直立，倒披针形，顶端微凹；雄蕊 3，长约 1.5cm；花柱分枝扁平，花瓣状，顶端裂片狭三角形。蒴果卵圆形或椭圆形，长 3.5～4cm，直径 1.5～2cm，具 6 条纵肋。种子红褐色。花期 5 月，果期 6～8 月。

【生境】生于固定沙丘、砂质草地或干山坡。

【分布】辽宁凌源、建平、铁岭、沈阳、大连等市（县）。

【经济价值】具园林观赏价值。

植株

苞片

叶

6. 野鸢尾

Iris dichotoma **Pall.**

【特征】多年生草本。叶基生或在花茎基部互生，剑形，基部鞘状抱茎。花茎高 40～60cm，上部 2 歧分枝，分枝处生有披针形茎生叶，下部有 1～2 枚抱茎的茎生叶。花序生于分枝顶端，苞片 4～5 枚，膜质，绿色，边缘白色，披针形；花蓝紫色或浅蓝色，有褐色斑纹，直径 4 ～ 4.5cm；花被片 6，2 轮排列，外花被片广倒披针形，上部向外反折，无附属物，内花被片狭倒卵形，直立，先端 2 裂；雄蕊 3；花柱分枝 3，扁平，花瓣状，顶端裂片三角形。蒴果长圆形。种子椭圆形，暗褐色，两端有刺状物。花期 7 ～ 8 月，果期 8 ～ 9 月。

【生境】生于沙质草地、山坡、丘陵等向阳干燥处。

【分布】辽宁铁岭、沈阳、阜新、建平、凌源、北镇、葫芦岛、鞍山、丹东、大连等市（县）。

【经济价值】该种具有较高的园艺观赏价值。

植株

根

花侧面

花正面

果实

科 86 灯心草科

Juncaceae

灯心草属 ***Juncus***

灯心草

***Juncus effusus* L.**

【特征】多年生草本，根状茎横走。地上茎簇生，圆筒形。无基生叶和茎生叶，仅具叶鞘，叶鞘开裂，呈红褐色或黄褐色。聚伞花序假侧生，多花密集；总苞片与茎相连，似茎的延伸，直立，圆柱状；花被片 6，披针形，2 轮排列，外轮稍长，裂片长 2～3mm，先端尖，边缘膜质；雄蕊 3，短于花被。蒴果三棱状长圆形，3 室，顶端钝或微凹，与花被片等长或稍长于花被。种子黄褐色，长圆状椭圆形，花果期 7～9(10) 月。

【生境】生于水边、湿地及林下沟旁。

【分布】辽宁清原、本溪、鞍山、凤城等市（县）。

【经济价值】干燥茎髓入药，治水肿、小便不利、心烦不寐，外用敷金疮。纤维细长，可造纸。

植株

果序

科 87 鸭跖草科

Commelinaceae

鸭跖草属 *Commelina*

鸭跖草

Commelina communis L.

植株

【特征】一年生草本。茎基部常匍匐，圆柱形而稍肉质，具节，分枝较多，节处通常稍膨大。叶卵状披针形、披针形或有时为狭披针形，基部下延成白色半透明膜质叶鞘，抱茎。聚伞花序，下托以佛焰苞状的总苞片，总苞片有柄，心状卵形，边缘呈对合折叠状；萼片 3 枚；花瓣 3 枚，蓝色，前方 1 枚色淡且较小，两侧花瓣较大，卵圆形，基部具爪；雄蕊 6，其中能育雄蕊 3，花丝较长且花药较大，退花雄蕊 3，花丝较短且花药为黄色，外形呈蝴蝶状；雌蕊 1，花柱先端弯曲，子房上位。蒴果椭圆形，长 6 ～ 8mm，2 室，每室有种子 2 粒。花期 6 ～ 8 月，果期 8 ～ 9 月。

【生境】生于稍湿草地、溪流边以及林缘路旁等处。

【分布】辽宁各地均有分布。

【经济价值】全草入药，清热解毒、利水消肿。嫩茎叶为野菜，亦可作饲料。

茎叶

花

果实

科 88 禾本科

Poaceae

芦苇属 ***Phragmites***

1. 毛芦苇

Phragmites hirsute **Kitag.**

【特征】多年生草本。秆高大，常带紫色而有白霜，节部被短柔毛。叶鞘圆筒形，外面及边缘具密或疏的硬糙毛；叶舌极短；叶片披针状线形，扁平，两面密被短硬毛。圆锥花序卵状长圆形，近直立，分枝粗糙；小穗常长12mm，含5花；颖不等长，具3脉；外稃长约10mm；内稃明显短于外稃，先端微2齿裂。基盘具白色长柔毛。花果期7～9月。

【生境】生于沙地。

【分布】辽宁大连、阜新等地。

【经济价值】可用作固堤植物。秆可供造纸、编席等。

毛芦苇优势种群

植株

茎

叶

果穗

2. 芦苇

Phragmites australis **(Cav.) Trin. ex Steud.**

【特征】多年生草本。秆高可达3m，径可达10mm，节下通常具白粉。叶鞘常带紫色，无毛；叶舌极短，截平；叶片扁平，宽1～3.5cm，质较厚，具横脉，边缘常较粗

植株

糙。圆锥花序长可达 40cm，分枝密而开展，微垂头，下部枝腋间具白柔毛；小穗通常 4～7 花，长 12～17mm ；颖具 3 脉，第 1 颖为第 1 小花的 1/2 或更短；第 1 花通常为雄性，外稃长 8～15mm，内稃长 3～4mm ；基盘具白色柔毛。颖果长圆形。花果期 7～9 月。

【生境】生于池沼、河旁、湖边，在沙丘边缘及盐碱地上亦可生长，但植株明显矮小。

【分布】辽宁各地均有分布。

【经济价值】可用作固堤植物。秆可供造纸、编席等。

叶

花序

花序一部分

成熟果序

獐毛属 *Aeluropus*

3. 獐毛

Aeluropus sinensis (Debeaux) Tzvelev

【特征】多年生草本。秆直立或倾斜，高 15～25cm，有时于地上匍匐而节上生根，基部为鳞片状叶鞘所覆盖，节上具柔毛。叶鞘通常长于节间；叶舌短，长约 0.5mm，顶生纤毛；叶片质硬，长 1.5～5cm，宽 1.5～4mm，多卷折为针状。圆锥花序呈穗状，长 2.5～6cm，宽 5～12mm，花序分枝单生，密生小穗；小穗卵状披针形，具 4～10 花；颖革质，边缘膜质；外稃卵

植株

匍匐茎

果穗

形，具 9～11 脉，基盘具微毛，内稃与外稃近等长，顶端钝或截平，脊上微具纤毛。花果期 5～8 月。

【生境】生于海边沙地或盐碱地。

【分布】辽宁营口、瓦房店等地。

【经济价值】优良的固沙植物。

虎尾草属 *Chloris*

4. 虎尾草

Chloris virgata **Sw.**

【特征】一年生草本。秆直立或基部膝曲。叶鞘光滑无毛，背部有脊，松弛抱茎，顶部者常肿胀而包藏花序；叶片长 5～25cm，宽 3～6mm，平滑。穗状花序，4～10 余个呈指状排列于秆顶；小穗成熟时带紫色；颖不等长，具 1 脉，膜质，第二颖具长 0.5～1.5mm 的短芒；第一外稃具 3 脉，边脉具长柔毛，芒自顶端以下伸出，长 5～15mm；内稃稍短于外稃；不孕外稃顶端截平，具长 4～8mm 的长芒。颖果长约 2mm。花果期 6～10 月。

【生境】生于路边、草地及草屋顶上。

【分布】辽宁彰武、西丰、凌源、锦州、沈阳、大连等市（县）。

【经济价值】药用，祛风除湿、解毒杀虫。

植株

茎叶

花序

小花

果实

隐子草属 *Cleistogenes*

5. 北京隐子草

Cleistogenes hancei **Keng**

植株

根系

小穗

【特征】多年生草本。秆疏松丛生，较粗壮，高 50 ～ 80cm，几乎全被叶鞘所包。叶鞘无毛或疏生疣毛，一般长于节间或中部叶稍短；叶舌极短，顶端具细毛；叶片扁平或内卷，长 3 ～ 12cm，宽 3 ～ 8mm，两面稍粗糙。圆锥花序较开展，伸出鞘外，长 6.5 ～ 11cm，具 5 ～ 7 分枝，基部主枝可再分小枝；小穗排列紧密，具 3 ～ 7 花；颖不等长，具 3 ～ 5 脉，顶端锐尖至渐尖；外稃披针形，有紫黑色斑纹，基盘具短柔毛，顶端具极微小 2 齿，具 5 脉，主脉延伸成短芒，芒长 1 ～ 2mm；内稃与外稃等长或稍长。花果期 8 ～ 9 月。

【生境】生于干山坡和路旁。

【分布】辽宁建平、大连等市（县）。

【经济价值】根系发达，可作水土保持植物，亦为优良牧草。

6. 宽叶隐子草

Cleistogenes hackelii **var.** ***nakaii*** **(Keng)Ohwi**

【特征】多年生草本。秆高 50 ～ 90cm，直立；叶鞘多少具疣毛，鞘口常疏生柔毛，通常长于节间；叶片长 6 ～ 13cm，宽 4 ～ 8mm。圆锥花序开展；小穗具 2 ～ 5 花，长 7 ～ 9mm；颖不等长，膜质，具 1 脉或第一颖无脉；外稃草黄色具褐色花斑，具 5 脉，边缘及基盘具短柔毛，第一外稃长 5 ～ 6mm，芒长 3 ～ 9mm，内稃与外稃等长或稍长，顶端钝或微 2 裂，背部具 2 脊，脊上具极短的细纤毛。花果期 7 ～ 10 月。

【生境】生于林缘及干山坡。

【分布】辽宁西丰、喀左、北镇、锦州、沈阳等市（县）。

植株

叶

花序

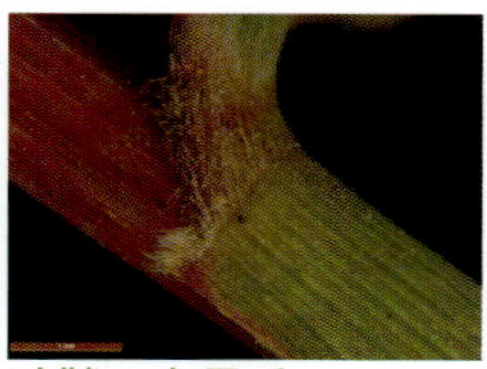
叶鞘口有柔毛

小穗

【经济价值】植株较高大，根系发达，秆直立，叶量丰富，为优良的饲用植物，还具有绿化荒山及防治水土流失的作用。

7. 糙隐子草

Cleistogenes squarrosa (Trin.) Keng

植株

【特征】多年生草本。秆密丛生，高 12 ～ 30cm，干后常呈蜿蜒状弯曲。叶鞘无毛，长于节间；叶舌为一圈很短的纤毛；叶片长 3 ～ 6cm，基部宽 1 ～ 2mm，通常内卷。圆锥花序较狭窄，分枝单生，各枝疏生 2 ～ 5 小穗；小穗含 2 ～ 3 花，长 5 ～ 7mm，绿色或带紫色；第一颖长 1 ～ 2mm，第二颖长 3 ～ 5mm，通常具 1 脉，无毛，边缘宽膜质；外稃近边缘处常具柔毛，顶端微二裂，具短芒，芒长达 4mm，基盘具短毛。花果期 8 ～ 10 月。

【生境】多生于干旱草原、丘陵坡地、沙地、固定或半固定沙丘、山坡等处。

【分布】辽宁彰武、新民、喀左、大连等地。

【经济价值】优良牧草。

茎叶

果穗

8. 丛生隐子草 

Cleistogenes caespitosa Keng

植株

茎与叶

花序

【特征】多年生草本。秆丛生，直立，高约45cm，径约1mm。叶鞘无毛，鞘口具长柔毛；叶舌为一圈细纤毛，毛长约0.5mm；叶片质硬，通常内卷，长2.5～7.5cm，宽2～4mm。圆锥花序开展，长约6cm，分枝斜升或平展，长1～3cm；小穗(1)3～5花，长5～11mm；颖不等长，膜质稍透明。花果期7～9月。

【生境】生于干山坡、林缘灌丛。

【分布】辽宁锦州等地。

【经济价值】可作牧草。根系发达，是水土保持植物或矿山恢复植被的优良植物之一。

9. 多叶隐子草 

Cleistogenes polyphylla Keng ex P. C. Keng & L. Liu

植株

叶背面

叶舌

花序

【特征】多年生草本，丛生，高15～35cm，径粗1mm；叶鞘通常长于或等于节间；叶舌短，长约0.5mm，边缘具短纤毛；叶片披针形至线状披针形，长2～6.5cm，宽2～4mm，多直立上升，扁平或稍内卷。圆锥花序较紧缩，长4.5～6.5cm，宽4～10mm，分枝单生，基部有时具苞片；小穗淡绿色或带紫色，含3～7小花，长8～13mm；颖不等长；外稃顶端微二裂，由裂口处伸出短芒，芒长0.5～1.5mm。花果期7～10月。

【生境】生于干燥山坡及草地。

【分布】辽宁建平、大连等市（县）。

【经济价值】优质饲草。

画眉草属 *Eragrostis*

10. 小画眉草

Eragrostis minor Host

【特征】一年生草本，植株有鱼腥味。秆丛生，高 10 ～ 40cm。叶鞘通常短于节间，具腺点，鞘口具柔毛；叶舌为一圈纤毛，长 0.5 ～ 1mm；叶片长 5 ～ 15cm，宽 2 ～ 5mm，主脉及边缘具腺体。圆锥花序较开展，长 5 ～ 15cm，分枝单生；小穗柄上具腺点；小穗两侧扁，宽 1.5 ～ 2mm，线状披针形，具 4 至多数花；颖近等长或第一颖稍短，通常具 1 脉，脉上常有腺点；外稃宽卵形，长 1.5 ～ 2mm，无芒，内稃稍短于外稃，脊上粗糙至具极短的纤毛。颖果近于球形。花果期 8 ～ 9 月。

【生境】生于草地、路旁及荒野。

【分布】辽宁彰武、朝阳、锦州等市（县）。

【经济价值】全草入药，具有疏风清热、凉血、利尿之功效。

植株

叶边缘具腺体

小穗

11. 画眉草

Eragrostis pilosa (L.) P. Beauv.

【特征】一年生草本。秆丛生，高 20 ～ 60cm。叶鞘稍压扁，较疏松，光滑或鞘口有长柔毛；叶舌为一圈毛，长约 0.5mm。圆锥花序较开展，长 15 ～ 25cm，基部分枝近于轮

植株

花序

生，枝腋间有长柔毛；小穗长2～7mm，成熟后暗绿色或带紫色，具3～14花；颖不等长，长0.5～1.8mm；外稃侧脉不明显，内稃常作弓形弯曲，背上粗糙至具短纤毛。花果期6～9月。

【生境】生于荒野、路边及杂草地。

【分布】辽宁彰武、桓仁、锦州、盖州等地。

【经济价值】全草入药，治跌打损伤、膀胱结石、肾结石、肾炎等症；花序入药可治黄水疮。全草可作饲草。

草沙蚕属 ***Tripogon***

12. 中华草沙蚕

Tripogon chinensis **(Franch.) Hack.**

植株

果穗

【特征】多年生草本，密丛生。秆直立，细弱，高10～30cm。叶鞘多短于节间，仅鞘口具长柔毛；叶舌膜质具纤毛，长约5mm；叶片通常内卷成针状，长5～15cm，宽约1mm，近基部处疏生柔毛。穗状花序细弱，穗轴三棱形，微曲折；小穗具2～8花；颖不等长，近膜质；内外稃具2脊，外稃具3脉，中脉延伸成芒，芒长达2mm，侧脉有时延伸成短尖头；基盘具长柔毛，内稃等长于或稍短于外稃，脊上粗糙至具很短的纤毛。雄蕊3。花果期7～8月。

【生境】生于干山坡、岩石上及墙上。

【分布】辽宁建平、大连等市（县）。

【经济价值】尚无记载。

九顶草属 ***Enneapogon***

13. 九顶草

Enneapogon desvauxii **P. Beauv.**

【特征】一年或两年生草本，丛生。秆高5～35cm；叶鞘短于节间，被短柔毛，基部鞘内常有分枝及隐藏的小穗，叶舌极短，具柔毛；叶狭线形，刺毛状，长2～12cm，宽1～2mm，多对折，微有毛。穗状花序长圆形，铅灰色或成熟后草黄色；小穗通常具2花，一为两性花，一常不发育；颖披针形，具短柔毛；外稃长约 2mm，脉上及边缘被长纤毛，基盘被柔毛，顶端具9条直立的羽毛状芒，芒长2～5mm；内稃与外稃近等长，脊上具纤毛，顶端微凹。花果期8～11月。

【生境】生于山坡及石缝间。

【分布】辽宁朝阳等地。

【经济价值】可作饲草。

植株

果穗

锋芒草属 *Tragus*

14. 虱子草

Tragus berteronianus Schult.

【特征】一年生草本。茎细弱，基部分枝，平卧或斜上，长10～40cm。叶鞘圆筒形，

植株

叶

果穗

短于节间；叶舌短小，叶片长不及5cm，宽2～4mm，边缘具刺毛。花序紧缩呈穗状，长4～11cm，宽约5mm；小穗长2～3mm，有2个发育的小穗簇生；第一颖退化，第二颖革质，具5肋，肋上具钩刺；外稃及内稃均质薄。颖果圆柱形。花果期7～9月。

【生境】生于山坡路旁及荒野。

【分布】辽宁朝阳、大连等地。

【经济价值】可作饲草，适口性中等。

拂子茅属 *Calamagrostis*

15. 拂子茅

Calamagrostis epigeios (L.) Roth

【特征】多年生草本。秆丛生，直立，高50～100cm，通常较粗壮，具2～4节。

植株

果穗

小穗

叶舌

叶鞘平滑或稍粗糙；叶舌膜质，长 4 ～ 12mm，锐尖或撕裂状；叶片线形，叶片长 15 ～ 27cm，宽 4 ～ 8（13）mm。圆锥花序长圆形，直立，分枝直立或斜升，粗糙；小穗线形，灰绿色或带淡紫色；颖近等长或第一颖稍长，顶端长渐尖；外稃膜质，基盘毛与颖约等长，顶端 2 齿裂，芒生于外稃背部的中部或稍上，细直，长 2 ～ 3mm；内稃约为外稃 2/3 ～ 1/2，顶端细齿裂。花果期 7 ～ 9 月。

【生境】生于潮湿草地、林缘及林内草地。

【分布】辽宁彰武、建平、葫芦岛、锦州、沈阳等市（县）。

【经济价值】牲畜喜食。根系发达，株丛密生，是保护河岸的良好材料，也是优质的纤维植物。亦可用于园林观赏。

16. 假苇拂子茅

Calamagrostis pseudophragmites **(Haller f.) Koeler**

【特征】多年生草本。秆丛生，直立，高 50 ～ 100cm，较粗壮。叶鞘短于节间，下部者可长于节间；叶舌膜质，长圆形，长 4 ～ 8mm，顶端锐尖；叶片扁平或稍内卷，长 10 ～ 25cm，宽 2 ～ 7(10)mm。圆锥花序长圆状披针形，常较疏松，花序分枝较短，具多数小穗，小穗轴不延伸到内稃之后；小穗长 5 ～ 8mm，成熟后草黄色或带紫色；第一颖较长，狭披针形，具 1 脉，第二颖有时具 3 脉；外稃具 3 脉，顶端常 2 裂，基盘毛等长于或稍长于小穗，芒自外稃顶端伸出，长 1 ～ 3mm；内稃长为外稃的 1/3 ～ 2/3。花果期 7 ～ 9 月。

【生境】生于山坡草地、路旁湿地及阴湿处。

【分布】辽宁建平、义县、绥中、彰武、沈阳等市（县）。

【经济价值】可作饲料；生命力强，可为防沙固堤的材料。粗纤维含量高，可作造纸及人造纤维工业的原料。

花序

植株

小穗

野青茅属 *Deyeuxia*

17. 野青茅

Deyeuxia pyramidalis (Host)Veldkamp

小穗

【特征】多年生草本。丛生，秆直立，高50～130cm，较粗壮，具2～4节。叶关节处有毛；叶舌膜质，长1.5～4mm；叶片扁平或内卷，长10～50cm，宽2～7mm。圆锥花序长10～15cm，宽达5cm；小穗长4～5.5mm；第一颖具1脉，第二颖具3脉；外稃膜质，基盘毛长为外稃1/4～1/3，顶端具微齿，芒生于外稃近基部，膝曲，下部扭转，长5～9mm，显著伸出小穗外；内稃与外稃近等长。花果期6～9月。

【生境】生于山坡草地及湿地。

【分布】辽宁建平、凌源、建昌、清原等地。

【经济价值】适口性中等的牧草，大型家畜采食。

植株

叶与叶舌

花序

落草属 *Koeleria*

18. 落草

Koeleria macrantha (Ledeb.) Schult.

【特征】多年生草本。秆密丛生，高 20 ～ 50cm，具 2 ～ 4 节，花序以下 0.5 ～ 3cm 处具绒毛；叶鞘灰白色或淡黄色；叶舌膜质，长 0.5 ～ 2mm，顶端截形；基生叶长达 10 ～ 15cm，秆生者长 1.5 ～ 7cm，宽 1 ～ 2.5mm，灰绿色，边缘粗糙。圆锥花序呈穗状，主轴、花序分枝及小穗柄均具密毛，分枝短，稍斜上；小穗两侧扁，长 4 ～ 6mm，具 2 ～ 4 小花；颖不等长，顶端锐尖，边缘宽膜质，脊上粗糙；外稃脊上粗糙，顶端尖，无芒或具短尖头；内稃稍短于外稃，顶端 2 裂，透明膜质，背部具 2 脊。花果期 6 ～ 8 月。

【生境】生于山坡、草地、林缘及路旁。

【分布】辽宁彰武、建平、北镇、黑山、沈阳等市（县）。

【经济价值】典型草原中优良的补充牧草，能够有效地补充牲畜对微量元素 Fe、Ca、Mn 等的需求。

花序

植株

虉草属 *Phalaris*

19. 虉草

Phalaris arundinacea **L.**

植株

【特征】多年生草本。秆直立，高 60 ～ 140cm，具 6 ～ 8 节。叶鞘无毛；叶舌薄膜质，长 2 ～ 3mm；叶片扁平，长 6 ～ 30cm，宽 5 ～ 15mm。圆锥花序紧缩，长 8 ～ 15cm，密生小穗，花序分枝直升；小穗长 4 ～ 5mm；颖等长，脊上粗糙，上部具极狭的翼；可孕花的外稃宽披针形，软骨质，上部具柔毛，无芒；不育外稃 2，线形，具柔毛。花果期 6 ～ 8 月。

【生境】生于林下、潮湿草地或水湿处（湿地）。

【分布】辽宁彰武、建平、北镇、沈阳、大连等市（县）。

【经济价值】可作饲草。良好的水土保持植物。茎秆可用来编织用具或作为造纸原料。

叶背面

叶舌

果序

小穗

早熟禾属 *Poa*

20. 硬质早熟禾

Poa sphondylodes **Trin.**

植株

【特征】多年生。秆直立，密丛生，高 30 ～ 60cm，具 3 ～ 4 节。叶鞘无毛，基部淡紫色；叶舌膜质，长 4 ～ 5mm，顶端锐尖，易撕裂；叶片扁平或边缘内卷，长 2 ～ 7cm，宽约 1mm。圆锥花序紧缩，呈狭长圆形至线形，长 3 ～ 10cm，每节具 2 ～ 5 分枝，分枝短而粗糙；小穗绿色至草黄色，具 4 ～ 6 小花；颖披针形，顶端尖，具 3 脉；外稃顶端狭膜质，具 5 脉，脊下部 2/3 及边脉下部 1/2 具柔毛，基盘具绵毛；内稃稍短于外稃，顶端微凹。花果期 6 ～ 7 月。

【生境】生于山坡草原、干燥沙地。

【分布】辽宁彰武、铁岭、鞍山、大连等市（县）。

【经济价值】可作饲草。

果序

叶舌

21. 假泽早熟禾

Poa pseudo-palustris Keng

【特征】多年生草本。秆直立，疏丛生，高 20 ～ 50cm，具 3 ～ 4 节。叶鞘光滑，与叶片近等长；叶舌膜质，长 1.5 ～ 3mm，顶端钝；叶片扁平，长 5 ～ 16cm，宽 1 ～ 2mm。圆锥花序疏松开展，长 6 ～ 20cm，每节具 2 ～ 4 分枝，直立或上举，上部疏生少数小穗；小穗绿色或顶端稍带紫色，具 2 ～ 3 小花；颖长 3 ～ 4mm；外稃狭披针形，脊下部 1/2 ～ 2/3 及边脉下部 1/3 ～ 1/2 具柔毛，基盘具多量绵毛；内稃短于外稃，脊上具短纤毛。花果期 7 ～ 8 月。

【生境】生于山坡草地及林缘草甸。

【分布】辽宁西丰、北镇、鞍山等市（县）。

【经济价值】可作饲草。

植株

花序

芨芨草属 *Achnatherum*

22. 京芒草

Achnatherum pekinense (Hance) Ohwi

【特征】多年生草本。秆直立，光滑，高可达 2m。叶鞘较疏松；叶舌短、钝，长约 1mm；叶片扁平或边缘内卷，长达 50cm，宽 7 ～ 12mm。圆锥花序开展，长

植株

花序

花序一部分

20～45cm，分枝细长，2～6枚簇生，成熟后水平开展，上部疏生小穗；小穗长8～10mm；颖膜质，长圆状披针形，草绿色或成熟时变紫色；外稃硬纸质，长6～8mm，背部密生柔毛，顶端具2微齿，芒长约20mm，一回膝曲，中部以下扭转；内稃无脊而具2脉，脉间被柔毛。花果期7～9月。

【生境】生于低矮山坡草地、山谷草丛、林缘、灌丛中及路旁。

【分布】辽宁阜新、建平、凌源、建昌、北镇、沈阳、大连等市（县）。

【经济价值】可作牲畜饲料，也可作为园林景观中的点缀植物。全草可作造纸原料。

23. 朝阳芨芨草

Achnatherum nakaii (Honda) Tateoka ex Imzab

【特征】多年生草本。秆密丛生，直立，较细弱，高40～60cm，具2～3节。叶鞘光滑；叶舌长0.5～1mm，顶端截平；叶片内卷，宽2～4mm。圆锥花序较疏散，长10～20cm，分枝细，斜上，多双生；小穗长5.5～6.5mm，草绿色或变紫色；颖几等长，长圆状披针形，顶端稍钝，基部具微毛；外稃长约5mm，背部密生柔毛，顶端具2微齿，芒长10～14mm，一至二回膝曲，中部以下扭转，内稃与外稃近等长。花果期5～8月。

植株

【生境】生于山坡草地。

【分布】辽宁朝阳等地。

【经济价值】可作为牧草。

花序

小穗

叶

针茅属 *Stipa*

24. 长芒草

Stipa bungeana Trin.

植株

【特征】多年生草本，须根具砂套。秆紧密丛生，基部膝曲，高 30 ～ 60cm，具 2 ～ 5 节，光滑。叶鞘无毛，基生者常内含隐藏小穗；叶舌膜质，长 1 ～ 4mm；叶片内卷呈针状。圆锥花序狭，长 8 ～ 20cm，分枝细弱，2 ～ 4 枚簇生；小穗灰绿色或浅紫色，颖长 9 ～ 15mm，顶端具细芒，外稃长 4 ～ 6mm，背部具排列成纵行的短毛，顶端关节处具圈短毛，基盘密生柔毛，芒二回膝曲，芒针长 3 ～ 5cm；内稃与外稃等长。颖果长圆柱形，隐藏在基部叶鞘中的小穗的果为卵形。花果期 5 ～ 7 月。

【生境】生于路边草地及干山坡。

【分布】辽宁建平、兴城等市（县）。

【经济价值】优良牧草。

茎

花序

小穗

25. 大针茅

Stipa grandis P. A. Smirn.

【特征】多年生草本，须根具砂套。秆直立，丛生，叶舌膜质，长 3 ～ 5mm；叶片内卷

小穗

成熟果穗

植株

呈针状，长达 50cm。圆锥花序长 15 ～ 25cm，下部常包藏于叶鞘内；颖几等长，顶端延伸成芒状，长 3 ～ 4cm，内稃与外稃等长，芒针长 10 ～ 16cm，细丝状，卷曲。花果期 5 ～ 7 月。

【生境】生于干草原及干山坡。

【分布】辽宁朝阳等地。

【经济价值】优良牧草。

26. 狼针草

Stipa baicalensis Roshev.

【特征】多年生，须根具砂套。秆直立，丛生，高 50 ～ 100cm。叶鞘光滑或微粗糙，上部者常短于节间；叶舌膜质，长 1 ～ 2mm；叶片内卷为细长线形，长达 40cm。圆锥花序长 20 ～ 40cm，下部常包于鞘中，分枝细弱；小穗灰绿色或成熟时变紫褐色；颖膜质，几等长，长 25 ～ 33mm，顶端为细芒状；外稃顶端关节处生一圈短毛，背部具排列成纵行的短毛，基盘尖锐，密生柔毛，芒二回膝曲，第一芒柱长 3 ～ 4.5cm，扭转，第二芒柱长 1.5 ～ 2cm，芒针长 10 ～ 13cm，丝状卷曲；内稃比外稃稍短。花果期 5 ～ 8 月。

【生境】生于草地及干山坡。

【分布】辽宁建平、北镇等地。

【经济价值】营养期为优良牧草。

植株

花序

冰草属 *Agropyron*

27. 冰草

Agropyron cristatum (L.) Gaertn.

植株

叶

根

果穗

【特征】多年生草本。根外具砂套。秆成疏丛，高 30 ~ 60cm，具 2 ~ 3 节，上部被短柔毛。叶鞘短于节间，被密毛；叶舌膜质，极短，顶端截平；叶片长 7 ~ 15cm，宽 2 ~ 5mm，质地较硬，边缘常内卷。穗状花序直立，呈圆柱形而两端稍狭，长 2.5 ~ 6cm，宽 8 ~ 15mm，穗轴生短毛；小穗紧密排列成两行，呈篦齿状，含 4 ~ 6 花；颖舟形，背部密被短柔毛，具膜质边，先端具长 2 ~ 4mm 之短芒；外稃背面被长柔毛，边缘膜质，基盘钝圆，两侧具短髭毛，顶端具长 2 ~ 4mm 的芒；内稃约与外稃等长。颖果长约 4mm。花果期 5 ~ 8 月。

【生境】生于沙地、草地或干山坡。

【分布】辽宁彰武等地。

【经济价值】优良牧草，青鲜时动物最喜食。

披碱草属 *Elymus*

28. 肥披碱草

Elymus excelsus Turcz. ex Griseb. in Ledeb.

【特征】多年生草本。秆直立，单生或疏丛生，具 4 ~ 7 节，高可达 140cm，粗可达 7mm。叶鞘常长于节间；叶舌膜质，先端平截，常撕裂；叶片扁平，宽 8 ~ 14mm。穗状花序直立，粗壮，穗轴每节簇生有 2 ~ 3 小穗，边缘生有短硬毛，小穗绿色，含 4 ~ 5 花，密生微小短毛，颖披针形或狭披针形，先端具长约 6mm 而粗糙的芒；外稃披针

果穗

植株

形，先端和边缘有稀疏短硬毛，基盘两侧的毛稍长，第一外稃先端延伸成长 15 ～ 28mm 粗糙的芒，向外反曲，内稃等长或稍短于外稃，脊上具短毛。

【生境】生于山坡、草地、路旁或河岸。

【分布】辽宁沈阳、大连、锦州、彰武等地。

【经济价值】可作牧草。

29. 纤毛鹅观草

Elymus ciliaris (Trin. ex Bunge) Tzvelev

植株

【特征】多年生草本。秆单生或成疏丛，高 30 ～ 80cm，常被白粉，具 3 ～ 4 节。叶鞘除基部 1 ～ 2 长于节间外，余均短于节间；叶片平展，边缘粗糙。穗状花序直立或稍弯垂；小穗通常绿色或灰绿色，含 5 ～ 10 小花；小穗轴贴生细短毛；颖椭圆状披针形，一侧或两侧稍具齿，边缘和边脉具短纤毛；外稃长圆状披针形，背部被稀疏粗毛，边缘具长而硬的纤毛，第一外稃顶端具芒，向后反曲、粗糙；内稃长圆状倒卵形，先端钝圆或中部微凹，脊的上部具短纤毛。颖果顶部有毛茸，长约 5mm，花果期 4 ～ 7 月。

【生境】生于路旁、草地或山坡。

【分布】辽宁各地均有分布。

【经济价值】幼时可作牧草。

叶

小穗

果穗

果穗部分放大

赖草属 *Leymus*

30. 羊草

Leymus chinensis (Trin. ex Bunge) Tzvelev

植株

【特征】多年生草本，具下伸或横走根茎；根具砂套。秆成疏丛或单生，直立，高 30 ～ 140cm，具 2 ～ 3 节。叶鞘光滑无毛，短于节间，有叶耳，叶舌截平，长 0.5 ～ 1mm；叶片灰绿色，质地较厚，表面及边缘粗糙。穗状花序长 12 ～ 18cm，直立；穗轴边缘具短纤毛；小穗长 10 ～ 25mm，含 5 ～ 10 花，灰绿色而于成熟时呈草黄色；颖锥状，边缘具微纤毛；外稃披针形，边缘膜质，顶端渐尖或形成芒状小尖头；内稃与外稃近等长，脊中部以上生有细纤毛或近无毛。花果期 6 ～ 8 月。

【生境】生于草地、盐碱地、砂质地、山坡下部、河岸及路旁。

【分布】辽宁各地均有分布。

【经济价值】优良牧草和造纸原料。羊草能形成强大的根网，是很好的水土保持植物。

根具砂套

茎叶

果穗

荩草属 *Arthraxon*

31. 荩草

Arthraxon hispidus (Thunb.) Makino

【特征】一年生草本。秆细弱，基部倾斜，高 30 ～ 45cm。叶鞘短于节间，具短硬疣毛；叶舌膜质，长 0.5 ～ 1mm；叶片卵状披针形，基部心形抱茎，下部边缘具纤毛。总状花序长 1.5 ～ 3cm，2 ～ 10 枚呈指状排列或簇生秆顶；小穗孪生，一有柄，一无柄，有柄小穗退化；无柄小穗长 4 ～ 4.5mm ；第一颖草质，边缘带膜质，第二颖近膜质；第一外稃透明膜质，长为颖的 2/3，第二外稃近基部伸出一膝曲的芒，芒长 6 ～ 9mm。颖果长圆形，与稃体几等长。花果期 8 ～ 10 月。

【生境】生于山坡、草地及阴湿处。

【分布】辽宁彰武、西丰、锦州等市（县）。

【经济价值】可作园林地被植物。

植株

指状排列花序

簇生秆顶的总状花序

叶基部心形抱茎、叶鞘具短硬疣毛

果穗部分放大

孔颖草属 *Bothriochloa*

32. 白羊草

***Bothriochloa ischaemum* (L.) Keng**

【特征】多年生丛生草本，高 25 ～ 80cm，具 3 至多节。叶鞘基生者常短于节间；叶舌膜质，长约 1mm。总状花序 4 至多数簇生于秆顶，长 3 ～ 6.5cm，灰绿色或带紫色，穗轴节间与小穗柄两侧具丝状柔毛；有柄小穗雄性，无芒，且较无柄小穗色深；无

茎叶

花序

果穗

柄小穗两性，基盘具髯毛；第一颖草质，背部具 2 脊，脊下部常具丝状柔毛，第二颖中部以上具纤毛；第一外稃膜质，第二外稃退化成线形，顶端延伸成芒，芒膝曲，长 10 ～ 15mm。花果期 7 ～ 10 月。

【生境】生于山坡、草地及路边。

【分布】辽宁凌源、建平、葫芦岛、阜新、北镇、大连等市（县）。

【经济价值】优良牧草，也可防治水土流失。

小穗

植株

芒属 *Miscanthus*

33. 荻

Miscanthus sacchariflorus **(Maxim.) Benth. & Hook. f. ex Franch.**

【特征】多年生草本。秆直立，高 1 ～ 4m，径 5 ～ 20mm，节上具长毛。叶鞘下部者长于节间，上部者短于节间；叶舌长 0.5 ～ 1mm，顶端钝圆，具一圈纤毛；叶片表面基部密生柔毛。圆锥花序扇形，长 20 ～ 30cm，在分枝腋间具短毛；小穗成对生于各节，一具 3 ～ 5mm 长柄，一具 1 ～ 2.5mm 的短柄；小穗狭披针形，基盘毛长为小穗的 2 倍；第一颖具 2 脊，脊上及

植株

上部具白色长丝状柔毛，长度通常超过小穗的2倍以上，第二颖稍短于第一颖，脊上具丝状毛；第一外稃稍短于颖，第二外稃具小纤毛；内稃长为外稃的一半，顶端不规则地齿裂，具长纤毛。花果期8～10月。

【生境】生于山坡草地和平原岗地、河岸湿地。

【分布】辽宁西丰、锦州、抚顺、沈阳、丹东等市（县）。

【经济价值】优质饲料。嫩芽可食用。可作为再生能源植物，也可造纸。

秋季植株

茎叶与叶舌

花序

成熟小穗

大油芒属 *Spodiopogon*

34. 大油芒

Spodiopogon sibiricus Trin.

【特征】多年生草本，具较长的根茎，根茎密被鳞片。秆直立，高1m左右；叶舌干膜质，截平，长1～2mm；叶片宽6～14mm。圆锥花序长圆形，分枝近轮生，小枝具2～4节，节上具毛，每节具2小穗，一有柄，一无柄；穗轴节间及小穗柄的两侧具长纤毛；无柄小穗的第二颖脊的上部及边缘具长柔毛，有柄小穗的第二颖遍生柔毛；第一小花雄性，第二小花两性，外稃顶端深裂几达基部，芒长1～1.5cm，中部膝曲，芒柱扭转，柱头紫色。花果期7～10月。

植株

【生境】生于山坡、路旁及林荫下。

【分布】辽宁沈阳、大连、鞍山、抚顺、本溪、丹东、锦州、彰武、西丰、建平等市（县）。

【经济价值】中等牧草。

茎与叶

花序

小穗

成熟果序的一部分

菅属 *Themeda*

35. 阿拉伯黄背草

Themeda triandra **Forsk.**

【特征】多年生草本，秆粗壮，高 80 ～ 110cm。叶鞘有毛或无毛，叶舌长 1 ～ 2mm；叶片线形，长 12 ～ 40cm，宽 4 ～5mm，中脉明显，通常在基部具硬疣毛。伪圆锥花序总状分枝，具 7 枚小穗，其下托以佛焰苞。通常一枚无柄小穗两性，基盘具 2 ～ 4mm 长棕色柔毛，第二外稃具棕黑色长芒，芒长 5 ～ 6cm，膝曲，下部密生短柔毛；有柄小穗 2 枚，雄性或中性，无芒。花果期 7 ～ 10 月。

【生境】生于干燥山坡、草地、路旁、林缘等处。

植株

【分布】辽宁凌源、建平、葫芦岛、锦州等市（县）。

【经济价值】秆叶可供造纸用。全草药用，活血调经、祛风除湿。

植株

茎

叶侧面，示具毛

花序

野古草属 *Arundinella*

36. 毛秆野古草

Arundinella hirta (Thunb.) Tanaka

植株

【特征】多年生草本。具横走的根茎。秆单生，直立，质较坚硬，高 70 ～ 100cm 以上，径 2 ～ 4mm。叶鞘仅边缘具纤毛或全部密生疣毛；叶舌很短，干膜质；叶片无毛至两面密生疣毛，基部近叶舌处密生纤毛。圆锥花序长 10 ～ 30cm，小穗柄具刺毛；小穗灰绿色或带深红紫色；第一外稃顶端无芒，内稃较短；第二外稃无芒或中脉延伸成芒状小尖头，约 1mm 长，基盘两侧及腹面具毛，毛长为稃体的 1/3 ～ 1/2。

【生境】生于干山坡草地及林荫潮湿处。

【分布】辽宁彰武、西丰、建平、凌源、葫芦岛、锦州、沈阳等市（县）。

【经济价值】幼嫩植株可作饲料；根茎密集，可固堤。茎叶可造纸。

叶鞘

根

花序

果序

果实

蒺藜草属 *Cenchrus*

37. 蒺藜草

Cenchrus echinatus L.

植株

果实

【特征】一年生草本。秆高约 50cm，基部膝曲或横卧地上而节上生根，下部各节常具纤毛；叶舌短小，具长约 1mm 的纤毛；叶片较柔软，长 10 ～ 20cm，宽 4 ～ 10mm。花序呈穗状直立，由多数具极短梗的刺苞组成，刺苞上密布 3 ～ 5mm 的长刺及细毛，其裂片具纤毛，直立或内向反曲；刺苞内具 2 ～ 4 个簇生小穗；第一小花雄性，第二小花两性，内稃、外稃成熟时渐变硬。花果期在夏季。

【生境】多生于荒野田边。

【分布】辽宁黑山、新民、大连等市（县）。

【经济价值】抽穗前期质地柔软，营养丰富，牛、羊喜食。

马唐属 *Digitaria*

38. 马唐

Digitaria sanguinalis (L.) Scop.

【特征】一年生草本。秆基部倾斜或铺地展开，节处生根或具分枝，高 40 ～ 100cm，

植株

径粗 1 ～ 3mm。叶鞘疏松，大部短于节间，多少疏生疣基软毛；叶舌长 1 ～ 3mm。总状花序 3 ～ 10 枚呈指状排列，长 5 ～ 18cm；小穗通常孪生，一具长柄，一具极短柄；小穗披针形；第一颖微小，钝三角形，薄膜质，第二颖长为小穗的 1/2 ～ 3/4，具纤毛；第一外稃与小穗等长，具明显的 5 ～ 7 脉。颖果几与小穗等长。花果期 6 ～ 10 月。

【生境】生于草地及荒野路旁。

【分布】辽宁彰武、铁岭、沈阳等市（县）。

【经济价值】可作饲草。全草入药，明目润肺。

茎叶

花序

花序一部分，示开花小穗

39. 毛马唐

***Digitaria ciliaris* var. *chrysoblephara* (Figari & De Notaris) R. R. Stewart**

【特征】一年生草本。秆基部倾斜卧地，节上生根，高 10 ～ 60cm；叶鞘具长柔毛；叶舌较短；叶片狭披针形，长 4 ～ 8cm，宽约 1cm。总状花序 4 ～ 6 枚呈指状排列；小穗狭披针形，孪生于穗轴各节，一有长柄，一有极短柄或几无柄，小穗长约 3mm；小穗第一颖很小，第二颖长为小穗的一半，被丝状柔毛，边缘具长纤毛。颖果几与小穗等长。花果期 6 ～ 10 月。

【生境】生于草地及荒野路旁。

【分布】辽宁西丰、开原、凌源、沈阳、抚顺、营口、海城、大连等市（县）。

【经济价值】可作为牧草。

花序

果序一部分

叶舌与叶鞘

成熟小穗

植株

稗属 *Echinochloa*

40. 长芒稗

Echinochloa caudata Roshev.

植株

【特征】一年生草本。秆高 1 ～ 2m。叶鞘无毛或常有疣基毛；叶舌缺；叶片线形，长 10 ～ 40cm，宽 1 ～ 2cm。圆锥花序稍下垂；分枝密集，常再分小枝；小穗卵状椭圆形，常带紫色，脉上具硬刺毛；第一颖三角形，长为小穗的 1/3 ～ 2/5；第二颖与小穗等长，顶端具长 0.1 ～ 0.2mm 的芒；第一外稃顶端具长 1.5 ～ 5cm 的芒，具 5 脉，脉上疏生刺毛；内稃膜质，先端具细毛，边缘具细睫毛；第二外稃革质，光亮。花果期在夏秋季。

【生境】多生于田边、路旁及河边湿润处。

叶背面

叶舌缺

果穗

【分布】辽宁彰武、沈阳等市（县）。

【经济价值】可作饲草。

41. 无芒稗

Echinochloa crus-galli (L.) P. Beauv. var. *mitis* (Pursh) Peterm.

植株

【特征】一年生草本。秆直立，粗壮。叶鞘疏松裹茎，叶舌无，叶片线形。圆锥花序直立，长 10 ～ 20cm；分枝斜上举而开展，可再分枝，穗轴基部具硬刺疣毛；小穗卵状椭圆形，具极短的柄，柄粗糙或具硬刺疣毛；第一颖长为小穗的 1/3 ～ 1/2，具短硬毛或硬刺疣毛，第二颖具 5 脉，脉上具刺疣毛，脉间被短硬毛；第一外稃革质，具 7 脉，脉上亦有硬刺疣毛，脉间被疣基硬毛，无芒或具极短芒，芒长常不超过 0.5mm；内稃与外稃等长，薄膜质；第二外稃顶端成粗糙的小尖头。花果期在夏秋季。

【生境】生于路边及野草地。

【分布】辽宁凌源、建平、锦州、新宾、营口、彰武、西丰、葫芦岛、沈阳等市（县）。

【经济价值】可作饲草。

叶与叶鞘

花序

小穗

黍属 *Panicum*

42. 稷

Panicum miliaceum L.

植株

【特征】一年生草本。秆直立，高 60 ～ 120cm，节上密生髭毛，节下有疣毛。叶鞘松弛，被疣毛；叶舌长约 1mm，具长约 2mm 的纤毛；叶片线状披针形，长 10 ～ 30cm，宽 7 ～ 20mm。圆锥花序开展或较紧密，花序分枝坚挺而开展，直立，成熟后也不下垂，长约 30cm，分枝具细棱，边缘具糙刺毛；小穗长卵形；第一颖长为小穗的 1/2 ～ 2/3，第二颖与小穗等长，大部分具 11 脉，脉于顶端汇合呈喙状。颖果乳白或褐色。花果期 8 ～ 9 月。

【生境】生于干沙丘地。

【分布】辽宁康平、朝阳、锦州等市（县）。

【经济价值】可作饲草。

叶鞘被毛

叶背面

小穗

狼尾草属 *Pennisetum*

43. 狼尾草

Pennisetum alopecuroides (L.) Spreng.

【特征】多年生草本。秆直立，丛生，高 30 ～ 100cm，花序以下常密生柔毛。叶鞘光滑，两侧扁而具脊，鞘口具纤毛；叶舌长不及 0.5mm；叶片长 15 ～ 50cm，宽 2 ～ 6mm，通常内卷。圆锥花序长 5 ～ 20cm，主轴硬且密生柔毛；刚毛长 1 ～ 2.5cm，具微小糙刺；小穗常单生，成熟后通常黑紫色颖果扁平，长圆形，长约 3.5mm。花果期 8 ～ 10 月。

植株

花序，示雌蕊

花序，示雄蕊

【生境】生于田边、路旁及山坡。

【分布】辽宁葫芦岛、营口、大连等地。

【经济价值】可作饲草，亦可作固堤防沙或观赏植物。叶是编织或造纸的原料。

44. 白草

Pennisetum flaccidum **Griseb.**

【特征】多年生草本。秆直立，单生或丛生。秆基部叶鞘多密集跨生，秆生叶鞘多松弛；叶舌短，具1～2mm长的纤毛；叶片线形，长10～40cm，宽3～15mm。圆锥花序穗状，直立或弯曲，长5～20cm，花序主轴具角棱；刚毛长1～2cm，具顺向的糙刺，灰白色或带紫褐色；小穗常单生；第一小花中性；第二小花两性。颖果长5～8mm，长圆形。花果期7～10月。

【生境】多生于山坡和较干燥之处。

【分布】辽宁阜新、凌源等地。

【经济价值】根茎入药，清热利尿、凉血止血。亦可作饲草。

植株

叶正面

叶鞘与茎

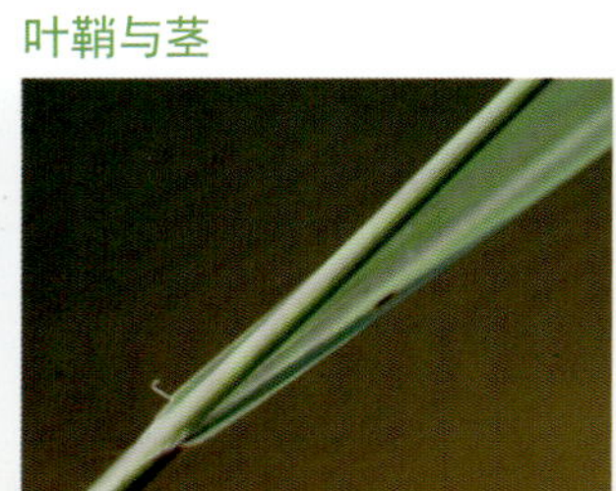

花序

狗尾草属 *Setaria*

45. 狗尾草

Setaria viridis (L.) P. Beauv.

【特征】一年生草本。秆直立或基部膝曲，高(10)30 ～ 100cm，通常较细弱，有时亦有较粗者径达 4mm。叶鞘较松弛；叶舌具 1 ～ 2mm 长的纤毛；叶片扁平，顶端渐尖，基略呈钝圆形或渐狭，长 (3)5 ～ 30cm，宽 2 ～ 15mm。圆锥花序紧密呈圆柱形，刚毛长 4 ～ 12mm，粗糙，绿色或变紫色；小穗椭圆形，长约 2mm。花果期 5 ～ 10 月。

【生境】生于荒野、道旁，为旱地作物常见的一种杂草。

【分布】辽宁各地均有分布。

【经济价值】秆、叶可作饲料。

植株

叶

叶舌

果序

小穗

46. 金色狗尾草

Setaria pumila (Poir.) Roem. & Schult.

【特征】一年生草本。秆直立或基部膝曲。叶鞘光滑无毛；叶舌为一圈柔毛，毛长约 1mm；叶片长 5 ～ 40cm，宽 2 ～ 8mm。圆锥花序圆柱形，直立，刚毛金黄色或有时稍带紫色；在小穗簇中通常仅有一小穗发育；小穗长 3 ～ 4mm；谷粒成熟时有明显横皱纹，背部极隆起，通常黄色。花果期 6 ～ 10 月。

植株

【生境】生于林边、山坡、路边和荒芜的园地及荒野。
【分布】辽宁彰武、西丰、葫芦岛、锦州等市（县）。
【经济价值】秆、叶可作牲畜饲料。

茎与叶

叶舌

果穗

果实

牛鞭草属 *Hemarthria*

47. 大牛鞭草

Hemarthria altissima **(Poir.) Stapf & C. E. Hubb.**

【特征】多年生草本，具长而横走的根茎。秆高 1m 左右。叶鞘无毛；叶舌短小，具一圈纤毛；叶片长达 10cm。总状花序；小穗孪生，一有柄，一无柄；无柄小穗长 6～8mm，无芒；有柄小穗渐尖，约与无柄小穗等长。颖果卵圆形，长约 2mm。花果期 6～7 月。

叶舌

根茎

花序

植株

【生境】生于河滩地及草地。
【分布】辽宁葫芦岛、锦州、沈阳、昌图等市（县）。
【经济价值】适口性好，是牛、羊、兔的优质饲料。

黄花茅属 *Anthoxanthum*

48. 光稃茅香

Anthoxanthum glabrum (Trin.) Veldkamp

【特征】多年生草本，具长的根茎。秆直立；叶鞘密生微毛；叶舌长 2 ～ 4mm；叶片宽 2 ～ 8mm。圆锥花序卵形，长 4 ～ 10cm，较疏松；小穗长 2.5 ～ 5(7)mm，褐色而有光泽，具 3 小花，顶生者为两性花，下部 2 小花雄性；颖几等长，薄膜质；外稃无芒或有短尖头。花果期 4 ～ 7 月。
【生境】常生于山坡或湿润草地及沙地。
【分布】辽宁彰武、兴城、沈阳、新宾、丹东、庄河、鞍山、盖州等市（县）。
【经济价值】可作为饲草。

植株

花序

小穗

野黍属 *Eriochloa*

49. 野黍

Eriochloa villosa (Thunb.) Kunth

【特征】一年生草本。秆直立或基部蔓生，节上具髭毛。叶鞘松弛抱茎；叶舌具长约 1mm 的纤毛；叶片长 5 ～ 25cm，宽 5 ～ 15mm。总状花序 2 至数枚组成圆锥花序，长 1.5 ～ 4cm，密生柔毛；小穗卵状披针形，长 4.5 ～ 5mm，覆瓦状排列于穗轴一侧；第一小花中性；第二小花两性。颖果卵状椭圆形，长约 2mm，花果期 7 ～ 10 月。

植株

【生境】生于旷野、山坡及潮湿处。

【分布】辽宁彰武、西丰、开原、桓仁、大连等市（县）。

【经济价值】可作饲草。

叶正面

叶背面

叶舌

花序一部分

穇属 *Eleusine*

50. 牛筋草

Eleusine indica (L.) Gaertn.

【特征】一年生草本。秆丛生，直立或基部膝曲。叶鞘扁平而具脊；叶舌长约1mm；叶片扁平或内卷。由3至数个穗状花序呈指状排列簇生于秆顶，穗状花序长3～10cm，宽3～5mm；小穗两侧压扁，具3～6花。种子卵形，有明显波状皱纹。花果期6～10月。

【生境】生于路边及荒草地。

【分布】辽宁沈阳、鞍山、大连、朝阳等地。

【经济价值】可作饲草。

植株

叶正面　叶背面　花序
叶舌　小穗

结缕草属 *Zoysia*

51. 结缕草

Zoysia japonica **Steud.**

【特征】多年生草本。具横走根茎。秆直立，高 15 ～ 20cm。叶鞘无毛，叶舌纤毛状，长约 1.5mm；叶片长 2 ～ 2.5cm，宽 2 ～ 4mm，表面疏生柔毛。总状花序穗状，长 2 ～ 4cm，宽 3 ～ 5mm ；小穗柄常弯曲，长可达 5mm ；小穗长 2.5 ～ 3.5mm，宽 1 ～ 1.5mm，卵形，第一颖退化，第二颖质硬，略有光泽，具 1 脉，顶端钝头或渐尖；外稃膜质；雄蕊3；花柱2，柱头帚状。颖果卵形，长1.5～2mm。花果期5～8月。

【生境】生于路边及山坡草地上。

【分布】辽宁绥中、鞍山、丹东、盖州、大连等市（县）。

【经济价值】可作牧草，为优良草坪植物。

植株

叶舌

花序

匍匐茎

科 89 菖蒲科

Acoraceae

菖蒲属 *Acorus*

菖蒲

Acorus calamus L.

植株

【特征】多年生草本，全株有特殊香气。叶基生，2 列，中下部叶鞘套摺，内侧边缘膜质，中脉突起，长剑形，近革质，表面光滑有光泽，先端锐尖。花序柄基出，三棱状，佛焰苞与叶相似；肉穗花序圆柱状，直立或斜生，无柄，黄绿色，密生小花；花两性，花被片 6，长方形，白色，膜质透明，先端平截而内弯；雄蕊 6，花丝扁平，广线形，与花被片对生，花药略超出花被片；子房呈六角状，圆锥形，3 室，花柱极短，胚珠多数。浆果，成熟时红色。花期 5～6 月，果期 6～7 月。

【生境】生于浅水池塘、水沟旁及水湿地。

花

花序

【分布】辽宁丹东、桓仁、抚顺、庄河、岫岩、瓦房店、营口、盘锦、辽阳、沈阳、铁岭等市（县）。

【经济价值】园林绿化常用的水生植物。根状茎含挥发油，入药，具有开窍化瘀、健脾利湿、辟秽杀虫功效。也可作香料。茎叶纤维可作为人造棉或造纸原料。

科 90 香蒲科

Typhaceae

黑三棱属 *Sparganium*

1. 黑三棱

Sparganium stoloniferum **(Buch. -Ham. ex Graebn.) Buch.-Ham. ex Juz.**

【特征】多年生草本，植株粗壮。茎直立。叶线形，叶片具中脉，上部扁平，下部背面呈尖锐的龙骨状突起，或呈三棱形，基部膨大成鞘。圆锥花序开展，具 3 ～ 7 个侧枝，侧枝有多数（7～11）雄性头状花序与 1～2个雌性头状花序，主轴顶端通常具 3 ～ 5 个雄性头状花序或更多，各头状花序之间都有间距。雄头状花序直径约 10mm；雌头状花序花期径 15 ～ 20mm，下部者有梗；雌花的花被片较厚，近棕色，先端暗红色或红黑色，宿存；子房倒披针形、无柄，花柱明显，柱头分叉或否，向上渐尖。每个果序成熟时径约 2.5cm；果实长 6 ～ 9mm，倒圆锥形，有棱无柄，褐色，顶端紧缩与花柱连接，上部常膨大呈冠状，核（内果皮）有 6 ～ 10 条明显的纵肋。花果期 5 ～ 10 月。

【生境】生于水泡子、河流或水沟边及沼泽中。

【分布】辽宁凌源、彰武、康平、新民、辽阳等市（县）。

【经济价值】可用作观赏花卉。块茎入药，即“三棱”，具破瘀、行气、消积、止痛、通经、下乳等功效。

植株

果序

雌、雄头状花序

香蒲属 *Typha*

2. 香蒲

Typha orientalis C. Presl

植株

叶鞘

果穗

【特征】多年生草本。叶鞘抱茎，植株下部的叶鞘向上渐狭，往上部越来越近截形；叶片线形，宽 6 ~ 10mm，比花茎长。穗状花序，圆柱形，雄花序在上，雌花序在下，紧密相接；雄花未开放前具叶状苞片，开花时很快脱落；雄花穗粗 6 ~ 10(11)mm，长约 6cm，通常比雌果穗短，雄花有雄蕊 2 ~ 4 枚，花丝合生，花粉粒单一；雌果穗成熟后长 6 ~ 10(15)cm，粗达 2.5cm，灰棕色，柱头匙形至披针形，暗棕色。花期7月，果期8~9月。

【生境】生于水沟、水泡子及湖边。

【分布】辽宁西丰、沈阳、本溪、辽阳、丹东等市（县）。

【经济价值】观赏植物。花粉即蒲黄，入药。叶片用于编织、造纸等；幼叶基部和根状茎先端可食；果穗中雌蕊柄上的长毛可作枕芯和坐垫的填充物。

3. 水烛

Typha angustifolia L.

【特征】多年生沼生草本。叶线形，宽 4 ~ 10mm，比花茎长，具叶耳；叶鞘边缘离生。穗状花序，深褐色，雄花、雌花穗离生，间隔 (0.5)3 ~ 8(12)cm，雄花穗在上，长 8 ~ 14cm，径 6 ~ 8(10)mm，在未开花时外面有苞片，开花时脱落；雄花具雄蕊 2 ~ 3；雌花序在下，开花时常比雄花穗短约一倍，成熟果穗长 8 ~ (20)cm，径 2 ~ 2.5cm，长为径的 5 ~ 9 倍，暗棕色。瘦果长约 1.3mm。种子光滑。花期 6 月下旬，果期 7 ~ 8 月初。

【生境】生于水边或水泡子中。

【分布】辽宁彰武、抚顺、盘锦等市（县）。

【经济价值】同香蒲。

植株

花序

雌花

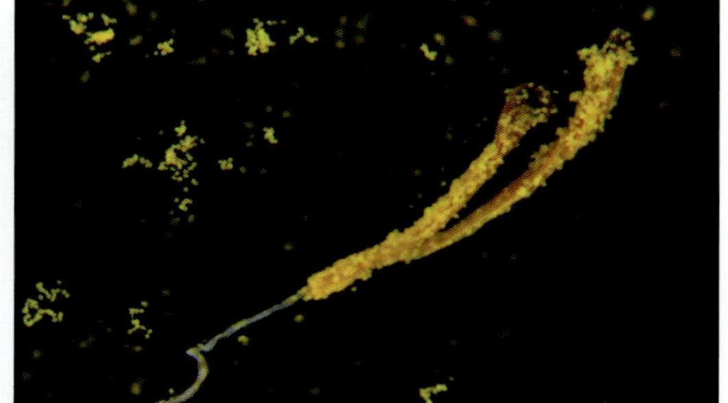
雄花

科 91 莎草科

Cyperaceae

飘拂草属 *Fimbristylis*

1. 长穗飘拂草

Fimbristylis longispica Steud.

【特征】一年生草本，根状茎短。秆丛生，较粗壮，扁平，基部具叶。叶短于秆或与秆近等长，扁平稍内卷，宽 2 ～ 4mm。叶状苞片 2 ～ 3 枚，最下面一个通常比花序长。长侧枝聚伞花序多次复出或简单，有 3 ～ 6 个辐射枝，长 4 ～ 6cm，有多数小穗；小穗单生于辐射枝顶端，狭卵形或狭长圆形，长 7 ～ 10mm，宽 3 ～ 4mm，顶端急尖或钝圆；鳞片宽卵形，具 3 条脉，黄褐色至浅棕色，近膜质，具短尖；雄蕊 3；花柱长约 2mm，扁平，具毛，柱头 2。小坚果倒卵形，双凸状，黄褐色，有光泽，长 1.2 ～ 1.5mm，表面有明显网纹。花果期 8 ～ 9 月。

【生境】生于海边及山坡下湿地。

【分布】辽宁大连等地。

【经济价值】尚无记载。

植株

花序

三棱草属 *Bolboschoenus*

2. 扁秆荆三棱

Bolboschoenus planiculmis (F. Schmidt) T. V. Egorova

【特征】多年生草本。根状茎具地下匍匐枝，其顶端变粗成块茎状，块茎倒卵状或球形。秆单一，较细，三棱形。秆生叶多数，叶片长线形，宽 2 ～ 5mm。苞片叶状，1 ～ 3 枚，比花序长；长侧枝聚伞花序短缩成头状或有时具 1 ～ 2 个短的辐射枝，通常具 1 ～ 6 个小穗；小穗卵形，锈褐色或黄褐色，具多数花；鳞片椭圆形或椭圆状披针形，顶端凹头，微缺刻状撕裂，顶端延伸成芒，芒长约 1mm，稍反曲；下位刚毛 2 ～ 4 条，为小坚果的 1/2，具倒生刺；雄蕊 3；花柱丝状，长 7 ～ 8mm，于上部 1/3 ～ 1/2 处分裂，柱头 2。小坚果倒卵形或广倒卵形，长 3 ～ 3.5mm，两侧扁压，微凹，稍呈白色或淡褐色，有光泽，表面细胞稍大，稍呈六角形，似蜂窝状。

【生境】生于河岸、沼泽等湿地。

【分布】辽宁彰武、葫芦岛、铁岭、沈阳等市（县）。

【经济价值】茎叶造纸、编织用。块茎及根状茎含淀粉，可造酒。块茎药用，有破血、行气、消积、止痛功效。

植株

小穗

蔗草属 *Scirpus*

3. 球穗藨草

Scirpus wichurae Boeckeler

【特征】多年生草本。根状茎粗短。秆丛生状，较粗壮，直立，坚硬，三棱形，有光泽，有 5 ～ 8 节。有秆生叶及基生叶；叶线形，宽 5 ～ 15mm，边缘及背部粗糙。苞片

果序

植株

禾叶状，2～4 枚，通常短于花序；多次复出长侧枝聚伞花序大形，顶生，具多数辐射枝，不等长，长 10～20cm，各次辐射枝粗糙，小穗 (1)2～5 个集生，球形或卵形，具多数密生的花，棕色或淡红褐色；鳞片长圆状卵形或三角状卵形，锈色，背部有一淡绿色脉，延伸为短芒，比小坚果长；下位刚毛 6 条，下部卷曲，显著长于小坚果。小坚果倒卵形，扁三棱形，长 0.8～1mm，淡黄色，有喙。柱头 3。花果期 6～9 月。

【生境】生于山坡、草甸及池沼旁。

【分布】辽宁桓仁、丹东等市（县）。

【经济价值】尚无记载。

水葱属 *Schoenoplectus*

4. 水葱

Schoenoplectus tabernaemontani (C. C. Gmel.) Palla

【特征】多年生草本，具短的根状茎。秆高 50～100cm，稍粗，直立，丛生，径 3～5mm，锐三棱形。叶鞘膜质状，无叶片，顶端斜截形，基部者鳞片状，暗褐色。苞片 1 枚，直立向下，三棱状，为秆之延长，长 2～7cm。长侧枝聚伞花序聚缩成头状，假侧生，呈星状放射，具 3～18 个小穗；小穗无柄，长圆柱形或披针形，长 1～1.5cm，宽约 5mm，淡棕褐色；下位刚毛 5～6 条，与小坚果近乎等长，具倒生刺；雄蕊 3，花药线形，长 2mm；花柱长 4mm，柱头 3。小坚果广倒卵形，顶端具小尖，长约 2mm（包括小尖），三棱形，具不明显皱纹，黑褐色。

【生境】生于河岸湿地、草甸或沼泽。

植株

花序

果实

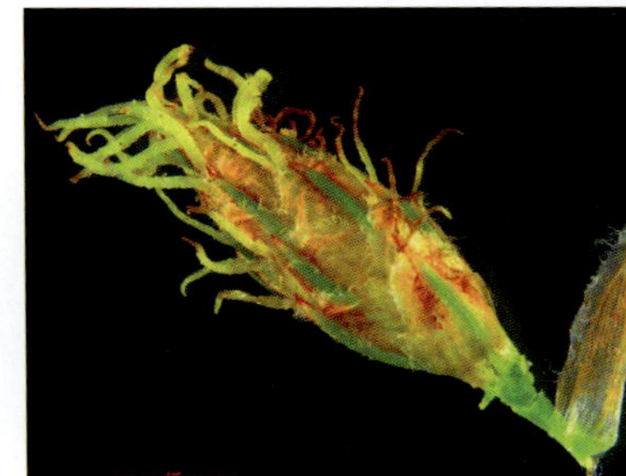
花序一部分放大

【分布】辽宁彰武、新宾、沈阳、大连等市（县）。

【经济价值】茎可供编织、造纸等用。

5. 三棱水葱

Schoenoplectus triqueter (L.) Palla

植株

花序与苞片

【特征】多年生草本。秆直立，粗壮，锐三棱形，基部具 2 ～ 3 个鞘，膜质，最上端叶鞘具叶片。叶片扁平，长 1.5 ～ 6cm，宽 1.5 ～ 2mm。苞片 1 枚，为秆之延长，直立，稍呈三棱形，比花序短或近等长，通常长 3 ～ 5cm。长侧枝聚伞花序简单，有 2 ～ 6 个辐射枝，不等长，三棱形，每辐射枝顶有 1 ～ 8 个簇生小穗，有时无辐射枝则小穗呈头状簇生；小穗多花密生；鳞片长圆形或椭圆形，膜质，锈褐色，顶端凹缺，背部具 1 条中肋，延伸至顶端成短尖；下位刚毛通常 3 ～ 5 条，具倒生刺；雄蕊 3，柱头 2。小坚果倒卵形或广倒卵形，平凸状或双凸状，长 2 ～ 3mm，成熟时褐色有光泽。花果期 6 ～ 9 月。

【生境】生于河岸湿地及沼泽地。

【分布】辽宁阜新、凌源、建平、沈阳、大连等市（县）。

【经济价值】茎为造纸、人造纤维、编织的原料。

莎草属 *Cyperus*

6. 具芒碎米莎草

Cyperus microiria Steud.

植株

果穗

【特征】一年生，具须根。秆丛生，扁三棱形，基部具叶。叶鞘淡褐色，膜质，疏松抱茎；叶片线形，短于秆，宽 2 ～ 5mm。苞片叶状，3 ～ 4 枚，开展，显著比花序长；长侧枝聚伞花序复出或多次复出，具 4 ～ 7 个辐射枝，长者可达 13cm，每辐射枝顶具 3 ～ 6 个穗状花序，穗状花序卵形或三角形，长 2 ～ 4cm，具多数小穗；小穗线形或线状披针形，长 7 ～ 15mm，宽约 1.5mm，有 8 ～ 24 花；小穗轴直，具明显的翼；鳞片膜质，疏松排列，倒卵形或近椭圆形，淡黄色，略带赤褐色，顶具明显的小尖头，长约 1.5mm，上部边缘白色膜质状；雄蕊 3；柱头 3。小坚果倒卵形，三棱形，黑褐色，有光泽，长约 1.3mm，具密细点。花果期 8 ～ 10 月。

【生境】生于河岸边、路旁或草原湿处。

【分布】辽宁锦州、鞍山、沈阳、大连等地。

【经济价值】可作饲草。

7. 扁穗莎草

Cyperus compressus L.

植株

花序

【特征】一年生草本。秆丛生，扁三棱形。叶线形，宽 1.5 ～ 3mm，折合或扁平，灰绿色。苞片 3 ～ 5 枚，叶状，长于花序；长侧枝聚伞花序简单，常具 1 ～ 5 个辐射枝，长达 5cm；小穗密集，线形，长 1 ～ 2.5cm，宽 2.5 ～ 3mm，扁平，淡绿色，稍有光泽；鳞片广卵形，顶端稍钝，具向外弯曲的短尖，长 3 ～ 3.5mm；雄蕊 3；花柱长，柱头3。小坚果广倒卵形，三棱，长约1mm，有光泽，具细点。花果期7～10月。

【生境】生于河岸湿地及空旷的田野。

【分布】辽宁丹东等地。

【经济价值】可作饲草。

8. 阿穆尔莎草

Cyperus amuricus Maxim.

植株

花序

【特征】一年生，具须根。秆丛生，高 5 ～ 50cm，三棱形，平滑、纤弱，基部具叶。叶鞘淡紫红色；叶片线形，开展，短于秆，宽 2 ～ 4mm。苞片叶状，3 ～ 5 枚，开展，比花序长；长侧枝聚伞花序简单，具 2 ～ 5(10) 个辐射枝，不等长，长者可达 12cm，每辐射枝着生 6～15(20) 个小穗；小穗轴明显，具狭翼；小穗线形，排列较疏松，长 5～15mm，宽约 2mm，扁平，顶端急尖，有 8～20 花；鳞片倒卵形，紫红色或褐红色，有光泽，顶端渐尖，具明显向外弯曲的小尖头，长约 2mm；雄蕊 3。小坚果倒卵形或长圆形，三棱形，褐色，顶端钝。花柱短，柱头3。花果期7～10月。

【生境】生于田间、山坡、路旁湿地。

【分布】辽宁铁岭、抚顺、本溪、凤城、庄河等地。

【经济价值】可作饲草。

9. 头状穗莎草

Cyperus glomeratus L.

植株

叶

花序

【特征】一年生草本。秆散生，粗壮，三棱形。叶鞘褐色；叶片线形，通常短于秆，宽 3～8mm，边缘不粗糙。苞片叶状，3～5 枚，比花序长得多，宽达 10mm；长侧枝聚伞花序复出，具 3～9 个不等长的辐射枝，长者可达 12cm，具多数小穗呈长圆形或卵形穗状花序，稀辐射枝简化而呈头状；小穗线状披针形，近直立，后开展，几扁平，具 8～20 花；小穗轴具翼；鳞片排列稍疏松，膜质，近长圆形，淡棕褐色或淡棕色，具一条隆起的中肋；雄蕊 3。小坚果长圆形，三棱形，灰褐色，长约 1mm，具细点。花柱长，柱头 3。花果期 6～10 月。

【生境】生于草甸、河岸、稻田中。

【分布】辽宁凌源、彰武、葫芦岛、沈阳、本溪、大连等市（县）。

【经济价值】药用，镇咳、祛痰。

植株

茎

花序

10. 白鳞莎草

Cyperus nipponicus Franch. et Sav.

【特征】一年生草本。秆丛生，三棱形，基部稍膨大。叶片线形，短于秆或近等长，平展，宽 1～2.5mm。苞片叶状，3～5 枚，比花序长数倍；长侧枝聚伞花序短缩成头状或球形，极少有 1～2 个辐射枝；小穗多数密生，稍扁平，披针形或狭卵形，淡绿色；鳞片密，广卵形，薄膜质，长 1.7～2mm，顶端有小尖头，背面中脉处绿色，两侧白色透明膜质状，具多数脉；雄蕊 2。小坚果长圆形或椭圆形，平凸状或有时近于凹凸状，淡褐色，长不及 1mm。花柱长，柱头 2。花果期 8 ～ 10 月。

【生境】生于田野、湿地及河岸沙地。

【分布】辽宁沈阳、本溪等地。

【经济价值】可作饲草。

扁莎属 *Pycreus*

11. 球穗扁莎

Pycreus flavidus (Retz.) T. Koyama

植株

花序

【特征】多年生草本，根状茎短，具须根。秆细，叶片线形，比秆短，宽 1 ～ 2mm。苞片叶状，较花序长；长侧枝聚伞花序简单，具 1 ～ 6 个辐射枝，不等长，每一辐射枝具 2 至多数小穗，小穗宽 1.5 ～ 2.5mm，具多数花，小花雄蕊 2，花药长圆形；柱头 2。小坚果褐色，表面具密的细点，顶端具小尖头。花果期 6 ～ 11 月。

【生境】生于田边、沟边潮湿处及河岸沙地或草甸上。

【分布】辽宁彰武、康平、建平、营口、大连等市（县）。

【经济价值】可作饲草。

薹草属 *Carex*

12. 翼果薹草

Carex neurocarpa Maxim.

植株

【特征】多年生草本。秆丛生，粗壮，扁三棱形。基部叶鞘无叶片；叶片线形，与秆等长或长于秆，质稍硬，稍内卷，宽 2 ～ 4mm。下部苞片叶状，长于花序，上部者刚毛状；穗状花序紧密，尖塔状圆柱形，长 2.5 ～ 5cm；小穗多数，有时下

花序

小穗聚成头状

果囊具翅

方者具分生小穗，聚成头状穗，雄雌顺序，小穗卵形；雌花鳞片卵形至长椭圆形，稍带锈黄色，膜质，具3(5)脉，顶端渐尖，比果囊狭；果囊卵形至长圆状卵形，膜质，锈褐色，具多数凸起的脉，两侧边缘于中部以上具宽而微波状不整齐的翅，基部渐狭为短柄，上部具紫褐色腺点，顶端渐狭为喙，喙具狭的齿状翅，喙口二齿裂；花柱基部不膨大，柱头2。小坚果疏松地包于果囊中，椭圆形，平凸状，基部具短柄。花果期5～7月。

【生境】生于草甸及水边湿地。

【分布】辽宁锦州、沈阳、庄河、长海等市（县）。

【经济价值】可作饲草。

13. 假尖嘴薹草

Carex laevissima Nakai

植株

【特征】多年生草本。秆丛生，三棱形。基部叶鞘无叶片，灰褐色，上部叶鞘甚长，膜质部分紧密抱茎，具皱纹，顶端有半月状突起；叶片线形，扁平，短于秆，宽1～3mm，边缘粗糙。苞片不明显，近似鳞片状，顶端呈短刚毛状，通常短于小穗；小穗卵形，多数，雄雌顺序，下方者有时具分生小穗聚集成头状穗，构成柱状穗状花序；雌花鳞片卵形，褐色，边缘白色膜质状，顶端渐尖，长约3mm；果囊狭卵形，平凸状，长3～3.5mm，顶端渐狭为喙，喙微粗糙，喙口二齿裂。小坚果疏松地包于果囊中，椭圆形，平凸状，长1～1.2mm，基部具短柄。花柱基部不膨大，柱头2。花果期5～7月。

【生境】生于草甸及林缘草地。

【分布】辽宁开原、鞍山等地。

【经济价值】尚无记载。

茎叶

花序

花序部分放大

14. 卵果薹草

Carex maackii Maxim.

【特征】多年生草本。秆丛生，直立，三棱形，基部具淡褐色叶鞘。叶片线形，短于秆，宽3～4mm。苞片鳞片状；小穗雌雄顺序，卵形或球形，花密生，集生成长圆形穗状花序，花序长3～8cm，小穗长5～6mm；雌花鳞片卵形至卵状披针形，中间绿色，两侧锈色，具龙骨状突起的中肋；果囊卵形至卵状披针形，平凸状，膜质，淡黄绿色，边缘具狭翅，上部具疏锯齿，顶端具喙，喙口二齿裂，果囊长3～4mm。花柱基部稍膨大，柱头2。小坚果卵状长圆形至长圆形，双凸状，长1.5～1.7mm，基部具短柄，顶端近圆形。花果期5～7月。

植株

花序

【生境】生于湿地及水边。

【分布】辽宁沈阳、抚顺、丹东等地。

【经济价值】可作饲草。

15. 低矮薹草

Carex humilis Leyss.

【特征】多年生草本。秆紧密丛生，高2～5cm，稀有达10cm。平滑，斜升或直立。基部叶鞘红褐色或紫褐色，细裂成纤维状宿存；叶片线形，长于秆很多倍，宽1～1.5mm，扁平或稍内卷，被疏毛。苞片鞘状，长8～15mm，边缘宽膜质为白色，中部褐锈色，顶端具芒。小穗2～3个；顶生者为雄小穗，明显高于雌小穗，具柄，具多数花，雄花鳞片披针形，红褐色，边缘白色宽膜质状；侧生者为雌小穗，具2～4花，常包于鞘中，雌花鳞片卵形，基部抱茎状，锈褐色，中部具禾黄色的中肋，两侧边缘白色膜质状，顶端尖；果囊倒卵形，三棱形，黄绿色，被短柔毛，基部渐狭为柄状，顶端急缩为短喙，喙向背侧

根系

植株

小穗放大

弯，喙口近全缘，带紫红色。小坚果紧密地包于果囊中。花柱基部稍膨大，向背侧弯，柱头3。花果期4～5月。

【生境】生于山坡及林下。

【分布】辽宁丹东、大连等地。

【经济价值】可作饲草。

16. 寸草

Carex duriuscula C. A. Mey.

植株

【特征】多年生草本。植株呈束状疏松丛生。基部叶鞘有光泽，锈褐色，稍细裂成纤维状；叶片线形，短于杆，宽1.5～2mm，扁平，边缘稍内卷。小穗尖塔状卵形，4～8个组成长圆状卵形的穗状花序，淡白色；雌花鳞片椭圆形或卵形，中部锈褐色，具极宽的白色膜质边缘，长3～4mm；果囊革质，椭圆形或卵形，平凸状，锈褐色，顶端骤尖为喙，喙较短，微粗糙，喙口膜质状，白色，背侧深裂，腹侧全缘，成熟后由于膜质部分易开裂，常为三齿裂。小坚果稍紧密地包于果囊中，卵形或椭圆形，双凸状，锈褐色。花柱柱头2。花果期5～7月。

【生境】生于田边、干山坡、草原。

【分布】辽宁彰武、昌图、建昌、沈阳、凤城、鞍山、盖州、大连等市（县）。

【经济价值】可用作草坪地被植物，亦可作牧草。

茎叶

花穗

果穗

科 92 兰科

Orchidaceae

羊耳蒜属 *Liparis*

1. 曲唇羊耳蒜

Liparis kumokiri **F. Maek.**

【特征】陆生兰，高 10 ～ 15cm。假鳞茎卵状球形。基生叶 2 枚，椭圆形，长 5 ～ 10cm，宽 2.5 ～ 5cm，基部收缩，广楔形，抱茎，边缘细波状，表面不具网状脉。花序总状，5 ～ 15 花，花淡绿色；苞片卵状三角形，长 1 ～ 1.5mm；萼片狭长椭圆形，长 6 ～ 7mm，先端钝；侧花瓣狭线形，与萼片同长，先端钝，唇瓣楔状倒卵形，长 5 ～ 6mm，反折，中央有浅沟；蕊柱长 3mm，具棱，上端具狭翼。花果期 6 ～ 8 月。

【生境】生于林下、林缘腐殖质深厚地方。

【分布】辽宁鞍山、本溪、西丰、桓仁等市（县）。

【经济价值】尚无记载。

植株

花

假鳞茎

绶草属 *Spiranthes*

2. 绶草

Spiranthes sinensis **(Pers.) Ames**

【特征】陆生草本，高 15 ～ 40cm。根数条簇生，指状，肉质。茎直立，纤细。基生叶 2 ～ 4，线形或线状披针形；茎生叶通常 2，互生，基部成鞘状抱茎。总状花序具多数密生的花，似穗状，呈螺旋状扭转，花序轴被腺毛；苞片卵状披针形，较子房长；花小，粉红色或紫红色；背萼片狭椭圆形或卵状披针形，具 1 ～ 3 脉，侧萼片披针形，与背萼片近等长，较狭；侧花瓣狭长圆形，与背萼片近等长，并与背萼片靠合成盔状，唇瓣白色，长圆状卵形，略内卷呈舟状，与萼片近等长，中间以上具皱波状齿；蕊柱长 2 ～ 3mm；子房卵形，扭转，长 4 ～ 5mm，被腺毛。蒴果具 3 棱，长 5 ～ 7mm。花期 6 ～ 8 月，果期 8 ～ 9 月。

【生境】生于林缘、稍湿草地、林下。

【分布】辽宁北镇、沈阳、大连、朝阳等地。

【经济价值】国家二级保护植物，药用、观赏价值高。

植株

茎与叶

花序

根

参 考 文 献

白国申，尹海波，康廷国，等．2005. 野西瓜苗的生药鉴定研究 [J]. 中医药学刊，23（11）：2081-2083.
白柳，崔媛媛，刘倬彤，等．2021. 放牧对荒漠草原优势植物叶片养分含量和化学计量特征的影响 [J]. 畜牧与饲料科学，42（6）：56-62.
卞云云，管佳，毕志明，等．2008. 蒙古黄芪的化学成分研究 [J]. 中国药学杂志，41（16）：1217-1221.
蔡玉华，刘梁，韩丁献，等．2005. 三叶委陵菜根化学成分的研究 [J]. 武汉理工大学学报，27（9）：32-33，63.
曹艳萍．2005. 植物墓头回中总皂甙的提取与含量测定 [J]. 化学研究与应用，（4）：529-530.
陈惠清，张瑞贤，黄璐琦，等．2000. 藏药蕨麻的文献考察 [J]. 中国中药杂志，25（5）：311-312.
陈文华，谭会颖，邴帅，等．2018. 传统炮制工艺对热河黄精多糖含量的影响 [J]. 时珍国医国药，29,（12）：2940-2942.
陈叶，梁军，罗光宏．2008. 水土保持植物地梢瓜驯化研究初探 [J]. 林业实用技术，（2）：35-36.
陈毅，王海丽，薛露，等．2017. 茜草的研究进展 [J]. 中草药，48（13）：2771-2779.
陈月红．2008. 金盏银盘化学成分与抗氧化活性的研究 [D]. 济南：山东中医药大学．
池少铃，庄元春，税丕先．2009. 中药材扯根菜的研究进展 [J]. 辽宁中医药大学学报，11（5）：61-64.
崔凯峰，徐铭．2007. 长白山的野生花卉：小巧如意球序韭 [J]. 中国花卉盆景，（7）：6-7.
崔兆庆，龚玉新，侯玉霞．2015. 密毛白莲蒿富集铅的分子机制 [J]. 中国奶牛，（5）：1-4.
丁宝章，王遂义．1988. 河南植物志 [M]. 郑州：河南科学技术出版社．
丁曼旎．2015.《中华本草》艾叶条目下 7 种植物的形态学与化学成分比较研究 [J]. 吉林中医药,35,（5）：515-517.
丁培俊．1996. 野生优良牧草：歪头菜 [J]. 中国草地，（2）：78.
董广民．2016. 柳叶蒿栽培管理技术 [J]. 防护林科技，（5）：126-127.
董建勇，贾忠建．2005. 赶山鞭中黄酮类化学成分研究 [J]. 中国药学杂志，40（12）：897-899.
董萌，赵运林，雷存喜，等．2013. 洞庭湖湿地 Cd 富集植物蒌蒿（*Artemisia selengensis*）的耐性生理机制研究 [J]. 生态毒理学报，8（1）：111-120.
董政起，王威，徐伟强．2014. 土庄绣线菊五环三萜类化学成分（Ⅱ）[J]. 中国实验方剂学杂志，20（5）：93-97.
范高华，张金伟，黄迎新，等．2018. 种群密度对大果虫实形态特征与异速生长的影响 [J]. 生态学报，38（11）：3931-3942.
范可章，杨家新，王荣，等．2013. 贼小豆基本生物学特性及其饲用价值探索：与赤小豆和家绿豆比较研究．广西植物，33（3）：410-415，420.
封锡志．2001. 抱茎苦荬菜的化学成分和生物活性的研究 [D]. 沈阳：沈阳药科大学．
冯锋，柳文媛，陈优生，等．2003. 吉林乌头的化学成分研究 [J]. 中国药科大学学报，34（1）：17-20.
付婷婷，伍钧，漆辉，等．2011. 氮肥形态对日本毛连菜生长及 Pb 累积特性的影响 [J]. 水土保持学报，25（4）：257-260.

付小梅，孙艳朝，刘婧，等 . 2014. 蒙古苍耳子和苍耳子的抗炎镇痛作用比较 [J]. 医药导报，33 (5): 555-557.
付焱，郭毅，张嫡群，等 . 2006. 欧亚旋覆花中多糖的苯酚 - 硫酸法测定 [J]. 中草药，(4): 544-546.
付月玲，崔志远 . 2011. 石胡荽治疗坐骨神经痛 [J]. 按摩与康复医学 (中旬刊)，2 (5): 184.
附属医院理疗科 . 1976. 头状穗莎草直流电导入治疗气管炎等疾病 104 例疗效观察 [J]. 河南中医学院学报，(4): 25-27.
傅沛云 . 1995. 东北植物检索表 [M]. 北京：科学出版社 .
高权荣，乔俊缠，渠弼 . 2002. 蒙药歪头菜总黄酮含量测定 [J]. 中国民族医药杂志，8 (2): 35.
关洪斌，王晓兰，吴昊 . 2011. 砂引草对滨海盐渍沙质土壤改良作用的研究 [J]. 资源开发与市场，27 (7): 651-654，669.
桂炳中，陈东青，高惠茹 . 2015. 华北地区三裂绣线菊栽培养护 [J]. 中国花卉园艺，(14): 44-45.
郭宝林，肖培根，杨世林 . 1995. 中国珍珠菜属植物药用种类和研究概况 [J]. 国外医药• 植物药分册，10 (4): 159-162.
郭佳生，王素贤，李铣，等 . 1987. 鼠掌老鹳草抗菌活性成分的研究 [J]. 药学学报，22 (1): 28-32.
郭瑞，郭少波，王海凤，等 . 2019. 青杞果实化学成分研究 [J]. 中医药信息，36，(5): 1-4.
国家药典委员会 . 2010. 中华人民共和国药典 [M]. 北京：中国医药科技出版社 .
国家中医药管理局《中华本草》编委会 . 1999. 中药本草 [M]. 上海：上海科学技术出版社 .
韩广轩，王立新，张卫东，等 . 2001. 中药老鹳草的研究概况 [J]. 19 (1): 31-38.
韩华，闫雪莹，匡海学，等 . 2008. 接骨木的研究进展 [J]. 中医药信息，(6): 14-16.
韩荣春，白增华 . 2009. 石沙参多糖提取工艺优选及含量测定 [J]. 山西中医学院学报，10，(1): 25-27.
何述敏，李敏，吴众，等 . 2002. 扯根菜的研究进展 [J]. 中草药，33 (6): 附 5-6.
红霞 . 2018. 蒙药材返顾马先蒿的生药鉴定 [J]. 中国民族医药杂志，24，(4): 34-35.
侯海燕，陈立，董俊兴 . 2006. 紫菀化学成分及药理活性研究进展 [J]. 中国药学杂志，(3): 161-163.
胡开峰，阿不都拉• 阿巴斯 . 2007. 分光光度法测定野西瓜苗中总黄酮的含量 [J]. 食品科技，32 (9): 221-223.
扈颖慧 . 2015. 蒙药达乌里芯芭根部化学成分的研究 [D]. 呼和浩特：内蒙古大学 .
黄淑萍，杜桂娟，马凤江，等 . 2012. 蛇莓委陵菜在园林绿化中的应用 [J]. 园艺与种苗，47-48，51.
黄顺福，吕惠子，李玉 . 2006. 山牛蒡中微量元素和维生素测定 [J]. 微量元素与健康研究，(2): 21-22.
黄泰康，丁志遵 . 1979. 现代本草纲目 [M]. 北京：中国医药科技出版社 .
霍碧姗，秦民坚 . 2008. 苦苣菜属植物化学成分与药理作用 [J]. 国外医药 (植物药分册)，23 (5): 203-208.
季彬，宋佳新，赵允凤，等 . 2014. HPLC-RID 法测定腺梗豨莶药材中豨莶精醇等 4 种化合物的含量 [J]. 沈阳药科大学学报，31 (5): 379-383.
江苏新医学院 . 1997. 中药大辞典 [M]. 上海：上海人民出版社 .
姜颖 . 2015. 朝鲜槐化学成分的研究 [D]. 长春：吉林大学药学院 .
蒋金和，邓雪琳，王利勤，等 . 2008. 东风菜化学成分及药理活性研究进展 [J]. 中成药，(10): 1517-1520.
焦淑萍，杨春玫，初秋，等 . 2005. 山刺玫果降血脂、抗氧化及保护血管内皮功能的实验研究 [J]. 北华大学学报 (自然科学版)，6 (3): 228-230.
孔祥义，赵亚会，魏云洁，等 . 2009. 关苍术主要病害的综合防治 [J]. 特种经济动植物，12 (10): 47-48.
匡海学，张鹏，杨炳友，等 . 1999. 东风菜根生物活性成分的研究 [J]. 中医药学报，(2): 53-54.
李德坤，李静，李平亚，等 . 2000. 木贼科植物研究概况Ⅱ . 药理活性 [J]. 中草药，31 (8): 附 7-9.

李庚飞．2012. 不同植物对矿区土壤重金属的吸收 [J]. 东北林业大学学报，40 (9)：63-66.
李海源，范红艳．2018. 蒲公英的药理作用研究进展 [J]. 中国高新区，(7)：189，191.
李佳，陈玉婷．2001. 夏至草文献考证 [J]. 中华医史杂志，31 (2)：113-114.
李曼玲，范莉，冯伟红，等．2002. 苍术的化学药理研究进展 [J]. 中国中医药信息杂志，(11)：79-82.
李森，袁晓娜，侯非凡，等．2015. 华北耧斗菜 (*Aquilegia yabeana* Kitag.) 的引种驯化及耐旱性评价 [J]. 河北农业大学学报，38 (2)：48-52，71.
李书心．1992. 辽宁植物志 [M]. 沈阳：辽宁科学技术出版社．
李素美，徐萌，周爱琴，等．2020. 野生山韭引种栽培及营养成分分析 [J]. 江苏农业科学，48 (19)：156-159.
李孝栋，吴立军，减晓燕，等．2002. 东北珍珠梅化学成分的研究 [J]. 中国中药杂志，27 (11)：841.
李祖光，曹慧，刘力，等．2006. 紫丁香鲜花香气化学成分的研究 [J]. 浙江林学院学报，23 (2)：159-162.
栗利元，张未芳．2011. 细叶韭调味品的产业化初探 [J]. 黑龙江农业科学，(9)：104-106.
刘涵，王振恒，曾家豫，等．2006. 龙蒿脂肪酸成分研究 [J]. 草业科学，(2)：31-33.
刘浩．2010. 毛榛的开发利用 [J]. 农产品加工，(1)：24-25.
刘慧娟，刘果厚，李桂英，等．2013. 柴油植物毛榛种仁油性质分析 [J]. 中国粮油学报，28 (11)：41-45.
刘杰，刘芳．2019. 女娄菜的开发利用价值与路径探索 [J]. 中国果菜，39 (2)：59-61.
刘娟，周勤梅，彭成，等．2015. 细叶益母草化学成分及其抗血小板聚集活性的研究 [J]. 中成药，37 (11)：2439-2442.
刘珂，Roeder E. 1996. 大花千里光中吡咯里西啶生物碱的分离与鉴定 [J]. 中草药，(4)：203-205.
刘梁，韩定献，周军，等．2006. 三叶委陵菜根中三萜类化合物抗病毒作用研究 [J]. 时珍国医国药，17 (8)：1484-1485.
刘玲玲，孙彤彤，陈小强，等．2021. 林生茜草果实花青素纯化及稳定性分析 [J]. 精细化工，38 (2)：341-349，357.
刘秀芬，丁美玲，张朝凤，等．2015. 潮风草中非 C21 甾体类化学成分研究 [J]. 药学与临床研究，(2)：123-126.
刘志明，王海英，刘姗姗．2011. 小蓬草精油的挥发性组分比较分析 [J]. 江苏农业科学，(1)：365-367.
刘治民，杨建龙，邢潇，等．2017. 吉林省山刺玫药用情况及资源调查研究 [J]. 中药材，40 (7)：1558-1562.
卢艳花，戴岳，王峥涛，等．1999. 紫菀祛痰镇咳作用及其有效部位和有效成分 [J]. 中草药，(5)：360-362.
卢艳花，王峥涛，徐珞珊，等．2002. 紫菀中的多元酚类化合物 [J]. 中草药，(1)：19-20.
路朋．2010. 丝毛飞廉种子中总黄酮的提取及对肝损伤保护作用的研究 [D]. 西宁：青海师范大学．
罗礼，张伟，楚建杰，等．2021. 歪头菜黄酮类化学成分研究 [J]. 中南药学，19 (12)：2507-2510.
罗于洋，王树森，闫洁，等．2010. 土壤铅污染对密毛白莲蒿茎叶解剖结构影响的研究 [J]. 水土保持通报，30 (3)：182-185.
罗于洋，赵磊，王树森．2010. 铅超富集植物密毛白莲蒿对铅的富集特性研究 [J]. 西北林学院学报，25 (5)：37-40.
马蓓蓓，辛华．2011. 莓叶委陵菜营养成分和微量元素的测定和分析 [J]. 中国野生植物资源，30 (2)：54-56.
马露，田程飘，李云志，等．2019. 多花筋骨草提取物抗氧化活性研究 [J]. 辽宁中医药大学学报，21 (7)：53-56.

马瑛，温少珍 . 2002. 翻白草治疗Ⅱ型糖尿病 50 例疗效观察 [J]. 中草药，33（7）：664.
孟青，冯毅凡，郭晓玲，等 . 2004. 苍术有效部位化学成分的研究 [J]. 中草药，（2）：26-27.
孟宇，谢国勇，石璐，等 . 2017. 马蔺化学成分和药理活性研究进展 [J]. 中国野生植物资源，36（3）：42-49.
内蒙古自治区卫生厅 . 1987. 内蒙古蒙药材标准 [M]. 赤峰：内蒙古科学技术出版社：469-470.
聂利月 . 2010. 线叶旋覆花的活性成分研究 [D]. 上海：上海交通大学 .
牛凤兰，李晨旭，董威严，等 . 2001. 菱壳水提物对胃癌细胞抑制作用的实验研究 [J]. 白求恩医科大学学报，27（5）：495-497.
牛凤兰，尹建元，董威严，等 . 2005. 菱角中抗肿瘤活性成分的分离、提纯及结构鉴定 [J]. 高等学校化学学报，26（5）：852-855.
潘静娴，戴锡玲，陆勐俊 . 2006. 蒌蒿重金属富集特征与食用安全性研究 [J]. 中国蔬菜，（1）：6-8.
潘侠 . 2005. 经济植物茶条槭的开发利用及其展望 [J]. 防护林科技，（4）：71-72.
齐建红 . 2013. 野鸢尾植物的生物学特征及化学成分研究进展 [J]. 陕西农业科学，59（2）：121-123.
青海省生物研究所，同仁县隆务诊疗所 . 1972. 青藏高原药物图鉴 [M]. 西宁：青海人民出版社 .
清风 . 2002. 和尚菜中的乙炔和单萜糖苷 [J]. 国外医学（中医中药分册），（5）：306.
全国中草药汇编编写组 . 1991. 全国中草药汇编 [M]. 北京：人民卫生出版社 .
冉先德 . 1993. 中华药海 [M]. 哈尔滨：哈尔滨出版社 .
任荣，柴军红，金志民，等 . 2011. 狼爪瓦松全草粗提物体外抑菌作用研究 [J]. 安徽农业科学，39（14）：8353-8354，8356.
邵景文，迟德富，孙凡，等 . 1997. 筋骨草提取液对几种鳞翅目幼虫的杀虫效果 [J]. 东北林业大学学报，（5）：88-91.
石建功，贾忠建，李瑜 . 1991. 风毛菊化学成分研究（Ⅰ）[J]. 高等学校化学学报，（7）：906-909.
石乐鸣，刘忠华，田春林，等 . 2000. 全叶马兰平喘作用实验研究 [J]. 中国特色医药杂志，2（5）：71.
石梦菲 . 2015. 菊叶香藜精油的提取、成分分析及抑菌活性研究 [D]. 拉萨：西藏大学 .
石钺，王慧丽 . 1997. 黄花铁线莲化学成分研究 [J]. 中草药，28（6）：329-330.
宋立人 . 1999. 中华本草 [M]. 上海：上海科学技术出版社 .
苏日娜，贾崎，牧丹，等 . 2019. 蒙药材小黄紫堇的生药学鉴别和质量标准研究 [J]. 环球中医药，12（4）：484-486.
苏艳芳，杨媛，范伟，等 . 2006. 花木蓝茎和叶化学成分研究 [J]. 中草药，37（12）：1775-1777.
苏云明，杨延秀，孙茂才，等 . 1983. 草问荆药理作用研究 [J]. 中医药学报，（2）：44-48.
孙江，刘新波 . 2000. 窄叶蓝盆花的栽培研究 [J]. 北方园艺，（4）：66.
孙墨溪，金洪，孙雯，等 . 2012. 菊叶委陵菜种子萌发对温度、水分和氮肥的响应[J]. 中国草地学报，34（2）：116-120.
孙启忠，赵淑芬，韩建国，等 . 2007. 尖叶胡枝子营养成分研究 [J]. 草地学报，15（4）：335-343.
孙守琢 . 1995. 野生牧草艾蒿的栽培与饲用 [J]. 中国畜牧杂志，（3）：42.
孙小从，王松山，王爱莲 . 1993. 鬼针草治疗大量血性胸水 1 例 . 河南中医，13（5）：229.
田宗林，曾继娟，王娅丽，等. 2021. 入侵植物黄花刺茄在宁夏的分布及风险评估[J]. 宁夏农林科技，62（8）：61-64.
汪诗平，李永宏，王艳芬，等 . 2001. 不同放牧率对内蒙古冷蒿草原植物多样性的影响 [J]. 植物学报，（1）：89-96.
王丹丹，刘盛泉，陈英杰，等 . 1982. 紫丁香有效成分的研究 [J]. 药学学报，17（12）：951-953.
王德梅 . 2015. 野生莓叶委陵菜与野生三叶委陵菜在安徽地区的驯化栽培与繁殖应用 [J]. 现代农业科技，（14）：180-181.

王玎，陈刚，乔莉，等．2007. 地梢瓜果实化学成分的研究 [J]. 中国药物化学杂志，12（2）：101-103.

王寒，原忠．2009. 地榆中三萜类成分的研究 [J]. 中国药物化学杂志，19（1）：52-54，62.

王锦军．2008. 蒙古药用植物草地风毛菊对离体灌注大鼠肝的利胆效应 [J]. 国外医药（植物药分册），（1）：31-32.

王丽敏，刘娟，刘蕾，等．2002. 鼠掌老鹳草抗炎镇痛作用研究 [J]. 黑龙江医药科学，25（5）：13.

王隶书，王海生，高军，等．2010. 山刺玫不同药用部位中总黄酮的含量测定 [J]. 中国实验方剂学杂志，16（10）：56-58.

王娜，王奇志．2011. 费菜的临床应用及其研究进展 [J]. 北方园艺，（23）：171-174.

王秋波，杜正峰，李国富，等．1996. 优质野生饲草：两型豆 [J]. 黑龙江畜牧兽医，（5）：14.

王秋红，刘玉婕，吕邵娃，等．2011. 线叶菊抗菌作用研究 [J]. 中国实验方剂学杂志，17（22）：141-145.

王冉冉，张琪，徐凌川，等．2014. 翅果菊属植物化学成分研究概述 [J]. 山东中医药大学学报，38（6）：585-586，598.

王桃云，刘佳，郭伟强，等．2013. 灰绿藜叶总黄酮提取及抗氧化活性 [J]. 精细化工，30（5）：518-523，560.

王相崴．2015. 大花千里光营养体结构及耐旱适应意义探讨 [J]. 黑龙江畜牧兽医，（3）：124-125，236.

王晓飞，王晓静．2006. 中华苦荬菜研究进展 [J]. 齐鲁药事，（4）：238-239.

王晓琴，周成江，张娜，等．2011. 野艾蒿化学成分研究 [J]. 中药材，34（2）：234-236.

王新芳，董岩，孔春燕．2006. 艾蒿的化学成分及药理作用研究进展 [J]. 时珍国医国药，（2）：174-175.

王学锋，姚远鹰，郑立庆．2010. EDTA 辅助小藜修复 Pb 及 Pb-Cd 复合污染土壤的研究 [J]. 农业环境科学学报，29（2）：288-292.

王尊，徐惠风．2008. 水湿柳叶菜光合日变化及其同化量的研究 [J]. 今日科苑，（24）：152.

韦美丽，崔秀明，陈中坚，等．2005. 黄花蒿栽培研究进展 [J]. 现代中药研究与实践，（5）：60-64.

魏建兵，梁兵，侯永侠，等．2020. 山蒿根系抗旱性能及其生态修复应用潜力初探 [J]. 环境生态学，2（10）：76-80.

魏建兵，孙晓倩，侯永侠，等．2019. 山蒿生物学特征及其生态保护应用价值潜力初探 [J]. 环境生态学，1（3）：10-14.

温学森，任正伟，王子伟．2008. 瓦松药用历史及存在问题 [J]. 中药材，31（1）：158-161.

乌兰．2004. 柳叶蒿的食用价值及栽培技术 [J]. 中国林副特产，（1）：21.

吴成善．1994. 石胡荽的临床应用 [J]. 中国民间疗法，（3）：22-23.

吴崇明，屠呦呦．1985. 白莲蒿化学成分研究 [J]. 植物学通报，（3）：34-37.

吴洪新，魏孝义，冯世秀，等．2009. 尖叶胡枝子黄酮类化学成分的研究 [J]. 西北植物学报，29（9）：1904-1908.

吴秋月，齐洁，李默影，等．2012. 牻牛儿苗的化学成分研究 [J]. 中医药学报，40（1）：76-78.

武生芳，罗素琴，刘乐乐，等．2007. 蒙药多叶棘豆的研究进展 [J]. 内蒙古医学院学报，29（4）：264-265，267.

肖艳华，李彦超，帅维，等．2013. 荩草的化学成分 [J]. 武汉工程大学学报，35（2）：28-31.

肖云峰，李文妍，张媛彦，等．2019. 蒙药材返顾马先蒿的质量标准研究 [J]. 中华中医药杂志，34，（2）：791-795.

谢晓燕，贡济宇，王立岩，等．2009. 山刺玫根的化学成分研究 [J]. 时珍国医国药，20（2）：366-367.

新图亚．2016. 蒙药材硬毛棘豆的概述 [J]. 中国民族医药杂志，（10）：73-74.

徐华伟，张仁陟，谢永．2009. 铅锌矿区先锋植物野艾蒿对重金属的吸收与富集特征 [J]. 农业环境科学学报，28 (6)：1136-1141.

徐庆荣，吕世杰，石乐鸣，等．1991. 全叶马兰对中枢神经系统的抑制作用 [J]. 中药材杂志，14 (7)：41.

徐庆荣，张保功，刘娟，等．2002. 全叶马兰的抗炎镇痛作用研究 [J]. 中国现代应用药学杂志，19(3)：200-201.

许凤清，刘金旗，刘丛彬，等．2015. 腺梗豨莶草乙酸乙酯部位化学成分的研究 [J]. 中成药，37(11)：2451-2454.

许志，高秀芝，田景奎，等．2002. 豨莶草化学及药理研究进展 [J]. 中医药研究，18 (2)：61-62.

阳丽华．2010. 苘麻茎叶生药学及其抗炎镇痛有效部位的研究 [D]. 哈尔滨：黑龙江中医药大学．

杨波，赵萍，许春晖，等．2008. 巴天酸模籽非蒽醌化学成分的研究 [J]. 中成药，30 (2)：262-263.

杨彩霞，范津铭，雷蕾，等．2015. 阿尔泰狗娃花化学成分研究 [J]. 化学研究与应用，27 (5)：660-664.

杨广乐，李颖，杨齐红．2014. 寒地莓叶委陵菜栽培技术及园林应用 [J]. 中国园艺文摘，30 (4)：169.

杨锦竹，李文丽，牟凤辉，等．2013. 蚊子草化学成分的研究 (Ⅲ) [J]. 特产研究，(2)：48-50.

杨九艳，鞠爱华，韩继新，等．2008. 蒙药小叶锦鸡儿的质量标准研究 [J]. 中国医院药学杂志，28(5)：1250-1252.

杨明爽．1997. 优良饲草资源：多花胡枝子 [J]. 草与畜杂志，(2)：38.

杨艳华．2015. 长裂苦苣菜提取分离及对胰岛素抵抗 HepG2 细胞糖代谢的影响 [D]. 郑州：郑州大学．

杨洋，李珍，孟美英，等．2019. 蒙药材土庄绣线菊（哈登 - 切）标准方法研究 [J]. 中国民族医药杂志，25 (7)：48-49.

杨增，斯琴图雅，阿丽娅．2021. 蒙药达乌里芯芭镇痛作用有效部位筛选实验研究 [J]. 中国蒙医药（蒙），(3)：5.

姚观兴，杨舒涵，纪艳，等．2019. 莓叶委陵菜的食用价值及其栽培技术 [J]. 特种经济动植物，(9)：37，40.

姚慧娟，姚慧敏，卜书红，等．2013. 朝鲜苍术挥发油成分 GC-MS 分析 [J]. 中国药物警戒，10 (3)：148-151.

姚振宇，石晓峰，刘东彦，等．2012. 糙叶败酱药材中异白花败酱醇的定性定量分析 [J]. 中国药房，23 (7)：644-646.

叶绿萍，黄志俭，刘小意，等．2011. 赶山鞭水提取物及醇提取物毒性及抗炎镇痛作用 [J]. 中国实验方剂学杂志，17 (17)：204-205.

叶敏，阎玉凝．2000. 菟丝子药理研究进展（综述）[J]. 北京中医药大学学报，23 (5)：52-53.

袁肖寒．2014. 麦蓝菜中 vaccarin 提取与生物活性及环境调控研究 [D]. 哈尔滨：东北林业大学．

臧萍．2009. 泽泻的研究现状及展望 [J]. 中国中医药现代远程教育，7 (6)：180-182.

曾春萍．2010. 桃叶鸦葱抗炎镇痛作用的实验研究 [J]. 天津中医药，27 (6)：515-517.

曾秀存，许耀照，张芬琴．2012. 两种基因型龙葵对镉胁迫的生理响应及镉吸收差异 [J]. 农业环境科学学报，31 (5)：885-890.

曾智，徐恒，白波，等．2017. 柠条锦鸡儿不同极性部位抗氧化及抗须癣毛癣菌活性初筛 [J]. 天然产物研究与开发，29 (8)：1362-1367.

詹庆丰，夏增华，白海云，等．2005. 白车轴草化学成分研究 [J]. 中国中药杂志，30 (4)：311-312，320.

张彩莹，王妍艳，王岩．2011. 大狼把草对猪场废水中污染物的净化效果 [J]. 农业工程学报，27 (4)：264-269.

张国顺，张杰华．2007. 蒙古鸦葱人工高产栽培技术 [J]. 北方园艺，(5)：93.

张红芬，路金才，张娜，等．2009. 多茎委陵菜中的黄酮苷类成分 [J]. 中南药学，7 (4)：265-268.

张洪魁．1994. 中国中药志 [M]. 北京：科学出版社．

张健，林玉英，孔令义．2004. 蒌蒿的化学成分研究 [J]. 中草药，(9)：24-25.

张景光，李新荣，王新平，等．2001. 沙坡头地区固定沙丘一年生植物小画眉草种群动态研究 [J]. 中国沙漠，(3)：18-21.

张明辉，徐瑞平，邵忙收，等．2010. 莓叶委陵菜胶囊含量测定研究 [J]. 现代中医药，30 (1)：59-60.

张圃铭，章宸，曾克武，等．2018. 山蒿中木脂素和黄酮类化学成分研究 (英文) [J]. Journal of Chinese Pharmaceutical Sciences，27 (6)：429-435.

张庆良，陈秀红，张仁富，等．2006. 匍枝委陵菜的园林应用研究 [J]. 山东林业科技，(2)：25-26.

张树军，时志春，王丹，等．2018. 紫丁香树叶化学成分研究 [J]. 中草药，49 (16)：3747-3757.

张淑梅．2021. 辽宁植物 [M]. 沈阳：辽宁科学技术出版社．

张淑梅，康廷国．2020. 辽宁省维管束植物名称考证 [M]. 沈阳：辽宁科学技术出版社．

张文蘅，陈虎彪．1999. 岩败酱挥发油化学成分的研究 [J]. 中药材，(8)：403-404.

张学武，赵莲芳，全吉淑，等．2003. 珍珠梅水提取物对四氯化碳所致大鼠急性肝损伤的保护作用 [J]. 中南药学，1 (4)：207-208.

张玉芹．2011. 葎叶蛇葡萄在北方垂直绿化中的应用 [J]. 现代农村科技，(24)：1.

张振华，陈海波，李春晖．2010. 单花鸢尾栽培技术 [J]. 林业勘查设计，(2)：96-98.

章玉华．2008. 野韭根株移栽生产技术 [J]. 西北园艺 (蔬菜专刊)，(5)：17.

赵佳佳．2016. 多花筋骨草悬浮培养中 β－蜕皮甾酮的积累 [D]. 哈尔滨：东北林业大学．

赵建勤，杨明，赵连三，等．2002. 扯根菜及其系统提取物抗乙型肝炎病毒体外实验研究 [J] ．中西医结合肝病杂志，12 (1)：26-27.

赵凯华．2009. 腺梗豨莶桔抗前炎症因子活性成分的研究 [D]. 烟台：烟台大学．

赵奎君，刘锁兰，杨隽，等．2001. 多歧沙参化学成分的研究 [J]. 中草药，(11)：7-9.

赵丽萍，张兰．2017. 盐生植物蒙古鸦葱抗氧化酶活性对盐胁迫的响应 [J]. 中国园艺文摘，33 (3)：1-3，14.

赵千里，王美娟，赵敏，等．2018. 关苍术的研究进展 [J]. 中草药，49 (16)：3797-3803.

赵爽．2015. 线叶菊药材抑菌“谱—效”关系的研究 [D]. 哈尔滨：黑龙江中医药大学．

郑健，李新凤，关楠，等．2007. 野生花卉多花胡枝子种子萌发特性．林业科学研究，20 (6)：879-882.

郑建芳，秦民坚．2007. 紫堇属植物生物碱类化学成分与药理作用 [J]. 国外医药·植物药分册，22 (2)：55-59.

郑万金，张萍，仲英．2008. 瓦松属植物的研究进展 [J]. 齐鲁药事，27 (3)：161-163.

郑艳，徐珞珊．2003. 中国瓦松属 (*Orostachys*) 的药用资源 [J]. 中国中医药信息杂志，10 (11)：41，59.

中国科学院植物研究所．1972. 中国高等植物图鉴 [M]. 北京：科学出版社．

中国植物志编委会．1999. 中国植物志 [M]. 北京：科学出版社．

周丽霞，姚宗仁，钟惠民．2008. 狭叶珍珠菜的化学成分 [J]. 青岛科技大学学报 (自然科学版)，29 (5)：409-412.

周澎，朱凌红，王艳荣．2014. 洽草的研究进展及其生态适应特性 [J]. 内蒙古民族大学学报 (自然科学版)，29 (1)：37-40.

周涛，朴永吉．2004. 中国野生花卉资源的研究现状及展望 [J]. 世界林业研究，17 (4)：45-48.

周艳娟．2008. 千里光和额河千里光化学成分及生物活性研究 [D]. 西安：陕西师范大学．
周媛媛，高蕙蕊，张然然，等．2020. 关苍术化学成分的研究 [J]. 中成药，42（10）：2640-2643.
朱卫平．2003. 野生黄花蒿的引种驯化和高青蒿素含量栽培品种选育目标性状的研究 [D]. 长沙：湖南农业大学．
朱亚民．1993. 内蒙古植物药志·第二卷 [M]. 呼和浩特：内蒙古人民出版社．
朱宇旌，李新华，张勇，等．2007. 花苜蓿中总异黄酮提取研究 [J]. 沈阳农业大学学报，38（6）：856-859.
珠日根，李福全．2012. 蒙药蓝盆花化学成分和药理作用研究进展 [J]. 中国民族民间医药，21（2）：4-5.
左袁袁，吕寒，吴月娴，等．2018. 不同产地菱角壳（欧菱果壳）中总多酚含量及抗氧化活性和对 α-葡萄糖苷酶活性抑制作用的比较 [J]. 植物资源与环境学报，27（3）：112-114.
Gupta A K, Sinha S. 2007. Phytoextraction capacity of the *Chenopodium album* L. grown on soil amended with tannery sludge [J]. Bioresource Technology，98：442-446.